宇宙創造の一瞬をつくる

CERNと究極の加速器の挑戦

アミール・D・アクゼル
水谷淳 訳

Present at the Creation The Story of CERN and the Large Hadron Collider

早川書房

LHC空洞内部に建設中のATLAS検出器。特徴的なトロイド型構造と8本の巨大な超伝導電磁石のリングが見える

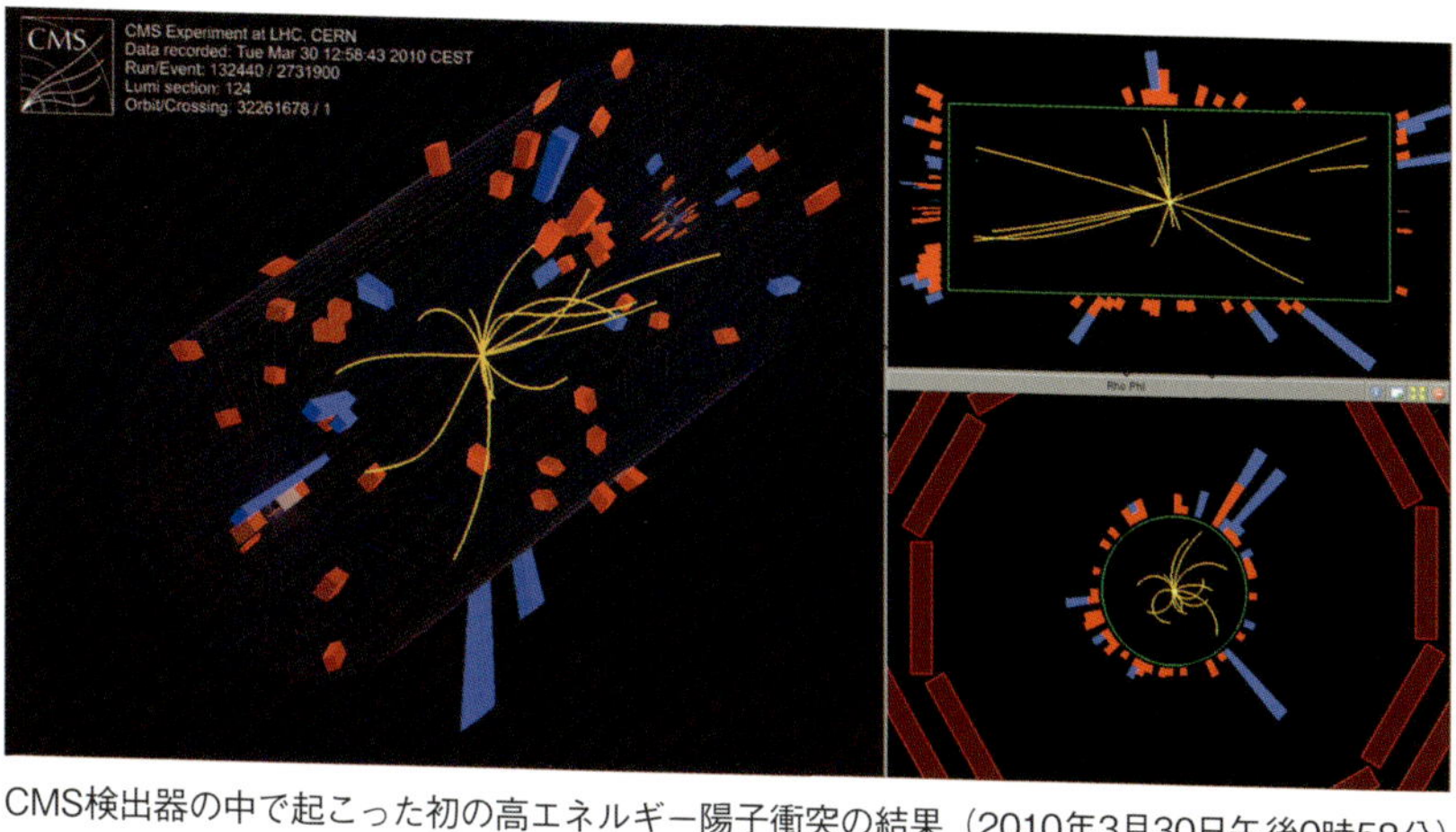

CMS検出器の中で起こった初の高エネルギー陽子衝突の結果（2010年3月30日午後0時58分）

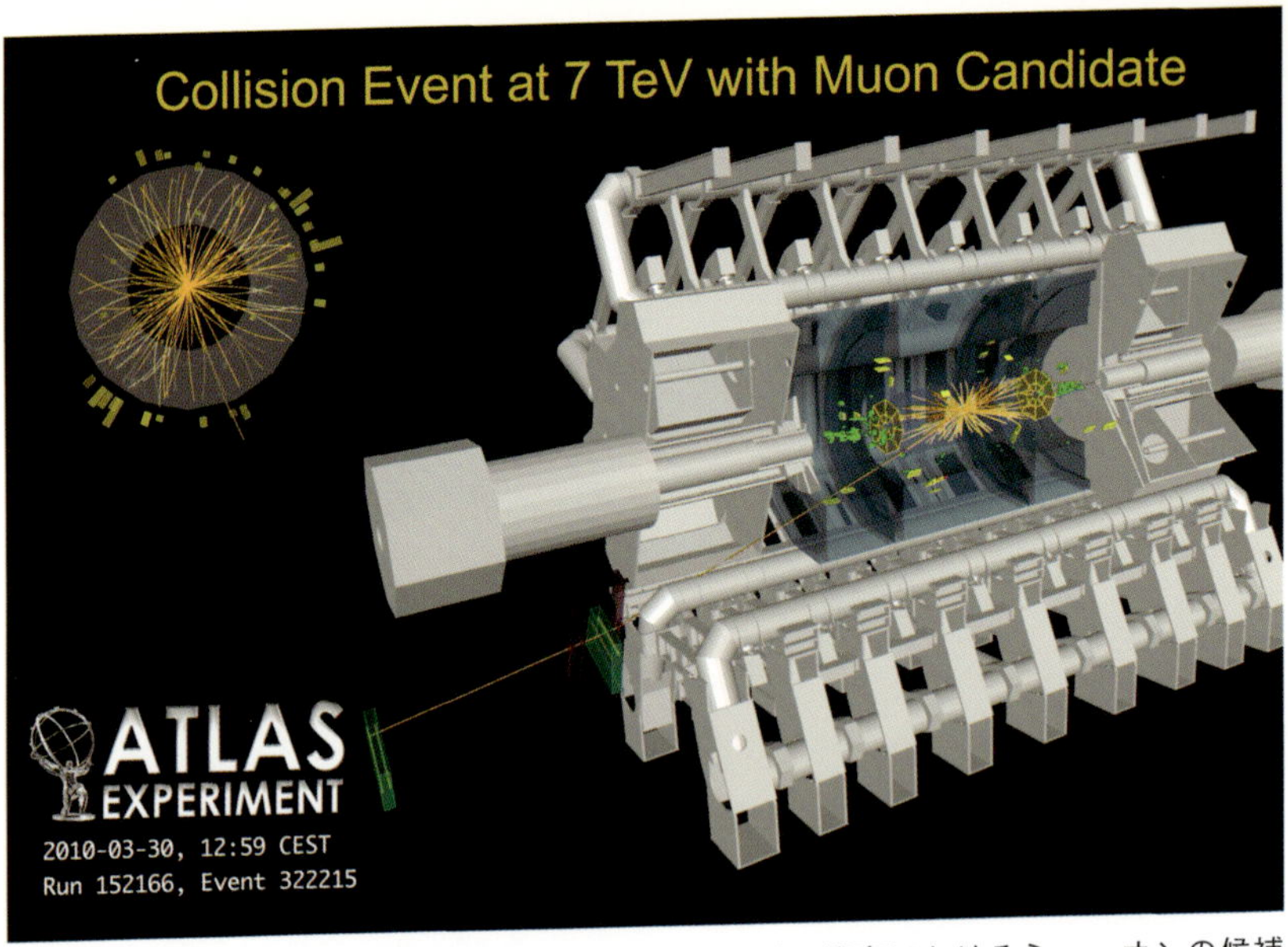

2010年3月30日のATLAS検出器内部での高エネルギー衝突におけるミューオンの候補
（検出器領域から外に延びる長い粒子軌跡）

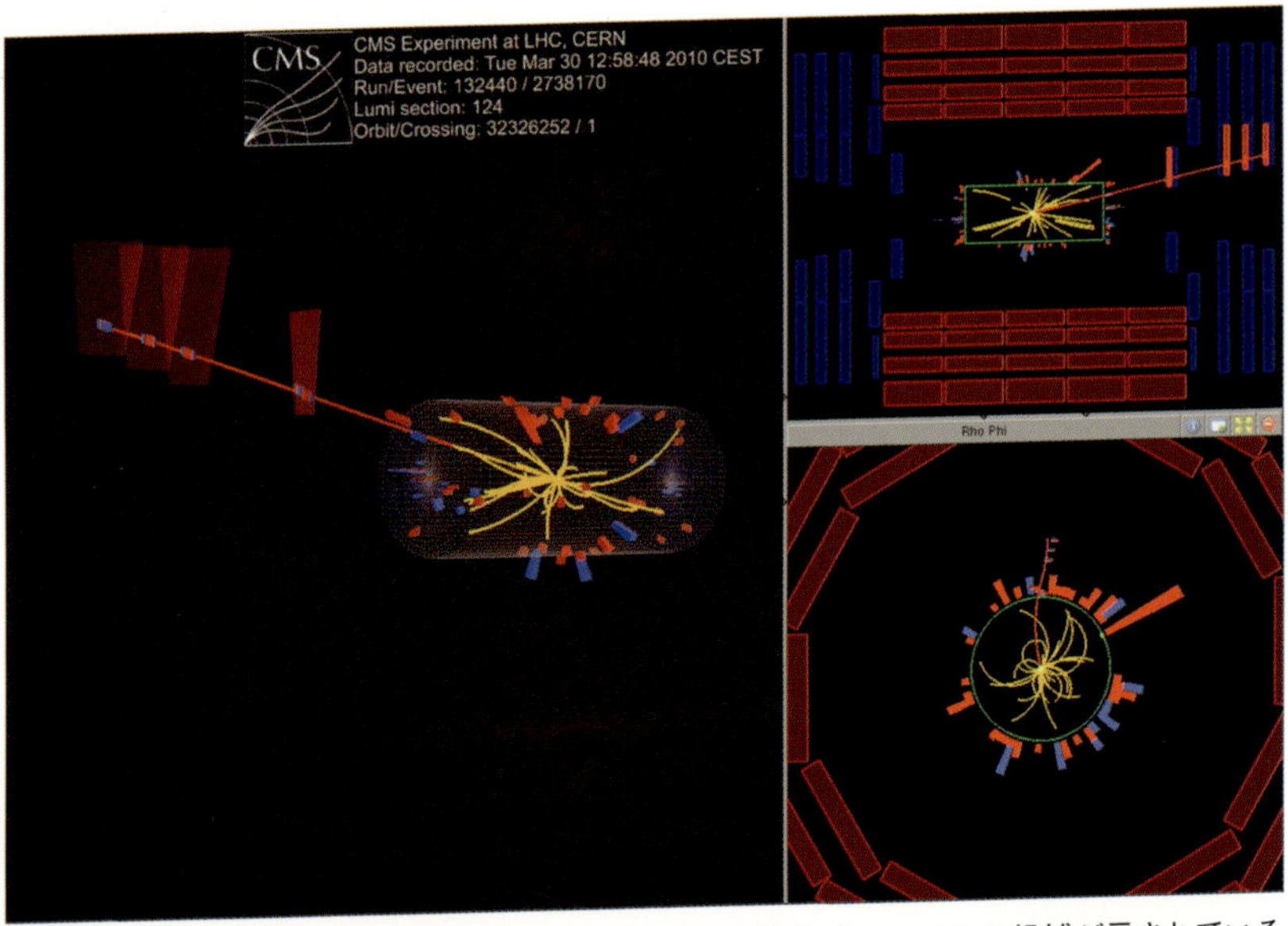

CMS検出器における2010年3月30日の7 TeVでの粒子衝突。ミューオンの候補が示されている

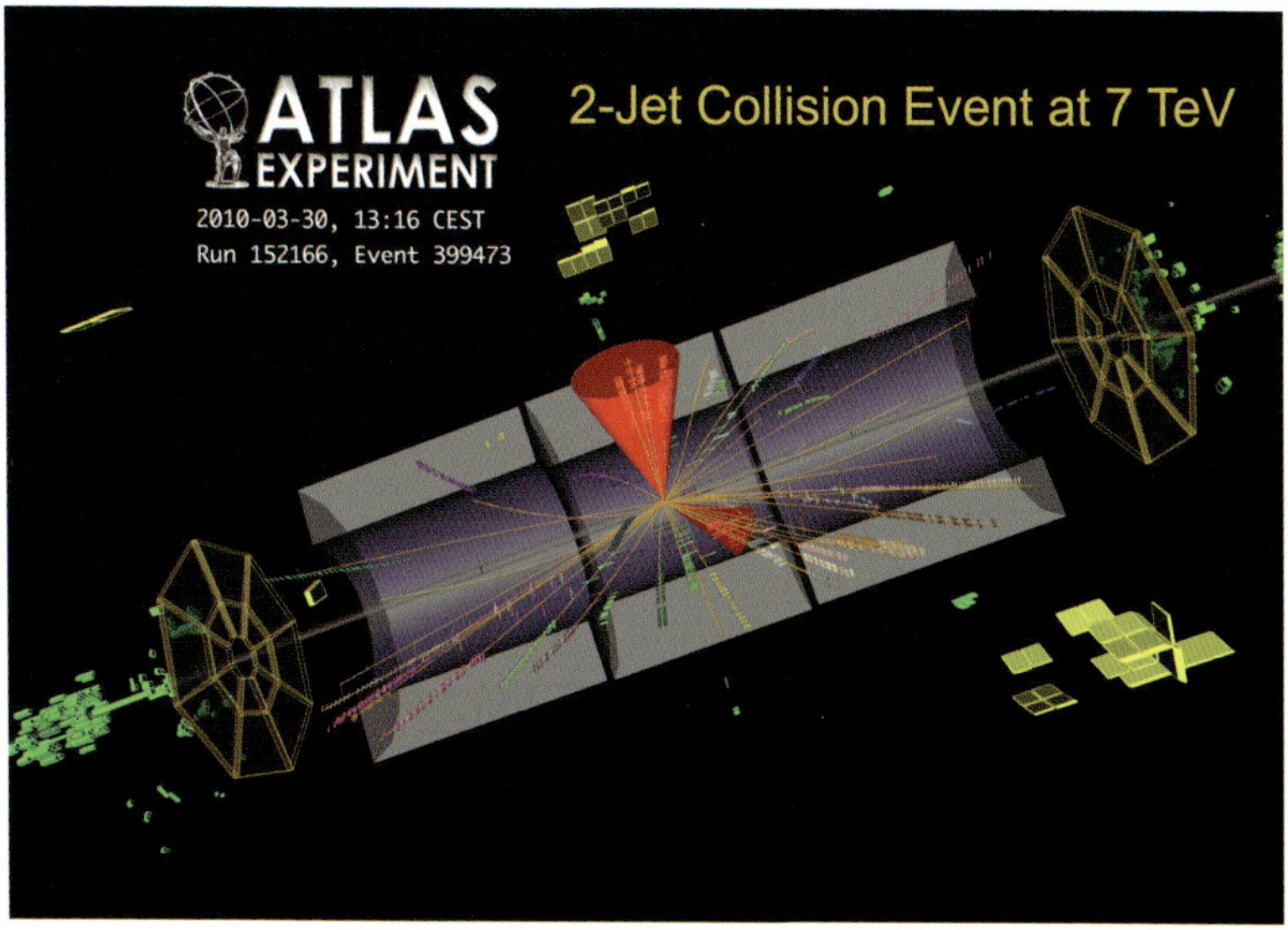

ATLASにおける7 TeVでの衝突。陽子の衝突点から2本のジェット（2つの赤い円錐に囲まれた粒子軌跡）が発生している

陽子衝突開始に備えてLHCトンネルを閉鎖する前のCMS検出器

シチリア島の古代ギリシャ神殿のそばでブラックホールに思いを巡らすレオナルド・サスキンド

2010年3月5日のCERNコントロールセンターのステーファノ・レダエッリ

ひも理論の考案者ガブリエーレ・ヴェネツィアーノ。パリのコレージュ・ド・フランスにある彼のオフィスにて

弱い力と電磁気力を統一する理論を導いたテキサス大学のノーベル賞受賞者スティーヴン・ワインバーグ

ミューニュートリノを共同発見したシカゴ大学とフェルミ研究所のノーベル賞受賞者レオン・レーダーマン

CMS検出器の空洞内のイタリア人物理学者パオロ・ペターニャ

ATLASコントロールセンターの素粒子物理学者マヌエラ・チリッリ

2010年3月30日に得られたエネルギー新記録7TeVでの初の陽子衝突の結果を指差しながら歓喜に酔いしれるCMSグループのリーダー、グウィード・トネッリ

クォーク閉じ込めの理論を共同で導いたMITのノーベル賞受賞者フランク・ウィルチェック

建設中のATLAS検出器の中にいるATLASグループのリーダー、ファビオラ・ジャノッティ

SLACでの実験によりクォークの存在の証拠を示したMITのノーベル賞受賞者ジェローム・フリードマン

タウレプトンを発見したSLACのノーベル賞受賞者マーティン・パール

理論研究によりヒッグスメカニズムの理解のきっかけを開いたプリンストンのノーベル賞受賞者フィリップ・アンダーソン

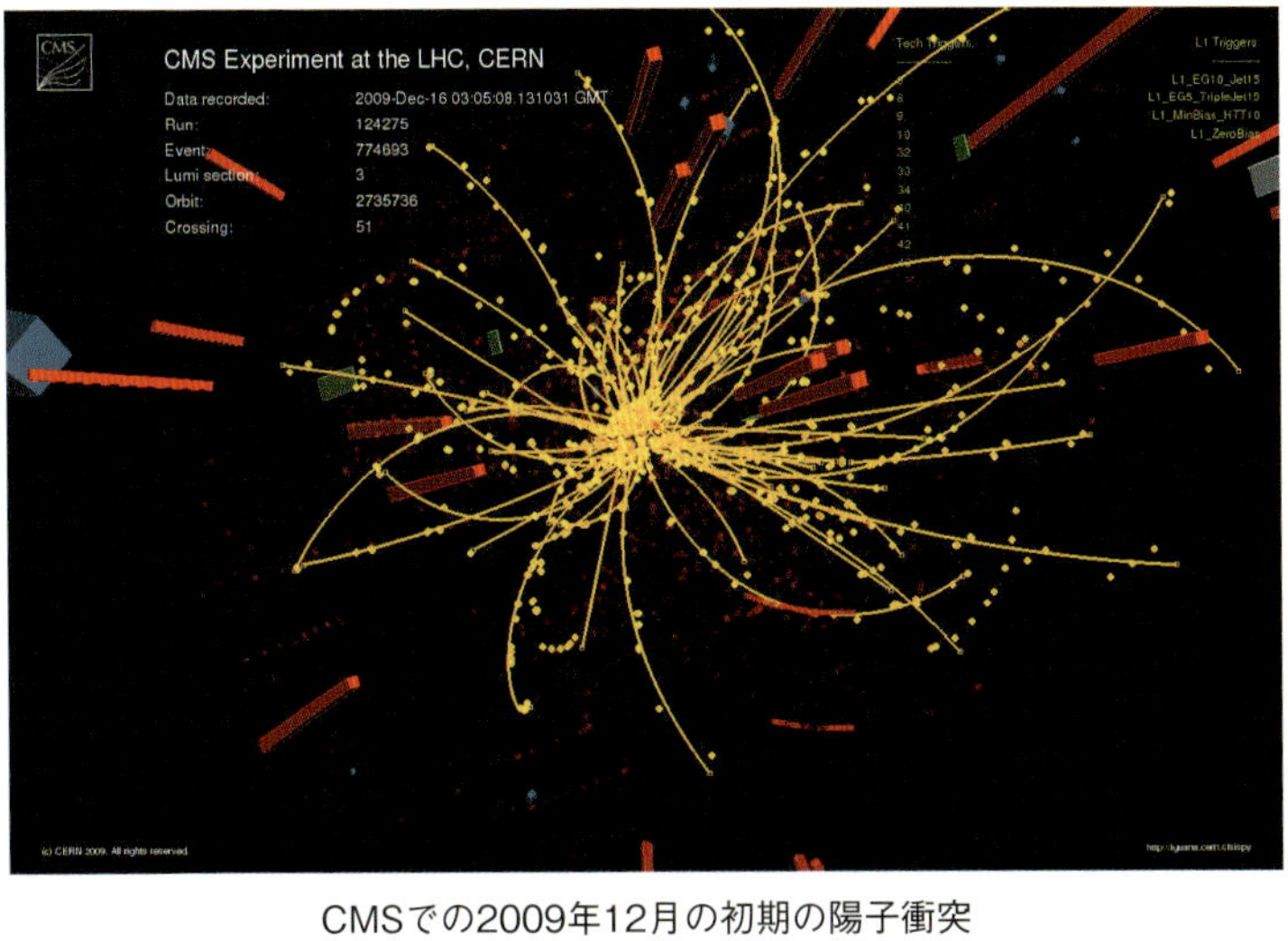

CMSでの2009年12月の初期の陽子衝突

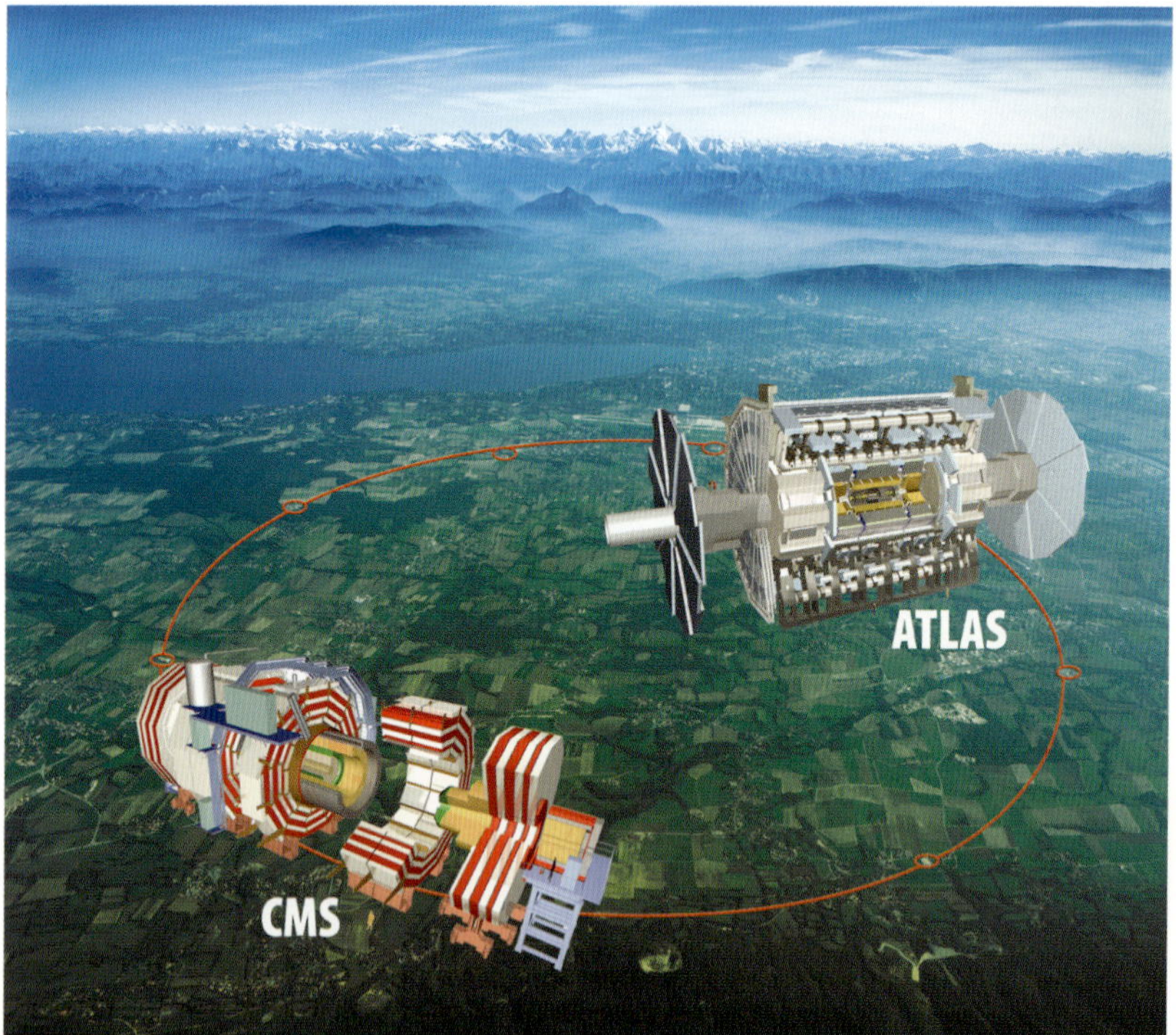

ジュネーヴ近郊のスイス・フランス国境地帯の空撮写真。後方にアルプスが写っている。LHCの軌道と検出器の位置、および挿入図でATLASとCMSを示してある

宇宙創造の一瞬をつくる

――ＣＥＲＮと究極の加速器の挑戦

PRESENT AT THE CREATION

The Story of CERN and the Large Hadron Collider

by

Amir D. Aczel

Translated by
Jun Mizutani
First published 2011 in Japan by
Hayakawa Publishing, Inc.
This book is published in Japan by
arrangement with
Harmony Books
an imprint of The Crown Publishing Group
a division of Random House, Inc.
through Japan Uni Agency, Inc., Tokyo.

物理を愛し宇宙の謎に驚くミリアムへ

目次

第1章　爆発する陽子　17
第2章　ＬＨＣと宇宙の構造の理解を目指す長年の探究　44
第3章　ＣＥＲＮという場所　69
第4章　史上最大の装置を作る　92
第5章　ＬＨＣｂと行方不明の反物質の謎　115
第6章　リチャード・ファインマンと標準モデルの序曲　137
第7章　「誰がこんなもの注文したんだ」――飛んでいくレプトンの発見　158
第8章　自然の対称性、ヤン＝ミルズ理論、クォーク　173

第9章　ヒッグスを追う　199
第10章　赤いカマロの中でヒッグスが現われる（そして三つのボゾンが生まれる）　219
第11章　ダークマター、ダークエネルギー、宇宙の運命　245
第12章　ひもと隠れた次元を探す　262
第13章　ＣＥＲＮでブラックホールは作られるか？　272
第14章　ＬＨＣと物理学の未来　287
あとがき　297
謝辞　303
付録Ａ　ＬＨＣの検出器のしくみ　313

付録B　粒子、力、標準モデル　317
付録C　本書で登場した重要な物理原理　322
訳者あとがき　325
写真クレジット　330
参考文献　335
注　351
人名索引　356

第1章　爆発する陽子

地球の近年の歴史においていくつもの画期的な出来事が起こる中、ミラノ出身の背が高く痩せていてあごひげを生やし、目つきが鋭く穏やかな笑みを浮かべる三三歳の素粒子物理学者ステーファノ・レダエッリは、コントロール卓の前にいた。次のように言う人もいたかもしれない。大型ハドロンコライダー（ＬＨＣ）と呼ばれる巨大加速器に電力が供給され、それまで目にされたことのないレベルにまでエネルギーが上げられるこの場面で、レダエッリは史上最も強力な人間になるだけでなく、マウスを一回クリックするだけで世界、あるいは太陽系全体の運命を永遠に変えられる史上唯一の人間になると。

二〇一〇年三月五日金曜日午後四時四〇分、レダエッリは技術者として再び、ヨーロッパ原子核研究機構ＣＥＲＮ本部からスイス国境を越えたフランスの村プレヴッサン郊外にある、ＣＥＲＮコントロールセンターにいた。そこは世界一強力な加速器ＬＨＣと、それよりは小型で、それに高速の陽子（正の電荷を持つ粒子）を次々に供給する一連の加速器の運転をつかさどる場所だ。そこからの指令によってＬＨＣは冬眠から目覚めて再始動し、出力の新記録を次々に塗りかえはじめた。

　今回マスコミは出力を上げつつあるコライダーに近寄れなかったが、私は幸運にもこのＬＨＣ全体の中枢部に入ることを認められていた。私は周囲を見回した。私がいたのはバスケットコートほどの大きさの超近代的な空間で、その一方の壁には天井まで届く窓があり、雪をいただいた近くのフレンチジュラ山脈の景色を切り取っていた。別の壁には何十台もの大型カラーディスプレイが並んでいた。科学者や技術者はコンピュータ端末の並んだ四つの大きなテーブルに群がっていた。このコントロールセンターは宇宙船エンタープライズ号のフライトデッキとニューヨーク証券取引所のフロアを足して二で割ったような趣だったが、レダエッツリとその同僚たちが夢中で見つめる壁の大型スクリーンに表示されているのは、深宇宙からの通信でも最新の株価でもなかった。そこに表示されていたのは、我々の足下およそ一〇〇メートルに埋められた全長二七キロの円形トンネルの最深部から次々に送られる精確なデータだった。測定値には次のようなものがあった。外宇宙をも下回る極低温。地磁気の二〇万倍を上回る強磁場。そしてこの瞬間には四五〇ギガ電子ボルト（ＧｅＶ）、最終的にはその一五倍以上の七テラ電子ボルト（ＴｅＶ）へと、想像を絶する値にまで上げられるエネルギー[*1]。

　レダエッツリは担当技術者として電力を上げる指示を出し、我々の足下を走るトンネル内のエネルギーを、一台の大型スクリーンに緑色の範囲で示されている値から、黄色（稀に赤色）で示される、中規模都市の電力消費量に匹敵する数百メガワットにまで上げた。その電流が一万個ほどの巨大超伝導電磁石や高周波装置に供給されて、LHCの陽子ビーム対を集束、湾曲、加速させ、最終的に光の速さにきわめて近いレベルにまでスピードを高める。

部屋には他にも大勢の若い科学者がおり、その中の一人が、コライダーのインフラの一部を担当する長身で眼鏡を掛けた若い技術専門家ピーター・ソランダーだった。ソランダーの区画の隣は、トンネル内の超伝導電磁石を冷却する液体ヘリウムの制御センターだった。正面の壁に掛ったスクリーンに表示されているバーの一本一本が一五四個の電磁石を表わしていたが、その時点でバーはすべて緑色で、地下の電磁石の温度測定値がすべて一・九ケルヴィン（絶対零度から一・九度上）を上回っていないことを示していた。それは超伝導電磁石の周囲の温度だ。もしどれか一つの電磁石の温度が現在のレベルを超えたら、全体の運転をただちに停止して大惨事を防がなければならない。

他の科学者たちは、史上最も複雑な科学実験の制御に関するさまざまな事柄を監視していた。この大部屋の左端には、それぞれ段階的にエネルギーを供給する前段加速器のサブセンターがあった。一台目がライナック2と呼ばれる線形加速器、続いてもっと強力な陽子シンクロトロンブースター、さらに陽子シンクロトロン本体、最後に、一九八〇年代に素粒子物理学において輝かしい発見の歴史を遺したスーパー陽子シンクロトロン（SPS）。この最後の加速器から陽子が

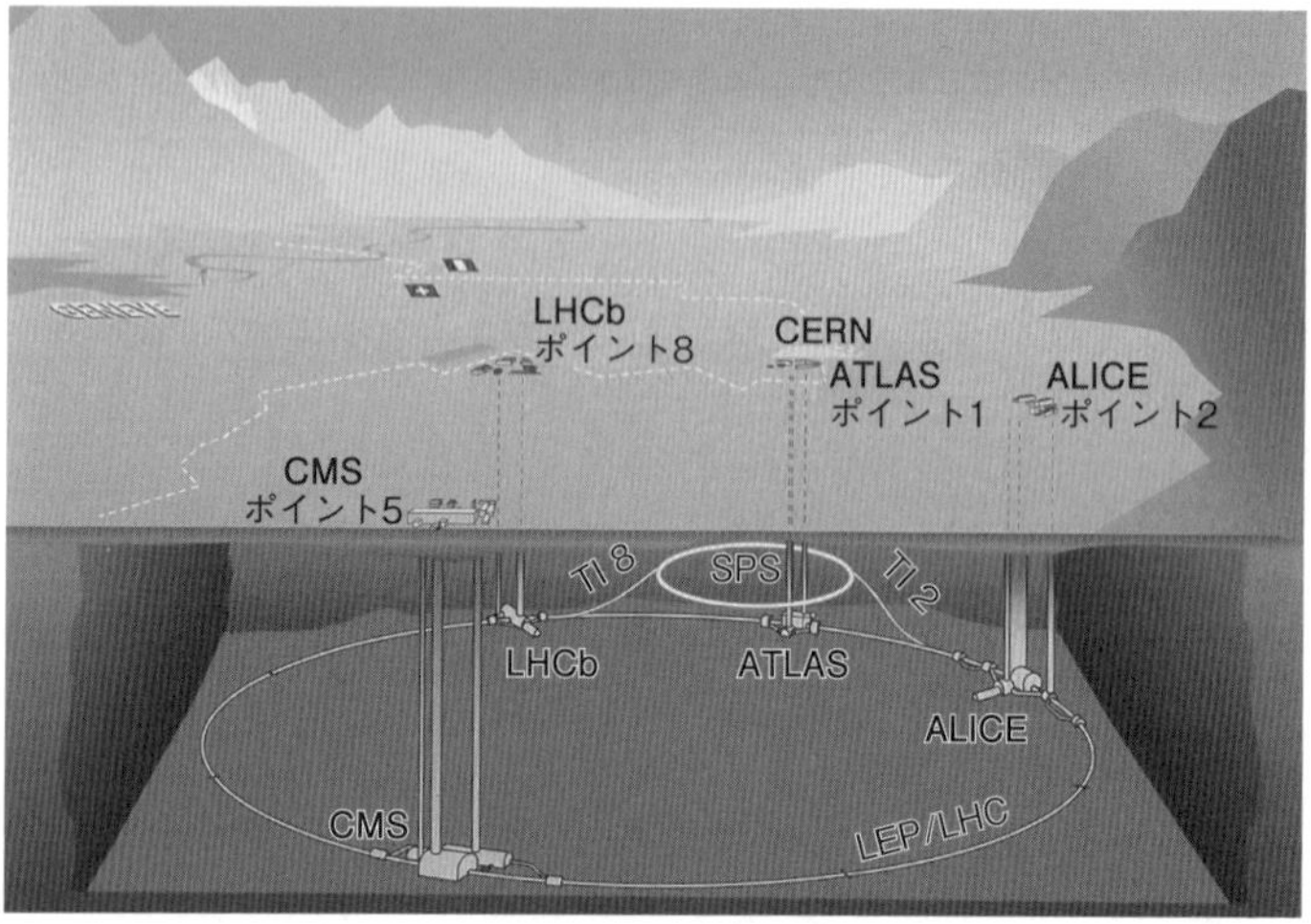

LHC実験施設の全体像

直接、大型ハドロンコライダーに供給される。別の一群の端末は、地下の巨大電磁石とそこに流される電力のさまざまな技術面を制御する。レダエッリが立っていた右端にある最後の一群の端末が、ＬＨＣ本体のコントロールセンターだ。

若い科学者がコンピュータスクリーンに群がるその一角の真後ろには、いかめしい顔つきで髪はウエーブのかかった灰色、明るい青色のセーターを着てジーンズを穿いた六〇代の男が立ち、頭上の壁に掛かった左から三番目のスクリーンを凝視していた。その男リンドン（「リン」）・エヴァンズは物言わぬ実力者、コントロールルームの黒幕だ。エヴァンズが見つめていたのは、全長二七キロの地下サーキットを、光に近いスピードで互いに逆向きに疾走する陽子ビームを駆動する出力を表わす、青い線だった。ＣＥＲＮで「ＬＨＣの父」と呼ばれているウェールズ人物理学者のエヴァンズは組織の最高責任者だったが、世界中から一万人以上の科学者が集まる並外れた国際共同研究の常として、実際の決定は現場の若者たち、コライダーの日々の運転をおこなう科学者や技術者に任せることが多かった。

レダエッリとその同僚たちがCERNコントロールセンターから大型ハドロンコライダーを制御するのと時を同じくして、さらに別の科学者たちが、LHCでおこなう実際の科学実験を指揮する四カ所の超近代的なコントロール拠点に陣取っていた。そんな最先端のコントロールルームの一つが、西へ八キロほどのLHC「ポイント5」、CMS（コンパクト・ミューオン・ソレノイド）と呼ばれる巨大検出器の直上に建っている。ここでピサ出身の屈指の素粒子物理学者グウィード・トネッリ博士が装置をコントロールし、科学者たちはおのおののスクリーンを見つめながら、プレヴッサンのCERNコントロールセンターから、トンネル内で加速された陽子を足下の超伝導検出器の中で高エネルギー衝突させて良い旨の連絡を待っていた。モニタ、ケーブル、精巧なコンピュータがひしめき合うその部屋の中でトネッリは、まるで他に人がいるのに気づいていないかのようにコンピュータスクリーン上の情報に見入っていた。

史上最も重い科学装置であるCMSは、鉄鋼、銅、金、ケイ素、何千個ものタングステン酸鉛の結晶、全長何千キロもの超伝導ニオブチタンコイル、そして液体ヘリウム容器からなる巨大構造物だ。それには繊細で複雑な電子回路がぎっしり詰め込まれていて、総重量は一万二五〇〇トンに達する。CMS検出器内部の鉄の重量だけで、エッフェル塔も上回る一万トンになる。この巨大装置の外殻は超強力な超伝導電磁石でできていて、その超伝導状態――抵抗ゼロで電気を流す状態――を維持して電磁石のパワーを四テスラ（地磁気の一〇万倍、LHCには他の目的のためにその二倍の強さの磁場を作り出す電磁石もある）という極めて高いレベルにするには、液体ヘリウムで冷却して外宇宙よりも低い温度にしておかなければならない。CMS検出器の内部で爆発する粒子のエネルギーは、一三七億年前にビッグバンによって宇宙が始まってから一兆分の一秒後に相当する。

その日、CMSコントロールセンターに一時間早く着いた私は部屋の中に立ちながら、そのちぐはぐな様子に驚きを禁じえなかった。コントロールルームのある建物はフランスの牧歌的な田園地帯のまっただ中に建っていて、セシーという小さな村から一キロ足らずのところに広がる牧場や耕作地に囲まれている。最寄りの町は南東六キロのフェルネー＝ヴォルテール（もともとは単にフェルネーという名前だったが、一八世紀にそこに住み、『カンディード』を書いて町の経済に大きく貢献した有名なフランス人作家で哲学者を記念し、ヴォルテールという名前が付け加えられた）。

フェルネー＝ヴォルテールの郊外には、LHCb（「b」は「ビューティー」の略）と呼ばれる特別な目的に特化した検出器が設置されたLHC「ポイント8」がある。そのさらに南東にはスイスとの国境があり、その先がジュネーヴ郊外になっている。ジュネーヴ空港に近い西部の郊外メイランにはLHC「ポイント1」があり、そこには、CMSに似た役割を果たし、科学者チームが陽子の衝突によって同様の実験を目指すＡＴＬＡＳ（トロイダルＬＨＣ装置）という検出器が設置されている。そしてその近くにＣＥＲＮの本部が広がっている。ＬＨＣの円形トラックをさらに西へたどると再びフランス国境を越え、数キロで「ポイント２」、ＬＨＣｂと同じくある特別な科学目的のために設計されたＡＬＩＣＥ（大型イオンコライダー実験装置）と呼ばれるＬＨＣの四つめの主要検出器にたどり着く。

何カ月か前、ＬＨＣの冬期運転休止直前の二〇〇九年一一月三〇日に、トネッリと若い科学者のチームはスクリーン上の軌跡を追いかけていた。光速に近いスピードで互いに飛んできて地下のコンパクト・ミューオン・ソレノイド検出器の内部で巨大なエネルギーの爆発を起こした陽子、その初の正面衝突により雪崩《なだれ》状に生成した何千という微小粒子の経路を、それらの軌跡は表わしていた。

ＣＭＳ検出器の運転中、その内部では一秒間に何十億個もの陽子が衝突する。トネッリの説明によれば、そのうち一〇万回にたった一回が科学的に大変興味深い可能性のある「異常事象」だという。その中からさらに高度なアルゴリズムによって取捨選択された一秒あたりわずか三〇〇の事象が永続的に記録され、完全に再現されて物理的な分析にかけられる。それらの興味深い粒子衝突のうち一秒あたり一回ほどがスクリーンに表示される。一秒未満しか表示されない複雑な画像を人間の目はうまく認識できないからだ。[*2] コントロールルームに二四時間詰める科学者たちはときおり、壮観な粒子のカスケード——足下の地下深くにある巨大検出器の内部で正面衝突した陽子の凄まじい爆発の破片――を目にする。装置がシャットダウンされるまでの二〇〇九年一一月と一二月に、記録的な高エネルギーでの陽子衝突によるそのような粒子の軌跡がいくつも表示された。

それらは何を表わしているのか？　なかなか捕まらないヒッグスボゾン、すなわち宇宙のすべての物質に質量を与えていると物理学者が考える粒子、いわゆる神の粒子の痕跡だろうか？　銀河全体に分布していると物理学者や天文学者が考えている、目に見えない謎の「ダークマター」の存在の手掛かりだろうか？　あるいは、我々の住む空間の隠れた次元、ひも理論が示唆する六つか七つの追加の次元の証拠を検出器は記録したのだろうか？　これらの発見一つ一つが我々の自然の理解を大きく前進させるはずで、そのいずれもが大型ハドロンコライダー建設の目的となっている。

ＬＨＣ内部での陽子衝突により解放される凄まじい量の高密度エネルギーは、科学を未踏の新たなレベル、我々の宇宙ではビッグバン直後以来観測されたことのない高エネルギーの領域へと推し進めてくれる。そのような形で大型ハドロンコライダーは我々を百数十億年昔に連れていき、誕生直後の灼熱の宇宙を満たしていた状態を見せつけてくれる。ＬＨＣのおかげで物理科学は様変わりし、我々はかつてないほどの宇宙の深淵をのぞき、過去と現在の宇宙の構造を解明し、未来を見通し、もしかしたらその意味さえも解き明かすかもしれない。

スイスとフランスの国境地帯の地下深くで起こる何兆個もの陽子の正面衝突によって、エネルギーが別の粒子という形で質量へ変わり、それらが衝突地点からさまざまな方向へ高速で飛び出してくる。このプロセスが起こるのはアインシュタインの有名な方程式$E=mc^2$、つまり質量とエネルギーは同じものの異なる二つの姿にすぎないためだ。このアインシュタインのとてつもなく強力な式（実際にはもう少し複雑で粒子の速さが入ってくる）が、加速器を使ったあらゆる研究を可能にしている。[*3] それは次のような考え方だ。

粒子を高速まで加速し、反対方向からやってきた粒子と衝突させる。この衝突によってエネルギーが解放され、アインシュタインの式に従ってそのエネルギーが別の高速粒子に変わる。[*4] つまり、粒子の衝突によって解放されたエネルギーから質量を「作り出す」ことができる。純粋なエネルギーから生まれたこの新たな質量には、宇宙誕生から一秒に満たない頃にしか存在していなかった粒子が含まれているかもしれず、それらの振る舞いを研究することが、今日我々が自然界で見ている力や粒子を理解する上で鍵を握っている。

このようにＬＨＣは、今まで観測されたことのない粒子や自然現象を再現してくれる。また時をさかのぼり、宇宙が超高密度で熱い粒子の「スープ」、いわゆる「クォーク＝グルーオン・プラズマ」だった頃の遠い昔の原始時代へ連れていってくれる。このコライダーは巨大顕微鏡としても機能し、時空の内部構造を見せてくれるかもしれない。

大型ハドロンコライダーの設計と建設には、ＣＥＲＮの科学者が宇宙の究極の法則を解き明かそうと心を一つにして、二〇年以上の歳月と莫大な予算——今では一〇〇億ドルを上回っている

――が費やされた。その究極の法則を発見し、長らく正体不明の粒子、力、相互作用を目にするには、数多くの研究機関、国、専門分野にまたがる密接な国際協力が必要だ。ＬＨＣ計画は歴史上最も進んだ科学協力である。

この装置はどのように動作するのか？　ＬＨＣ実験では、イオン化した水素ガスから作った二本の陽子ビームを互いに反対方向にどんどん加速させる。この装置が大型ハドロンコライダーと呼ばれているのは、陽子がハドロンだからだ。「ハドロン」（ギリシャ語で「厚い」の意）とはクォークからできた粒子のこと。陽子はクォーク三個からできていて、「バリオン」というもっと狭いカテゴリーに含まれる。クォークを二個しか含まないハドロンは「メソン」という。水素ガスから作った陽子はＣＥＲＮの小さな加速器で段階的に加速され、ＬＨＣに注入できるスピードに達する。ＬＨＣではトンネル内の強力な高周波装置が、通過する粒子をそのつど「蹴り出す」。抵抗ゼロで電気を伝導させるために絶対零度近くまで冷やされて最大パワーを得た巨大超伝導電磁石は、陽子の経路を地下の円形軌道に沿って曲げ、互いに反対向きの二本のビームを集束させて維持させる。

ＬＨＣには九五九三個の超伝導電磁石が使われている。陽子の軌道を地下の走路に沿って曲げるメインの電磁石が一二三二個、陽子ビームを集束させてトンネルを周回させるための電磁石が三九二個、そして決められた地点で陽子を一ミリよりはるかに小さい――人の髪の毛の太さよりはるかに小さい――誤差で衝突させるために経路を微調整する修正用電磁石が六四〇〇個。まだ他にも電磁石があり、そのいくつかはメインの電磁石の中に埋め込まれていて関連した仕事をこなす。

ＬＨＣを最大エネルギーレベルで運転すると、陽子は加速しつづけて光速（秒速二九万九七九二・四五八キロ）の九九・九九九九九九一パーセントという想像を絶するスピードに到達する。このときＬＨＣはエネルギーレベル一四ＴｅＶ（テラ電子ボルト）で運転される。一ＴｅＶは蚊の飛ぶエネルギーに近く、ごく小さな値に思えるが、それがきわめて高密度になる。ＬＨＣは陽子二個の体積、つまり蚊の一兆分の一の空間の中にこのエネルギーを詰め込むのだ。[*5] 体積あたりのエネルギーとして、これまでに達成された値をはるかにしのぐレベルだ。[*6] この超高エネルギー領域で、今まで物理学者の頭の中にしかなかった新粒子や新現象が現われると考えられている。

探究の性質

自然を最も基本的な形で理解しようという我々の足取りは、ここしばらく進んでいない。自然の最も深遠な謎を探る営みは停滞状態にあるが、それは実験装置――加速器などの微小粒子を調べる手段――によって新たな事柄がほとんど出てきていないためだ。とくに、数々の予測の正しさが確認された信頼性の高い二〇世紀の理論である「素粒子物理学の標準モデル」を完成させてその正しさを裏付けるのに必要な、最後の粒子がまだ見つかっていない。その標準モデルの未発見成分は、ヒッグスボゾン、またはすべての粒子に質量を与えるとされていることから神の粒子と呼ばれている。物理学者はその発見に近づいていると考えていて、その存在を示唆する強力な実験的証拠もあるが、いまのところヒッグスは発見に向けた我々の必死の取り組みから逃れている。*7

標準モデルには、電子、原子核の構成部品である陽子や中性子を作るクォーク、およびそれらに似たいくつかの素粒子といった、フェルミオン（エンリコ・フェルミにちなんだ名）と呼ばれる「物質」粒子が含まれる。さらに、重力、電磁気力、弱い核力、強い核力という自然界の力の作用を伝える、ボゾン（サチエンドラ・ナート・ボースにちなんだ名）と呼ばれる「力媒介」粒子がある。標準モデルは、ボゾンを介して物質粒子に作用する四つの力のうち三つを説明している。重力はまだモデルに含まれていない。

二〇世紀に発展してきた標準モデルは史上最も成功した科学理論の一つで、量子論、場の概念、アインシュタインの特殊相対論という、現代物理学の三つの柱を基礎としている。しかし、四本目の柱であるアインシュタインの一般相対論――ニュートン力学を高速で重力の強い領域へ拡張した現代の重力理論――を標準モデルに組み込むという、科学の最大の夢の一つを達成する方法はまだ見つかっていない。

標準モデルによって粒子や力の振る舞いを説明できたことは畏敬の念を感じさせるほどの成功だが、その理論には最後の検証――ヒッグスボゾンの実験的発見――が残されている。ＬＨＣが探しているヒッグスは一九六〇年代の理論研究の産物で、それにより、粒子が質量を獲得するヒッグスメカニズムと呼ばれる機構が存在すると考えられるようになった。ビッグバン直後のきわめて早い時期にこのメカニズムが、現在ヒッグスボゾンと呼ばれている見えない粒子を介して魔法を発揮したと考えられている。ＬＨＣは初期宇宙に存在した高密度超高温状態を再現することでヒッグスボゾンを探す。ヒッグスボゾンが見つかれば標準モデルの正しさが最終的に証明され、科学においてとてつもなく重要な結果となるだろう。

とはいえ、ビッグバン直後の超高エネルギーのもとで統一されなければならない自然の力を標準モデルでは統一できないことなど、さまざまな証拠から、物理学には標準モデルを超えた領域が存在することも分かっている。標準モデルを含む現代の素粒子物理学は、のちほど述べる強力な数学的対称性の考え方をもとに組み立てられている。しかし期待される新たな物理学は、対称性を「超対称性」と呼ばれるもの――物質粒子（フェルミオン）と力媒介粒子（ボゾン）の両方を包含するより大きく強力な対称性――へと拡張したもっと大きな理論に頼ることになるだろう。現段階では粒子の振る舞いが超対称性と結びついているという間接的な兆候しか見つかっておらず、この数学的に高度な自然観に属する粒子は発見されていない。

超対称性粒子が一個でも見つかれば、科学にとってはヒッグス発見と同じくらい画期的な出来事になるだろう――それ以上だと言う人もいる。大型ハドロンコライダーはそのような粒子を出現させる条件を作り出せると考えられている。そしてそのような「超対称性パートナー《スーパー》」粒子の発見により、物理学および天文学において最もしぶとい謎の一つが説明できる見通しがある。一九三〇年代に初めて理論づけられた、宇宙のあらゆる銀河に広がっていると考えられる不気味な「ダークマター」の存在だ。

同じく、自然は通常の三つの空間次元と一つの時間次元に加えて隠れた次元を持っており、それらの次元は発見されるのを待っているという可能性もある。素粒子を振動する微小なひもとして考えるひも理論では、自然は一〇個か一一個の次元を持っていなければならないとされる。ひも理論学者は、LHCの実験によって余分な時空次元が少なくとも一つ見つかればと期待している。それもまた科学の大きな進歩となり、宇宙の構造は我々の現在の理解よりもはるかに複雑だと見なされるようになるだろう。

自然界については、答えなければならない謎がいくつも残されている。最も基本的なレベルで物質は何からできているのか？　何が物質に質量を与えているのか？　物質に作用するそれぞれの力の性質はどんなもので、それらは互いにどう関連しているのか？　力の中にはなぜ強いものと弱いものがあるのか？　それぞれの力は「スーパーフォース」と呼ばれる一つの統一力が進化して姿を変えたものなのか？　宇宙を満たすダークマターとは何なのか？　物質と反物質の関係はどのようなものか？　隠れた空間次元は本当に存在するのか？

それらの謎に答えるには、我々が今まで訪れたことのないところへ行かなければならない。すなわち、自然界のそれぞれの力が華々しい姿をさらけ出し、最も基本的な粒子が出現と消滅を繰り返し、宇宙の進化において重要な役割を果たしたのちに視界から消えた原初の力、場、粒子を見ることのできる、ビッグバン直後の万物創造のるつぼだ。そのためには、自然界の力や粒子が誕生したときの環境を再現する必要がある。

現代物理学は、現実の理解、我々の住む宇宙の構造の把握、そしてその法則、風変わりな現象、粒子、力の理解といった進歩の礎をなしている。そして自然界には興味深く深遠なつながりが存在する。肉眼では到底見えない微小粒子に起こることが、広大な宇宙全体に起こることに決定的な役割を果たしている。ＬＨＣという巨大プロジェクトとその見通しについて取材したとき、ノーベル賞受賞者のジェローム・フリードマンは、「粒子の相互作用が宇宙の進化を決めている」と説明してくれた[*8]。

粒子間のそれらの相互作用は、宇宙全体にさまざまな形で影響を及ぼす。実は物質粒子と「反粒子」の振る舞いのわずかな違いが、そもそも宇宙がなぜ誕生時に消滅せず今も存在しているかを説明してくれる。そして粒子と「場」（子供の頃に磁石と砂鉄で遊んだ人にはおなじみの磁場など）の相互作用が、宇宙がビッグバン後になぜ膨張してどのように進化したのかを説明してくれる。自然、そして地球、太陽、惑星、外宇宙、遠くの恒星や銀河の秘密はすべて、自然界で最も小さい粒子の振る舞いとそれを支配する力の謎へと行き着くのだ。

最も小さい粒子の振る舞いをコントロールしている四つの力——重力、電磁気力、弱い核力、強い核力——の存在は確かめられているが、科学者はそれら四つの力の働きを理解し、それらの強さが大きく異なる理由を知りたいと考えている。例えば、重力が他の力に比べてとても弱いのはなぜかを理解したがっている。重いものを持ち上げたり空中に飛び上がろうとしたりすれば、重力が弱いなどとは決して思えないだろう。日常生活の出来事から見れば重力は強く、ときに不愉快なほどだ。しかし重力は、日常生活においてなじみ深いもう一つの力と比べてとても弱い。その力とは、乾燥した日に毛足の長いカーペットの上を歩いた後で金属のドアノブに触れると感じる静電気ショックを生じさせ、電気モーターを動かし、コンパスの針を北に向け、ラジオや携帯電話、さらにレーダーを可能にしている電磁気力だ。

重力が電磁気力よりはるかに弱いことを知るには、ある単純な実験をすればいい。机の上にクリップを置いて、それに小さな棒磁石を近づけていく。十分近くなるとクリップは空中へ飛び上がり、磁石にくっつく。この実験によって、手に持った棒磁石というとても小さな電磁気力源が、地球全体《いっ》がクリップに及ぼす重力に打ち勝てることが分かる。電磁気力に比べて重力がどれだけ弱いかは分かるが、物理学者はそれがなぜなのかを知りたがっている。一部の人は、我々が通常気づかない隠れた空間次元へ重力が広がって、その強度が薄められているからだという仮説を立てている。LHCはこの問題にも光を当ててくれるかもしれない。

重力が電磁気力よりはるかに弱いおかげで棒磁石が地球全体の重力に勝つというこの例は、LHCのしくみを説明するのにも使える。クリップに選択肢はなく、瞬時に磁石に引き上げられるしかない。同じことがLHCによって加速された陽子にも起こる。正の電荷を持つ陽子は微小なクリップのように振る舞い、LHCの巨大電磁石や高周波装置が及ぼすパワーには抵抗できない。

ＬＨＣの一周二七キロ全体に沿って置かれた電磁石が常に陽子ビームを曲げて集束させ、高周波装置の電磁場が地下の円形経路に沿ってどんどん加速していく。重力が陽子を下方向へ引っ張るが、電磁気力に比べてはるかに弱いためその影響は無視できる。

最終的に陽子が反対側からやってきた相棒と衝突するとそのエネルギーが解放され、ビッグバン直後に存在していた状況が再現される。ビッグバン直後の宇宙の温度はとてつもなく高かった。そこでは物質粒子と反物質粒子が常に生成と消滅を繰り返していた。反物質は通常物質と出会うとそれを即座に消滅させ、その際に自分も消滅することが分かっている。したがって、科学者が考えるようにビッグバンで物質と反物質が同じ量だけ生成したのなら、どうして我々は存在できているのだろうか？　ビッグバン直後に何らかの理由で物質が反物質に勝ち、我々の知る宇宙に恒星、惑星、生命を含む物質が存在するようになったのだと考えられている。ＬＨＣのＬＨＣｂ検出器でおこなわれる特別な目的の実験は、この謎の解明を目指す。ＡＬＩＣＥ検出器では、ビッグバンから一秒も経たない頃の宇宙に存在した、粒子の「原初のスープ」の性質を理解することを目指す実験もおこなわれる。[*9]

粒子や力、そしてすべての物質の性質と起源に関するこれらの疑問は、現代の物理科学における最重要問題、すなわち我々の存在、由来、成り立ち、未来に関する根本的問題だ。それらに答えることを目指して一九五四年にＣＥＲＮが設立され、ここ二〇年は究極の加速器、大型ハドロンコライダーの建設に多くの精力が注がれてきた。だからこそＬＨＣは科学にとってこれほど重要で、何十億ドルという資金、長い年月、そして現場や世界中の共同研究機関で働く何千人もの科学者の取り組みに値するのだ。

しかし、これらの問題に答えるにはなぜ加速器が必要なのか？　何か他の精巧な装置ではだめなのか？　自然界の隠れた粒子を発見するには、エネルギーを集中させてそれを新たな物質へ変えなければならないからだ。マサチューセッツ工科大学（ＭＩＴ）のノーベル賞受賞者フランク・ウィルチェックは、「量子の世界深くで何かを見るには、それを作らなければならない」と言う。[*10] やはりノーベル賞受賞者の南部陽一郎は次のように言っている。「新粒子を見つけたり未知の相互作用を調べたりするには、どんどんエネルギーを上げていくことが絶対に必要だ。『エネルギー＝《イコール》質量』の関係のせいで、決まったエネルギーで作り出せる粒子の質量には限界がある。だからある加速器で起こせる反応をすべて見てしまったら、その加速器は本来の目的を達成してしまったと言える。そうしたらさらに高エネルギーの加速器が必要となり、それがどんどん続いていく」[*11]

ＬＨＣ以前の加速器はその目的をすべてかなり以前に達成し、可能なエネルギーレベルに含まれる粒子をすべて作り明るみに出してしまったため、ＬＨＣは科学における次の大きな一歩となる。ＬＨＣにおいて期待の大きいそれぞれの実験は、さまざまな意味で現代物理学全体の焦点、すなわち何世紀にもわたって編み出されてきたあらゆる理論、あらゆる実験、自然に対する我々の想像力がすべて一つになる出来事だ。またそれは、理論と実験がかつてなかったように結びつく場でもある。

ＬＨＣは陽子衝突の結果に関する凄まじい量のデータを生み出す。そのデータは、三五カ国の何千台というコンピュータの相互連結ネットワークである「グリッド」と呼ばれる最先端のコンピュータシステムで解析される。このようなコンピュータ革新にＣＥＲＮが最も適している理由として、我々の日常生活に影響を与えている最も重要な技術の一つがその場所で誕生したことがある。一九八九年、科学者どうしをつないで最も効率的な方法で研究結果を共有する方法を探していたＣＥＲＮの科学者ティム・バーナーズ＝リーが、ワールド・ワイド・ウェブを発明した。その大成功により、バーナーズ＝リーが考案したコンピュータ通信システムは史上最大の発明の一つとなった。

物理学や宇宙論を深く理解すること自体も重要な目標だが、それらの発見は日常生活にも予想外の形で利用されるかもしれない。ワールド・ワイド・ウェブの例のように、ＣＥＲＮのような科学の舞台の中で生まれたアイデアや技術が地球全体の技術や経済にとてつもない影響を及ぼすことがある。例えば電波を支配する物理法則が理解されていなかったら、ラジオ、テレビ、飛行機の着陸能力、携帯電話、インターネットは誕生しなかっただろう。さらに現代の医療に欠かせないコンピュータトモグラフィー（ＣＴ）や陽電子放射トモグラフィー（ＰＥＴ）といった新技術は、ＣＥＲＮが大きく発展させた加速器科学から生まれた。医療ではがん細胞を殺すのに加速器も使われており、ＬＨＣの稼働によって、粒子ビームの集束精度を高めて健康な組織を傷つけずにがん細胞だけを殺す方法について、もっと多くのことが分かるかもしれない。このように、CERNや世界中の同様の高エネルギー実験施設でおこなわれている知識の探求は、目先の科学的期待をはるかに超えた価値を持っている。

今まで作られたことのない高エネルギーの陽子ビームを扱う手法から生まれるであろう素晴らしい新技術は、我々の生活にそれ以外の形でも役立つと考えられる。例えばニュージーランドのカンタベリー大学の研究者が最近開発したメディピックス・オールレゾリューションシステム（MARS）スキャナは、CERNが開発した技術をもとにした次世代のCTスキャナだ。がんの早期発見により多くの命を救うと期待されるこの革新的な「カラーX線装置」は、純粋科学としておこなわれた粒子研究の副産物の一つといえる。

ブラックホールの恐怖

CERNは、知識探求のためにいくつもの国から集まった科学者の共同体として設立された。科学者たちは自分が信じるもののために戦わなければならず、この集約的で資源を大量消費するプロジェクトへの支援を科学の名のもとで政府に認めさせるのに、苦しい戦いを強いられてきた。進歩の足かせとなってきたのが、将来このコライダーがそれまでの加速器の七倍に相当する最高エネルギーの一四テラ電子ボルト（イリノイ州のフェルミ研究所にあるテヴァトロンは二TeVに満たない）で稼働するとブラックホールが生成するかもしれないという、人々の懸念だ。そうしたモンスターが成長して地球をのみ込むと恐れている人もいる。ジュネーヴの新聞『ル・タン』によれば、ユーチューブに投稿された、小さなブラックホールがどんどん大きくなっていって最後に地球全体をのみ込む様子を表わしたグラフィック映像が一〇〇万人以上の人に視聴されているという[*12]。

ブラックホールの脅威を真剣に受け止めていない人でも、それが人々の心理に重要な影響を及ぼしていることは認めている。ＣＥＲＮから大西洋を隔てたＭＩＴの学生たちは、ブラックホールに対する恐怖を茶化すある有名ないたずらをした。二〇〇九年暮れのある夜に学生たちは大学の大講堂に忍び込み、脇にＣＥＲＮと書かれたプラスチックの宇宙船をドーム天井から吊り下げて押しつぶし、ドームの中央から吊り下げられた黒い物体に吸い込まれていくように見せた。

オックスフォード大学の物理学者アラン・バーは、二〇〇九年にボストンで開かれた物理学会における、ダークマターに関するとても専門的な発表の冒頭で、イギリスの新聞『ザ・サン』二〇〇九年九月一〇日号――ＬＨＣが初めて低出力試験を始めた日――の第一面をスライドで見せた。「皆さんの中でイギリスに明るくない人に言っておきますと、イギリスの一般大衆はこの記事で初めてＬＨＣのことを知ったのです[*13]」。その大見出しには、ＬＨＣがブラックホールを作り出してそれが地球をのみ込むかもしれないと書き立てられていた。そしてそれに続いてこう書かれていた。「でもパニックにならないように。カーマスートラのすべての体位を試す時間はまだあるんだから[*14]」

CERNでブラックホールが作り出される可能性はあるのか？　そしてそれが地球をのみ込んでしまうのか？　冗談はさておき、科学者はその可能性について入念に検討してきた。有名なイギリス人理論物理学者スティーヴン・ホーキングは、CERNで小さなブラックホールが出現するだろうと期待しているらしい——そしてただちに蒸発すると。そのような出来事が起これば、ホーキングの有名なブラックホール蒸発メカニズム、「ホーキング放射」の正しさが確認され、ノーベル賞につながるだろう（恒星質量のブラックホールが蒸発するには計り知れない時間がかかるが、小さいブラックホールなら一秒以内に蒸発する）。何人もの一流物理学者がこの装置によって微小なブラックホールが生成しうると考えているが、CERN内外の科学者はブラックホールが生き長らえる確率はきわめて小さいと即答して我々を安心させてくれる。[*15]それでも確率がゼロだと言う人は一人もいない。LHCによって、装置で作られるエネルギーに関してまったく未知の領域に入ろうとしていることに異論はなく、加速器を何年にもわたり連続で運転させたときに何が起こるかを正確に予測するのは不可能だ。

もちろんほとんどの物理学者は、LHCが開く刺激的で新しい物理学や、宇宙の性質に関する大発見——ただちに蒸発する微小なブラックホールも含まれるかもしれない——の方にずっと関心がある。二〇〇八年九月一〇日にCERNは、ブラックホールが地球をのみ込むかもしれないという懸念を無視し、最終的な陽子衝突の準備段階としてLHCの低レベル試験を開始した。二〇分間加速された陽子が、コライダーの最高能力には達しないものの、光速の九九パーセントのスピードを優に超えて試験運転は大成功を収めた。世界中の報道機関の代表が招待され、ＣＥＲＮコントロールセンターは三〇〇人以上の人でいっぱいになった。茶色の輝く瞳と黒髪の魅力的な若い女性マヌエラ・チリッリは、有名なピサ高等師範学校で素粒子物理学の博士号を取得して二〇〇一年からＡＴＬＡＳグループで働き、ＣＥＲＮの広報を手伝っていた。チリッリはその日のことを次のように語ってくれた。

「このような規模の科学実験にしてはとても静かに進行しましたが、私の耳にはヘッドホンを通して混乱と興奮が聞こえていました」。マスコミの連中はウェブキャストにかかりきり、場所を変えてはマイクに話しかけ、記者たちは機材を持って走り回っていた。しかしそういった見学者たちには、科学者が平然としているように見えた。マヌエラはもっと内面を感じ取ったのだろう。科学者たちを少し悔しげに見つめていて、長年にわたる準備と期待の末にやってきた素晴らしい瞬間をうらやましく思っているようだった。広報活動に回ったため物理学に取り組めなかったからだ。マスコミが一挙手一投足を逃すまいと争って場所取りをする中、巨大装置のコンソールに向かう仲間の物理学者がもっと落ち着いたリズムを刻んでいることにマヌエラは気づいた。「落ち着いていて、全員がやるべきことを正確に把握している通常運転のようでした」[*16]。しかしとても冷静に仕事をしているように見える彼ら物理学者も、その肩に大きな責任がのしかかっていることを十分に自覚していると、科学者であるマヌエラは悟っていた。

ＬＨＣのコントロールの任務に就いていたのがステーファノ・レダエッリだった。「前の晩はあまり眠れなかった。興奮しすぎていてね」とレダエッリは打ち明けてくれた。[17] しかし当日になって仕事に取り掛かると、この若い物理学者はリラックスして準備を整えた。コライダーの出力を上げてエネルギーレベルの新記録を出そうと思っていた。マヌエラ・チリッリはさらに次のように振り返る。「リン・エヴァンズを見ると、もちろん黙っていましたが緊張しているのは感じられました。そしてビームが無事リングを周回すると、緊張がほぐれる様子が見えてとてもうれしくなりました」。その日は完璧な成功に終わった。「思っていた以上にうまくいきました！」とマヌエラは声を上げた。[18]

九日後、ＣＥＲＮの科学者たちは再び装置の試験を始め、五ＴｅＶとかなり高エネルギーのレベルで運転させることにした。すると何の前触れもなくコライダーが動かなくなった。一個の巨大な超伝導電磁石につながる銅の溶接箇所で問題が発生し、その電磁石がクエンチして（超伝導状態を失って）液体ヘリウムが漏れ出した。そしてそれに引き続く連鎖反応により、さらに五三個の電磁石が作動しなくなったのだ。

システムの小さな部品のどれか一つが不調になっただけで電磁石の超伝導状態が破壊され、それによって電磁石のコイルの太い金属ケーブルが電気抵抗を持つようになる。電気抵抗は熱を生み出す。それが連鎖的な温度上昇を引き起こし、伝導度を低下させて電磁石を破壊する。火災を起こすこともありうる。

まさにそのとおりのことが起こった。抵抗が大きくなると突然トンネル内に火花が飛び、それが電気火災を引き起こして電磁石の外側の鋼鉄層に穴を開けた。そして超低温の液体ヘリウムがＬＨＣのトンネル内に漏れ出し、ドミノ倒しのように次々に他の巨大電磁石を故障させた。すべて一分以内の出来事で、完全に破壊された。

原因は、溶接が一カ所だけ弱く電流が流れにくくなっていたことだった。誰も予期していなかったことだ。ＬＨＣは白紙の状態から建設されていた。これほど強力なコライダーのお手本となるものなどなく、科学者たちは作業を進める中でその性質や能力を学んでいくしかなかった。事故を受けてＬＨＣ全体の溶接をやり直して再検査し、装置の各部品の修理と再組み立てには何カ月もかかった。この経験から科学者たちは、クエンチ保護システム（ＱＰＳ）と呼ばれる新たな電磁石保護システムを考え出す必要があると知った。その複雑な電子システムは電磁石を絶えず監視し、温度上昇を防いで超伝導状態が保たれるようにする。また装置全体で二万三〇〇〇カ所ある高電流接点も監視し、正しく作動していることを確認する。[*19]

あいにく装置の始動に合わせて大きな祝賀会が予定されていた。ヨーロッパ各国の首脳や世界中の要人が「ＬＨＣフェスティバル」に招待されていたが、当面コライダーを稼働させられなくなったため、フランス大統領は訪問をキャンセルして下位の役人を行かせた。イタリア政府も、ジュネーヴ周辺の国際機関に駐在する大使のみをＣＥＲＮに行かせると決定した。ＣＥＲＮの広報にとっては大惨事だった。そのため二〇一〇年二月に稼働が再開されたときには報道記者は一人も招待されなかった。

この事故はコライダーにとってトラウマになった。人類の創意を結集したこの巨大装置の限界を試すことに、CERNの科学者ははるかに用心深くなってしまった。この装置はかつて一度も「運転」されたことがなくその性能の限界も分かっていなかったため、科学者たちはLHCの運転方法を、まるで教官なしで自動車の運転を習うかのように学ぶしかなかった。またQPSの設置にも長い時間がかかった。作業は翌年になっても一向にはかどらなかった。

あまりに遅々として進まず事故後は延期や後退が繰り返されたため、世界の科学界には落胆が広がった。LHCに奇跡を期待していたのに、我慢が限界に達したのだ。『ニューヨークタイムズ』紙では科学担当編集者デニス・オーヴァバイが、二人の物理学者によるある突飛な理論に関する記事を書いた。「このコライダーによって生成すると期待されている仮想上のヒッグスボゾンを、自然はあまりに嫌っていて、その生成が時間をさかのぼるさざ波を起こし、ちょうどタイムトラベラーが時間を戻って自分の祖父を殺してしまうように、作られる前にコライダーを停止させてしまうのかもしれない」[*20]

長いあいだ待たされ、またLHC計画を軌道に乗せる上でCERNが数々の問題を抱えたことで、物理学者たちはいらだちを募らせた。立ち往生していたLHCの稼働が再開される数カ月前に開かれた専門的な物理学会の席で、カリフォルニアの素粒子物理学者ジャック・グニオンはこう言った。「みんなヒッグスを待ちわびて気が狂いそうだ！」[*21]

すると傍から見れば一夜のうちに、コライダーはすっかり息を吹き返して人々を驚かせた。二〇〇八年九月の故障から完全に復帰し、地球を破壊するという恐れに邪魔されることもなく、また未来からの声など聞いていないという確証も得られた。装置は再び目覚めて動きはじめた。CERNでは数日おきに世界新記録が達成された。コライダーによって、スピード記録、加速器内での粒子のエネルギーの記録、そしてLHC自体の以前の記録が次々に塗りかえられていった。

二〇〇九年一一月三〇日午前〇時四四分、ステーファノ・レダエッリがコンソールに向かいリン・エヴァンズが後ろに控えるなか、LHCは、フェルミ研究所が何年か前に陽子の加速で叩き出した二・三六TeVというエネルギーの世界記録を破った。そして二週間後にはこのエネルギーレベルで陽子の衝突が起こされた。CERNコントロールルームでは高価なシャンパンの栓が開けられ、全員で祝った。「史上最高の装置だな」と人々はうれしそうに声をかけ合った。[*22]その日のうちにCERNのさまざまな共同研究グループ、CMS、ATLAS、ALICE、LHCbからもシャンパンの瓶を持った人が次々にCERNコントロールセンターにやってきて、四チームそれぞれが衝突エネルギーの記録更新を祝い、祝賀会は終わった。

「まさに見事だった」と、一昼夜寝ておらず疲れきっていたレダエッリは振り返る。「完全にチームの取り組みだった。全員が力を注いだ」。[*23]二〇〇九年も暮れゆく一二月一六日、CERNは喜びに溢れるツイートを、世界中にいる何千人ものフォロワーに送った。「いくつもの『第一位』を成功させたLHCのファーストランが本日一八時三〇分CET（中央ヨーロッパ時間）に終了した。来年また再開する」[*24]

第2章　ＬＨＣと宇宙の構造の理解を目指す長年の探究

古代ギリシャ人は自分たちを取り囲む宇宙に驚嘆した。そして創造の秘密を解き明かしたいという欲求に促され、物質の基本構成部品の発見に乗り出した。紀元前五世紀にギリシャの哲学者デモクリトスは、物質は現代科学で知られている原子に似た目に見えない微小な粒子からできているという理論を提唱する。その同じ頃にエジプト在住の数学者エラトステネスは、互いの距離が分かっている二地点から太陽の角度を測定することにより、驚くほどの正確さで地球の外周の長さを計算する巧妙な方法を考案した——その値は今日知られている四万キロにきわめて近い。このように小さな領域と大きな領域で同時に進められる知識の探究は、歴史を通じて続けられた。「物理学の父」ガリレオは小さな物体とその軌跡を研究した——言い伝えによればピサの斜塔から落下させることで。ガリレオは望遠鏡を天空に向けた最初の人物でもあり、一六〇九年から一〇年にかけて木星の四つの大型衛星——彼にちなんで「ガリレオ衛星」と呼ばれている——を発見した。

ガリレオが有名な実験をおこなったピサの出身のグウィード・トネッリは、ＣＭＳ共同研究において測定する粒子相互作用に関する計算をおこなっていると、この偉大な科学者に強い親近感を覚えるという。「四世紀前にガリレオが、傾斜面に物体を転がしたときの時間の測定値と落下の高さを関連づけるのに使ったのと同じ手法を、自分が使っていることに気づいた。粒子のエネルギーの測定値と時間を関連づけるときに、それと同じアイデアを使っていたんだ」[*1]。トネッリの説明によれば、時間が重要な変数となるような実験でガリレオは、秤の上に置いた容器に一定速度で水滴を落とすことで時間の「重さを量った」という。四〇〇年で我々の技術は様変わりしたが、人間の創意は変わっていない。

ガリレオと同時代のヨハネス・ケプラーは、ティコ・ブラーエの観測結果をもとに惑星運動の法則を導いて太陽系のしくみの理解を進めた。そしてガリレオの死から一年後の一六四三年に生まれたアイザック・ニュートンは、地上での重力の作用を研究し、同時にその重力理論を宇宙に当てはめてケプラーの法則を解釈した。地上での物体の落下から導いた独自の重力理論を使うことで、重力が月を地球に「絶えず落下させて」いる、つまり月は地球の周りを回りながら万有引力によって地球に永遠に引き寄せられていることを導いたわけだ。こうしてニュートンはガリレオの基礎的研究に基づき、重力という謎めいた力によって宇宙の小さな領域と大きな領域を重要な形で結びつけた。

宇宙論における先進的な研究により二〇〇六年にノーベル物理学賞を受賞したジョージ・スムートは、次のように言う。「ある意味、物理学と天文学はガリレオの非凡さのもとで一つの分野となった。二〇世紀後半までそれは二つの物理科学の融合として最も壮大なものだったが、その後、宇宙論と素粒子物理学が融合しはじめた」[*2]

今日我々は科学の統合を、現代の知識の探究において小さい領域と大きい領域の両方を研究することだと捉えている。素粒子物理学と宇宙論は互いに関連した分野となり、その結びつきはどんどん強まっている。素粒子の振る舞いの研究が初期宇宙の理解につながる一方、宇宙論学者や天体物理学者が大規模宇宙に関して知ったことが、宇宙のすべての物質を形作る小さな粒子の性質を教えてくれるのだ。

ＬＨＣによって前進する科学の大部分を支える現代物理学の基本的事柄を理解するには、自然界を説明するために提唱されてきたいくつかの理論についてもっと詳しく見ていかなければならない。

相対論と量子力学

ニュートンの古典的な力学理論は、比較的大きな物体の振る舞いを記述する上できわめて良く通用する。しかし原子やその構成要素の領域に入ると事態は一変し、我々が日常の世界から学んだ法則は通用しなくなる。同様に物体の速さが光速に近づくか、その質量がきわめて大きくなっても、やはり古い物理学は通用しなくなる。こうした領域では時間そのものが我々の考えているものと違ってきて、遅くなったりする。そして空間は湾曲し、物体は形を変えるようになる。

一九〇〇年から一九三〇年の間に物理学は、二つの革命によってまったく違った姿へと様変わりした。第一の革命は、一九〇〇年にマックス・プランクの研究によって始まり、その後三〇年間で若く聡明な物理学者集団の手により拡張した量子力学の出現。第二の革命は、いずれもアルベルト・アインシュタインという一人の男の研究で成し遂げられた一九〇五年の特殊相対論と一九一五年の一般相対論の誕生。一九〇五年、二六歳の無名の人物が、物理世界に対する我々の見方を変える一篇でなく四篇の論文を発表して科学界を驚かせた。光電効果に関するそのうちの一篇は、光が粒子からできていると考えられることを示した（アインシュタインがノーベル賞を受賞した唯一の業績）。二篇目の分子運動に関する論文は、原子の存在を証明する大きな突破口について述べている。三篇目の論文でアインシュタインは特殊相対論について述べ、時間は何千年も考えられてきたのと違って一定ではなく、きわめて高速では（光の速さに近づくと）遅くなること、そして光の速さが宇宙の速度の上限であることを示した[*3]。

四篇目の論文は特殊相対論から導いた結果であり、有名な方程式 $E=mc^2$ で表わされるエネルギーと質量の等価性の発見について述べている。この結果がまったく新たな世界を開いた。アインシュタイン本人がドキュメンタリー『原子物理学』のインタビューで語っているように、「特殊相対論から、質量とエネルギーはどちらも同じものの示す異なる姿であることが導かれる[*4]」。

CERNなど加速器施設の科学者がおこなっていることはすべて、アインシュタインの驚くほど影響力のある数式に基づいている。

LHCなどの加速器の中で衝突する粒子は、内部に二種類のエネルギーを蓄えている。一つは、まったく動いていない粒子のエネルギーである静止エネルギー。例えば電子の静止エネルギーは、まったく運動していないとしたときの質量のみに由来し、〇・五一一メガ電子ボルト（MeV）、およそ五〇万電子ボルトだ。これが、運動のエネルギーを除いた、電子の内部に「自然に」蓄えられているエネルギー。運動していない電子を一個壊してその質量をすべてエネルギーに変えたとすれば、それだけのエネルギーが手に入ることになる。

加速したり、あるいは通常の電子のようにもとから運動している粒子は、第二のエネルギーを持っていると見なされる。それは「運動エネルギー」と呼ばれる。加速器の中で粒子を完全に壊したときに得られるエネルギーの総量は、静止エネルギーと運動エネルギーという二つのエネルギーの和になる（足し算として計算されるのではなく、両方のエネルギーを説明するもっと込み入った数式で与えられる）[*5]。ここでこのエネルギー＝質量ゲームは最も驚くべきステージに入る。LHCの中、陽子が衝突してバラバラになるちょうどその場所では、ある一定量のエネルギーが解放される。アインシュタインの有名な公式によれば、エネルギーと質量は等価だった。したがって、陽子の衝突の際に作り出されたエネルギーを別の粒子の生成に使えるのだ！

しかしそこでどんな粒子を作れるのだろうか？　理論上は、そこで作られたエネルギーと等しい量の合計エネルギーを持つ粒子群なら何でも作れる。エネルギー＝質量は作ることも壊すこともできないため最初の合計と最後の合計は等しくなければならないという、「エネルギー保存則」と呼ばれる概念の通りだ。エネルギー＝質量は形を変えるだけで、エネルギーの一部が質量になったり質量の一部がエネルギーになったりしても合計の質量＝エネルギーは変わらない（コライダーの中で起こる反応は、電荷保存則などそれ以外の保存則にも従わなければならない）。このエネルギー保存則を念頭に置いて、電子の静止エネルギーは〇・五一一MeVだが、LHCの最高速度（光の速さの九九・九九九九九九一パーセント）で飛んでくる二個の陽子の衝突により生成する合計エネルギーはもっとずっと多く、その一〇〇〇万倍以上の一四TeVとなる。したがって当然数多くの電子が生成しうる。しかしLHCでの衝突で解放されるエネルギーはきわめて大きいため、電子よりずっと重い粒子も作られる。LHCが建設されたのはそのためで、今まで見たことのない粒子を作ってその姿を捉えるためだ。合計質量＝エネルギーがLHCで作れるTeVレベルの粒子であれば、それは可能だ。ヒッグスボゾン、いくつかの超対称性粒子、そして想像もしていなかった粒子についてもその通りであるに違いない。

一九〇〇年にドイツ人物理学者マックス・プランクが、熱い物体から発せられる放射（黒体放射と呼ばれる）を研究した末に、エネルギーは「量子」と呼ばれる不連続な「塊」として移動することを導いた。この発見がきっかけとなって、小さな粒子の振る舞いを研究する量子力学の分野が始まった。五年後に発表されたアインシュタインの光電効果に関する論文では、光の粒子である光子と物質との相互作用の謎がいくつか解き明かされた。それまで波動として捉えられていた光が粒子の性質もいくつか持っているというアインシュタインのアイデアが、のちに粒子と波動の「二重性」という概念の半分を形作る。その後フランス人公爵ルイ・ド・ブロイが、すべての小さな粒子（のちほど見るようにそれほど小さくなくても良い）は回折や干渉といった波動の性質と粒子の性質の両方を持っていると断定し、粒子＝波動の二重性をさらに確立させた。

現在我々が知っている原子モデルは、突き詰めれば量子論に基づいている。ハイゼンベルクの有名な不確定性原理など量子力学の法則によれば、粒子の位置や速度などのパラメータは正確に知ることができず、一連の確率しか知ることはできない。例えば電子は原子核の周りの軌道でどの瞬間にもはっきり決まった位置は取っておらず、太陽の周りを公転する惑星とは様子が違う。

量子論が発展した理由の一つが、太陽系に似た原子モデルが一つの難題を突きつけたことだ。なぜ電子は原子核へ向かって落ちていって合体しないのだろうか？　互いに反対の電荷は引き合うので、原子には当然、負の電荷を持つ電子が正の電荷を持つ原子核に落ちていくのを防ぐ何かがなければならない。この疑問に対する答を示したのが、芽生えつつある量子力学の諸原理に基づいて以前より高度な原子モデルを組み立てた、デンマーク人物理学者で量子論の草分けニールス・ボーアだ。

一九一三年にボーアは、プランクによる量子の発見に基づいてあるモデルを発表した。そのボーアの仮説は、原子の中で原子核の周りを回る電子は正確に定まったエネルギーレベルの軌道しか取らないというものだった。ボーアによれば、原子中の電子は決まった半径（決まったエネルギーレベル）の軌道しか取れず、また別のやはり決まったエネルギーレベルの軌道にしか落ちていけない――我々が好きに選んだ軌道には移動できない。「量子化された」エネルギーレベルしか許されないということだ。

その原子モデルが科学界で絶賛されたボーアは物理学者として名を上げ、コペンハーゲンのビール会社カールソンはボーアを所長とする理論物理学の研究所に資金提供した。デンマーク王室も物理学に多額の投資をした。そしてボーアの研究所の人件費だけでなく、世界中から訪れる大勢の物理学者の支援もした。その中にはオーストリア人物理学者のエルヴィン・シュレーディンガーやヴォルフガング・パウリ、ドイツ人物理学者のヴェルナー・ハイゼンベルク、イギリス人物理学者のポール・Ａ・Ｍ・ディラックなど量子論のパイオニアも大勢含まれていた。プランクとボーアのもとで始まった量子物理学は、彼ら天才の研究によって初歩的な段階から大きく発展した。

古い物理学はもう一つ別の方向にも打ち破られていった。アルベルト・アインシュタインは最大の成果である一般相対論を一九一五年一一月に完成させ、一九一六年にそれを発表した。それがアインシュタインにとって人生の絶頂となる。自らの特殊相対論とニュートン力学を結びつけることで、広く影響を及ぼす包括的な重力理論を誕生させたのだ。それにより、速さが光速に近づいた場合や物体の質量がきわめて大きい場合を含む、ずっと幅広い条件下で重力の振る舞いを説明できるようになった。実は、太陽に最も近い水星の軌道を説明するのにも一般相対論が必要となる。水星が重い太陽に近いため、ニュートンの法則ではその軌道の異常性を説明できないのだ。一般相対論はブラックホールの存在などほかにも数多くの現象を予測している。

一般相対論における革命的な考え方の一つが、質量が時空の「湾曲」を生じさせるというものだ。例えば太陽の周りの空間は湾曲しており、その空間の湾曲によって惑星は太陽の周りを回っている。それらの惑星もまた周りの空間を湾曲させ、そのために月は地球の周りを回っている。二世紀前にニュートンが自らの重力理論を使って示したものよりも正確な月の運動の説明だ。しかし自然の四つの力の中で重力は最も弱く、その強さは電磁気力より四〇桁小さいため、量子物理学では完全に無視される。測定できるかどうかという意味で、小さな粒子は電磁気力、弱い力、強い力という残り三つの力しか及ぼしあわない。そのうちどの力を「感じる」かは粒子の種類による。

例えば陽子は原子の中で電子からの電磁気力を感じ、原子核とその構成部品の中で働く弱い力を感じ、さらに原子核の中につなぎ止め、また内部のクォークが逃げていかないようにしている強い力を感じる。しかし電子や別の陽子、さらには近くにある巨大分子からの重力は無視できるほど小さく、測定可能な形で感じることはできない。電荷を持たずきわめて軽い最小のフェルミオンであるニュートリノは、弱い力の作用しか感じない（重力も感じるが小さすぎて測定不可能）。ＣＥＲＮなどで実験的に研究されている素粒子物理学は標準モデルを基礎にしているが、そこには重力の効果は組み込まれていない。そのため、重力の理論であるアインシュタインの一般相対論とは関連づけられていない。

物理学の聖杯とされるのが、きわめて弱い重力を含め自然界のすべての力の効果を「捉えた」一つもしくは少数の方程式に基づく単一のモデル、「万物理論」だ。そのため万物理論は、量子論とアインシュタインの一般相対論を混ぜ合わせたものでなければならない。その方向へ向けた実験面からの前進があるとすれば、それはいまのところ最高のエネルギーレベルに到達できるＬＨＣでの発見によってなされるだろう。

アインシュタインは、先駆的な研究によって自らが発見に手を貸した量子世界に困惑していた。アインシュタインの考える自然の万物は量子論の原理と完全に矛盾していたが、それはおもに粒子の振る舞いにおける確率の役割を信じていなかったためで、アインシュタインは、神はサイコロ遊びをしないという有名な言葉を残している。[*6] また、空間的に遠く離れた場所どうしが、光速でメッセージを送らなくとも互いに影響を及ぼしあえるという、非局所性の原理も信じなかった。非局所性は量子論から直接導かれる結果で、もつれ《エンタングルメント》と呼ばれる現象によって表に現われる。[*7]

こうした不一致にアインシュタインはいらだちを募らせ、闘志を燃やした。そして手紙や論文、さらに量子論の研究を続ける物理学者との対話の中で量子の考え方を攻撃しつづけた。量子論の論証に穴を探して――アインシュタインゆえにときには見つけて――そこを突き、台頭しつつある量子的自然観を批判した。しかしハイゼンベルク、パウリ、ディラックといった若い先駆者、さらに歳を重ねたシュレーディンガーやボーアが量子論を高みに押し上げ、量子の原理に対するアインシュタインの異議は強い不満へと変わっていった。

ボーアとプランクのアイデアを最初に推し進めたのが、二四歳のヴェルナー・ハイゼンベルクだった。ハイゼンベルクは、どんなに精確な装置を使っても一個の粒子の運動量と位置の両方を精度良く測定することはできないという、量子物理学のきわめて重要な概念を発見した。一方が精確に分かると、もう一方は必然的にある程度の不確定性を持つ。この概念はハイゼンベルクの不確定性原理と呼ばれるようになった。この性質が原子、分子、電子、陽子、中性子など微小世界における振る舞いに特有のものだということを、ハイゼンベルクは示した。

ハイゼンベルクの研究ののち、ヴォルフガング・パウリが新たな量子的考え方を使って水素原子のエネルギー状態を解き明かした。つまり量子力学を使って、最も単純な原子である水素の振る舞いという検証測定可能な事柄を導いた。パウリは一九〇〇年にウィーンで生まれたが、成人してからはほとんどスイスで暮らし、チューリヒにあるスイス連邦工科大学（ＥＴＨ）の物理学教授となった。熱心な反ナチ主義者だったがスイスに住んでいたため、ヒトラーが権力を握ってヨーロッパのほとんどを支配していた時期にも生き延びることができた。響き渡る笑い声と愉快な気質のパウリの最も有名な業績は、二個の電子が同じ軌道にあったらそれらのスピンは互いに反対向きでなければならないという排他原理と、理論解析によるニュートリノの発見だ。

パウリは一時期人間関係に悩み、しばしば不安にさいなまれることがあったという。しかし運命の巡り合わせか、心理学の草分けとして有名なカール・ユングと出会う。ユングはパウリの夢を分析し、量子物理学と心との関係に関する興味深い仮説に至った。

一九二六年にオーストリア人物理学者エルヴィン・シュレーディンガーが、のちにその名が冠される波動方程式を使ってハイゼンベルクの量子論と相補う方法を編みだし、一年前にルイ・ド・ブロイが提唱した粒子と波動の二重性のアイデアを拡張した。シュレーディンガー方程式は粒子の波動的性質を使ったもので、単純な場合にしか完全に解くことができず、複雑な量子系ではコンピュータが必要となる。シュレーディンガー方程式の解は、状態の「重ね合わせ」ができるという変わった性質を持っている。日常世界では電灯のスイッチは「オン」か「オフ」のどちらかであって、両方になることはない。しかし量子の不思議な世界では、同時に「オン」と「オフ」の両方の状態を取ることができる。つまり量子的粒子は、ここそこのどちらかでなく、同時にここそこの両方に存在できることになる。エルヴィン・シュレーディンガーはこの奇妙な量子現象を例として説明するために、今では「シュレーディンガーの猫」として広く知られている思考実験を考え出した。

それは次のようなものだ。一匹の猫を密閉された箱の中に入れる。箱の中には青酸入りの瓶と、微量の放射性物質によって作動する電気装置が取り付けられたハンマーがある。放射性元素の一個の原子が崩壊すると、電気装置が作動してハンマーが瓶を割り、青酸が広がって猫は死ぬ。放射性崩壊は量子力学の原理に従う量子的現象だ。ここでシュレーディンガーは次のように問いか

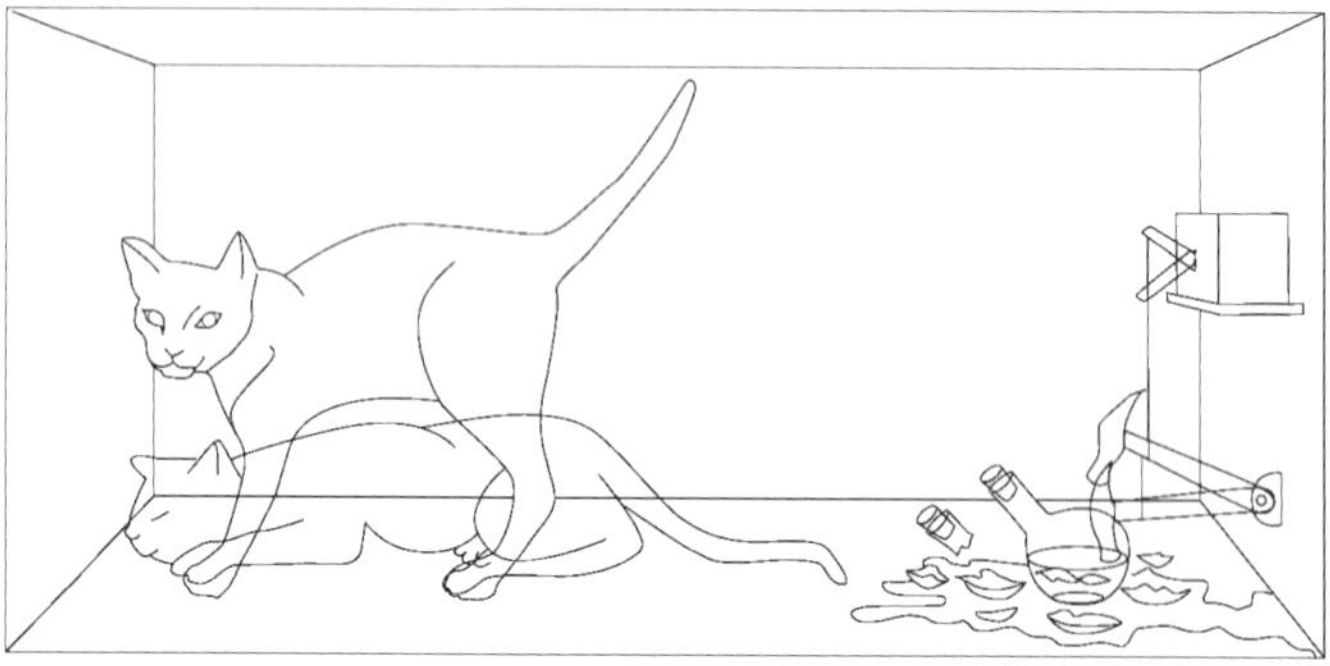

けた。放射性崩壊が起こっているかどうか分からないとしたら、そのとき猫は生きているのか死んでいるのか？　量子論の法則に沿った答は、猫は同時に生きても死んでもいる、となる。

このシュレーディンガーの猫の例は量子的条件をマクロな系に当てはめようとしたもので、いくつも欠陥があることは間違いない。しかしこの考え方は量子力学の不気味さを見事に表現している。この原理は本書を通して使っていくことになる。例えば電子のスピンの向きは、上向きと下向きというありうる二つの状態の「重ね合わせ」になる。この重ね合わせの考え方から、現代の物理学においてとても重要な連続対称性が導かれる。

二〇〇四年にシュレーディンガーの娘ルート・ブラウニッツァーが、オーストリアアルプスのチロル州アルプバッハに建つシュレーディンガーの家に招待してくれた。車で山を登ってようやくたどり着いた素晴らしい山小屋の前には、「シュレーディンガー・ハウス」という看板が立っていた。グレーの小さい猫——有名な先祖の末裔だがやはりシュレーディンガーの猫——が我々を歓迎し、私にすり寄ってのどを鳴らしてきた。間違いなく生きていた。

夕方になって家の前の木道を下り、エルヴィン・シュレーディンガーの墓を訪れた。十字架には、シュレーディンガーが一九四二年に詠んだ一編の詩が刻まれた金属板が、娘の手で取り付けられていた。量子力学の味わいを表現するその詩の趣、そしておそらく量子のアイデアに導かれたシュレーディンガーの人生哲学を私は気に入った。西の山並みの間からのぞく夕日に照らされた墓には、ドイツ語で次のように書かれていた〔ルートの夫アルヌルフ・ブラウニッツァーによる英語訳を日本語に訳した〕。

存在は、我々が感じるから存在するのではない。
我々が感じるのをやめても無にはならない。
それが存在するから我々は存在する。永遠に。
だからすべての存在はただ一つ。
そして一つなくなってもそれは続く。
つまり存在しなくなることはない。

E・シュレーディンガー、一九四二年

宇宙論、対称性、保存則

宇宙全体の進化に対する我々の理解が深まったのは、素粒子物理学者から代表的な宇宙論学者となったMITのアラン・グースが一九八〇年代におこなった画期的研究による。カリフォルニア州のスタンフォード線形加速器センター（SLAC）に勤めるグースは、宇宙の進化に関する大きな発見を成し遂げた。「インフレーション」という現象を仮説として提唱したのだ。

グースのインフレーション宇宙の理論によれば、ビッグバン直後に我々の宇宙は凄まじい膨張の時代を経験したという。一秒より短い間に宇宙は、素粒子の大きさからビー玉ほどに成長した。[*8] そのインフレーションが終わると宇宙はもっと穏やかなスピードで成長を続け、今でも膨張している。しかし一九九八年に遠くの銀河の後退速度の天文学的観測から明らかになったように、現代ではその膨張が加速している。宇宙論最大の謎の一つが、宇宙の膨張を加速させている謎めいた力の素性だ。それは「ダークエネルギー」と呼ばれているが、宇宙論におけるもう一つの未解決問題「ダークマター」とは別物である。

数学的に言うと空間全体は、曲線でなく直線で特徴付けられるユークリッド幾何を有しているように見える。重い物体の周囲ではアインシュタインの一般相対論に従って湾曲しているが、宇宙全体としては大きく湾曲しているようには見えない。ビッグバン後の凄まじい成長の時代、インフレーション期に宇宙は「平坦」になったのだ。一〇年以上前に人工衛星のデータから得られた宇宙のマイクロ波背景放射の研究によって、その発見が裏付けられている。

そうして宇宙論と天文学は、信頼するモデルに物理学者が満足しかけていたちょうどそのときに、素粒子物理学者に大きな問題を突きつけた。ダークマターの問題もやはり大きく、そしてもっと古い。一九三〇年代に複数の銀河を観測したフリッツ・ツヴィッキーは、観測された全質量に基づいて予測した程度よりもそれらがはるかに強く重力で結びついていることに気づいた。そして宇宙は大量のダークマターで満たされているに違いないと結論づける。その行方不明の物質は、我々が見たことのない微小粒子からできていると考えられる。

ＬＨＣは、そうした粒子のいくつかを発見することでその謎の解明に一役買うかもしれない。アラン・グースは次のように言う。「今後五年から一〇年で、ダークマターがどれだけ存在するかが分かるだろう。……さらに宇宙の複雑な構造が、宇宙の歴史の中で最初の一兆分の一秒に起こったランダムな量子プロセスの結果として説明できるかどうかも分かるだろう」[*9]

ＬＨＣはビッグバンから想像を絶するほど短い時間（5×10^{-15}秒、一〇〇〇兆分の五秒）後の宇宙を調べるタイムマシンだと、グースは説明する。比較として、一九三〇年にバークレーで作られた最初のサイクロトロンはビッグバンから二〇〇秒後の宇宙を垣間見せてくれ、一九五二年にニューヨーク州ロングアイランドのブルックヘヴン国立研究所で作られたコスモトロンはビッグバンから3×10^{-8}秒（一億分の三秒）後、一九八七年にフェルミ研究所で作られたテヴァトロンはビッグバンから2×10^{-13}秒（一〇兆分の二秒）後へと我々を連れていってくれる。[*10]

宇宙における銀河形成の種が、ジョージ・スムート率いるチームによって発見された。ビッグバン直後に生じた物質の塊から銀河がどのように形成されたのかを、彼ら科学者は初めて解き明かした。その初期宇宙の物質は、とてつもなく高温高密度な素粒子の「原初のスープ」から作られた。そしてその中から水素、ヘリウム、少量のリチウムという単純な原子核が形成された。その後、初期世代の恒星が核融合反応によって水素とヘリウムを燃やして死を迎え、その過程で作られたより大きな原子が宇宙空間にばらまかれて、現在我々が知る物質の原子や分子を形作っている。

スムートもアラン・グースと同じく、素粒子物理学者として研究人生を歩みはじめたのちに宇宙論へ転向した。そして宇宙からやってくるマイクロ波放射の初のデータを解読することで名を上げた。一九九一年に自身とそのチームが銀河形成へつながる原初の種を見つけた大発見の瞬間を振り返って、スムートは次のように言う。「いともたやすく勘違いしてしまうものなので、へまをしないよう、データが示しているものでなく見たいと思っているものを見てしまわないよう、慎重を期した」。しかし慎重に解析を繰り返した末、データからは確かに、のちに銀河へ成長する物質の種がはっきりと描き出された。[*11] このニュースは宇宙論に一大センセーションを巻き起こした。

その銀河の種は、素粒子のスープが陽子や中性子へ凝集して原子核が作られたときに形成された物質の塊だ。その原子核がのちに電子と結合して単純な原子を作った。さらにのちに初期の恒星が燃料を燃やし尽くし、もっと複雑で大きな原子が加えられた。

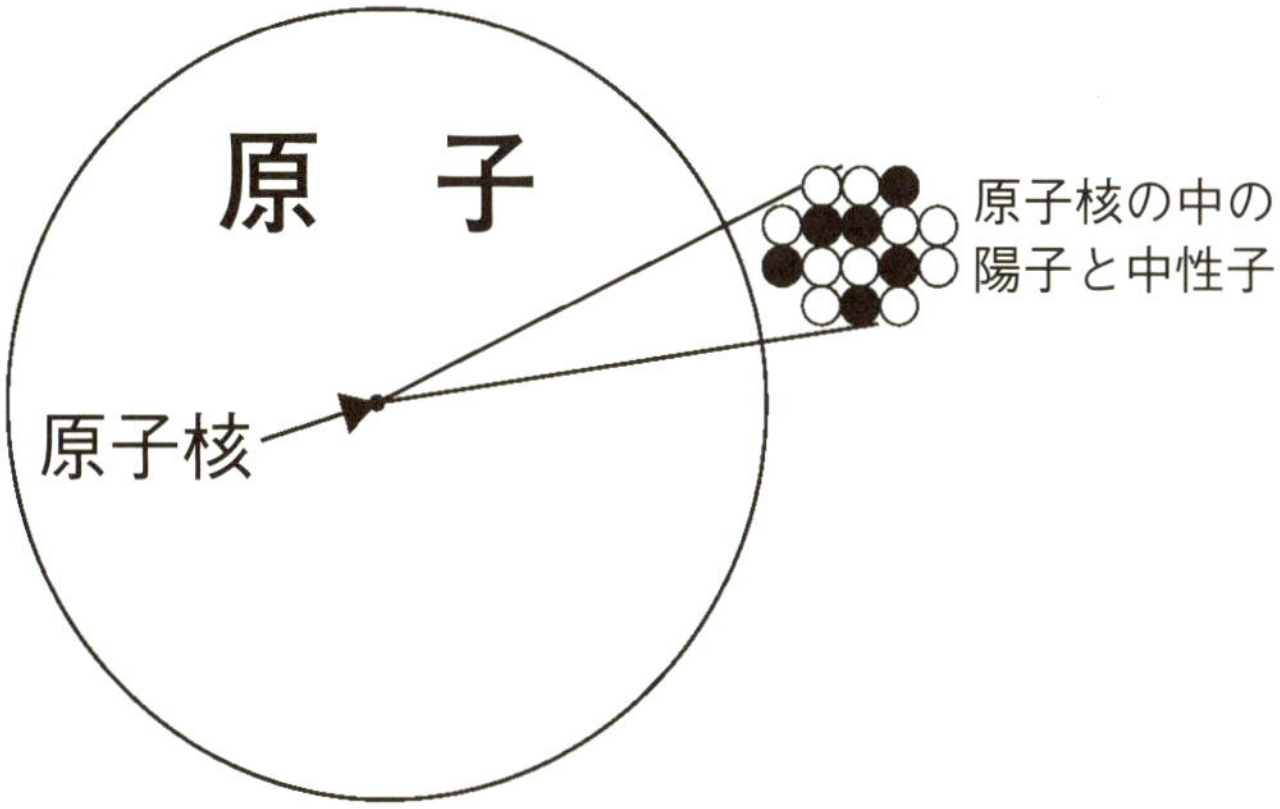

　原子は、水素、ヘリウム、リチウム、炭素、酸素、窒素、鉄、銅といった純元素の最小構成要素だ。その中心には、原子全体に比べてとても小さくとても高密度な原子核がある。原子核には正の電荷を持つ陽子と電気的に中性な中性子が含まれている。原子は他に、負の電荷を持ち原子核の周りを回る電子からなっている。

　電子の軌道とそれが包む空っぽの空間が、原子の体積の大半を占めている。原子核自体の体積は原子全体よりはるかに小さい。原子がバスの大きさだったとしたら、原子核は乗客の読んでいる新聞の「ｉ」の文字の点ほどの大きさになる。[*12]

　陽子は電子よりずっと重く、陽子一個の重さは電子一八三六個分に相当する[*13]（それでも先ほどの例で陽子は「ｉ」の点の中に収まる。陽子は原子核の中にあり、原子核の周囲にある電子は超高密度の原子核よりはるかに大きな空間を取り囲んでいるからだ）。中性子の重さは陽子よりわずかに大きい。陽子と中性子は原子核の中に押し込められている。その数が多いほど元素は重くなる。水素は原子核として陽子一個だけを持っており、ヘリウムの原子核には陽子二個と中性子二個がある。その先も元素が重くなるにつれて続いていく。

しかし科学は原子、原子核、電子の研究を超えて、原子核の小さな構成要素の探究へと進んだ。ビッグバン後に原初のスープが冷えるにつれて三つ組となり、陽子や中性子を作ったクォークや、その他の素粒子だ。今日我々はそれらの微小粒子の振る舞いとそれを支配する場や力を理解しようとしている。原子の奥深くを実験的に探る方法は加速器によって開かれたが、その実験結果を理解するのに必要な物理理論には深遠な数学が必要だった。

ガリレオは「自然の書物は数学という言語で書かれている」と言った。そして新たな物理学は、ガリレオが思い描いていたよりはるかに複雑な数学を必要とする。それは特別な種類の数学で、そのため何人もの偉大な数学者が、物理宇宙の数学的な謎に光を当てられれば物理学の分野に飛び込んできた。存命中の最も偉大な数学者の一人でフィールズ賞受賞者であるオックスフォード大学のサー・マイケル・アティヤは、二〇〇九年春にＭＩＴで開かれた学会『数学と物理学の展望』の基調講演で、物理学が今日直面している五つの問題を示した。

標準モデルの正しさを証明してヒッグスボゾンを発見できるか？

謎めいた「ダークマター」の性質はどんなものか？

空間全体に広がっているらしい「ダークエネルギー」とは何ものか？

物質対反物質の謎を解き明かせるか？

量子力学のより深遠な理解に到達できるか？


アティヤが示した、いつの日か物理学の最終理論を生み出すと期待されるこれらの問題を解くには、数学と物理学をこれまで以上に密接に結びつけなければならない。

アティヤは、一九五〇年代にＭＩＴへやってきたとき数学者と物理学者が同じ建物を使っていたと、次のように回想する。「物理学科と数学科の間には扉があって、その扉には鍵が掛かっていた。そこで物理学者になぜ鍵が掛かっているのかと聞くと、新しいカーペットを敷いたので数学者が汚いブーツで入ってきて歩き回らないようにだと言われた。[*14] その後、数学者と物理学者はもっとずっと良い関係を築いてきたとアティヤは言うが、いつの日か最終理論に到達したいならその風潮は大切に守っていかなければならない。

数学における一つの概念として、「群論」と呼ばれる分野で研究される「対称性」の考え方が現代物理学では重要な役割を果たす。対称性は直感的でしかも自然なため、それを認識する我々の能力は脳に直接組み込まれているように思える。例えば顔は左右対称性を持っており、生まれて数週間の子供でも人間の顔の対称的特徴を認識できることが分かっている。浜辺にいるヒトデは五回対称性を持っていて、それもまた我々の図形認識と自然の美に対する感覚に訴えかける。

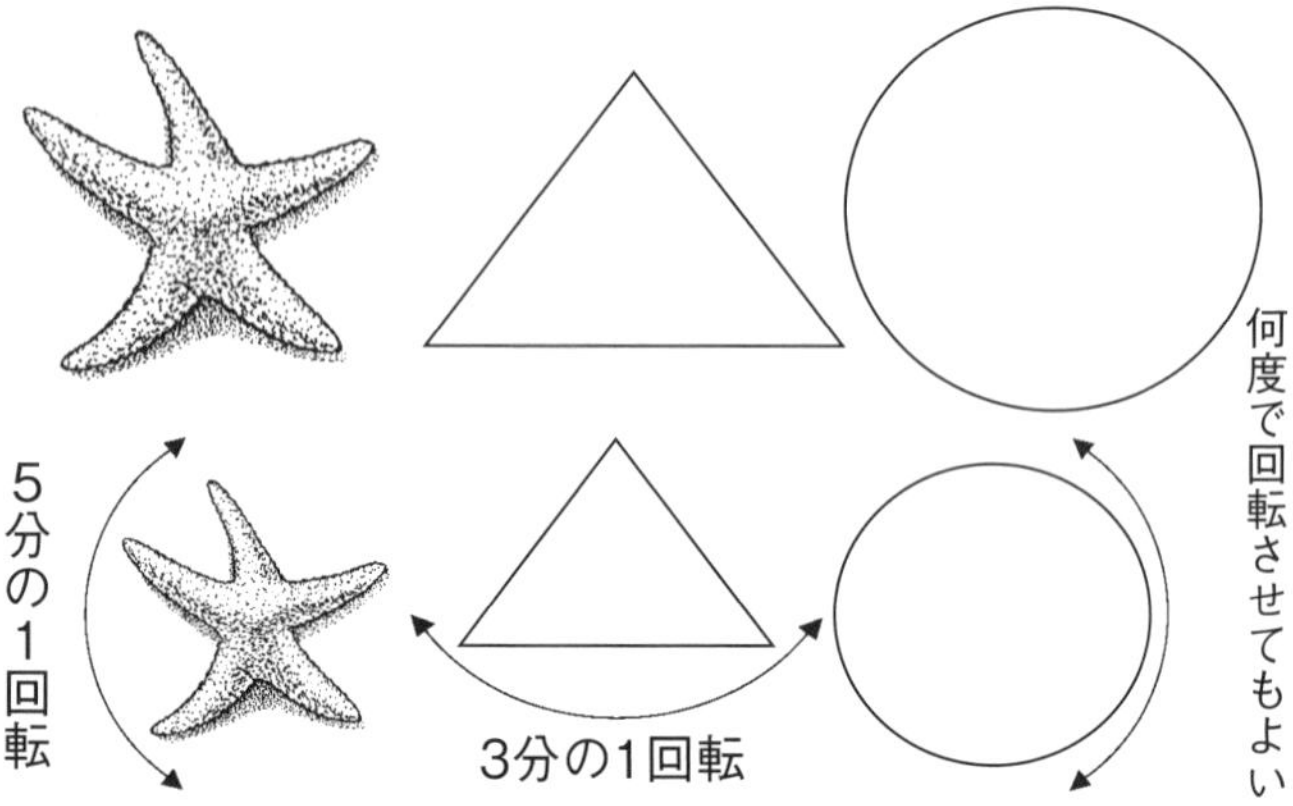

そしてアメリカの交差点に立つ一時停止《STOP》の標識は八回対称性を持つ。

しかし対称性の概念はもっとずっと奥深い。我々の周りの通常の空間では認識できないがもっと抽象的な場面で姿を現わす対称性もあって、そうした対称性が理論素粒子物理学の理解には欠かせない。その考え方を開いたのが、女性をめぐる無意味な決闘により弱冠二〇歳で命を落とした一九世紀の早熟なフランス人数学者エヴァリスト・ガロアだ。一八三二年に亡くなる前にガロアは、対称性を理解するための基本的な代数学的道具である「群」という数学的概念を導入した。ガロアはまだ高校生の頃に研究を始めた。当時としてはあまりに進んだ考え方で誰にも理解されなかったため、良い大学にも入れずにいらだちを募らせ、無鉄砲に革命運動に加わって最後は決闘により悲劇的な運命を迎えた。[*15]

対称性についていくつか見てみよう。顔を反転させて左右を入れ替えると、そのときに限って最初と同じに見える。

正三角形は、どの辺の中点を通る軸で反転させても、あるいは時計回りか反時計回りに一周の三分の一あるいは三分の二回転させても同じに見える。

しかし円はどんな角度で回転させても同じに見える。角度一度でもそれ未満でも、あるいは九〇度でも二二三度でも、回転後は必ず同じに見える。円は「連続対称性」を持っていて、その変換（姿を変えずに施せる変化）の群は「連続群」であると表現する。そのような群を、ガロアの群のアイデアを一九世紀に連続対称性へ拡張したノルウェー人数学者ソフス・リーにちなんで、リー群と呼ぶ。連続対称性は素粒子物理学で最も多く使われるものの一つだ。

物理学では、物理過程をモデル化するためにいくつもの連続群を使う。連続対称性が存在し、それをリー群——円のすべての回転の群のように連続的な変換の群——によりモデル化できた場合には必ず、何か重要なことが明らかになったと考えられる。

ボストン大学のノーベル賞受賞者シェルドン・グラショウは、対称性について次のように言っている。

自然界には必ず対称性が存在する。物理学者は何百年も前から結晶の対称性に気づいていた。一部の人が原子の存在を信じるようになったのは、その対称性、結晶とその形の美しさのためだ。しかし対称性はそこまであからさまでない場合もある。例えば中性子と陽子という二つの粒子はいくつかの点でとても似ているが、別の点では大きく違っている。この場合は見せかけの対称性、近似的対称性であって、自然界では実際には破れている。それ以外に、完全に隠されている、あるいは自然によって明らかに壊されている対称性もある。[*16]

この考え方を理解するために、ヒトデの例に戻ろう。完璧な五回対称性を持つものを「理想的なヒトデ」とする。理想的なヒトデを時計回りと反時計回りのどちらに五分の一回転させても正確に同じに見える。しかし浜辺で見つかる生きたヒトデは決して完璧ではない。腕が一本短かったり長かったりするかもしれない。成長中に生じたその不完全さは、遺伝的なものかもしれないし環境によるものかもしれない。紙の上に書いたヒトデは完璧に対称的だと考えられるが、その対称性が自然によって「破れている」のだ。

破れているのでなく隠されている対称性もある。人体の内部を初めて見るまで（きっと先史時代のことだろう）、二個の腎臓が背骨の両側に対称的に位置していることを人類は知らなかった。この対称性は自然によって隠されている。一方、人間の肺の対称性は自然によって破れていると考えることができる。紙の上の概念では二個の肺は対称的だが、心臓とそこから伸びる動脈を納めるかなりの空間が必要であり、そのため肺の対称性は破られなければならない。左の肺は完全な右の肺とは違って見える。

連続対称性という数学的考え方が物理学にきわめて基本的な形で採り入れられたのは、ネーターの定理と呼ばれる結果を通してのことだった。一九一〇年代にゲッティンゲン大学で研究したドイツ系ユダヤ人数学者エミー・ネーターは、物理学の標準的な道具を使ってモデル化できる連続対称性がすべて「保存則」を意味していることを証明した。

保存量という考え方は物理学において最も重要だ。閉じた系ではエネルギーは保存され、生成も消滅もしない。前に述べたようにエネルギーが質量に変わったり質量がエネルギーに変わったりするが、閉じた系における質量とエネルギーの総量は一定でなければならない。同様に電荷も保存され、閉じた系では電荷の総量は変化しない。電荷も生成したり消滅したりはしない。同じことが運動量にも言える。運動量保存の単純な例として、（真空中では）宇宙船が減速するにはジェットを逆噴射しなければならず、そうでないと前進しつづけてしまう。運動量は保存されるからだ。電荷の保存の例は、けばだったもので身体をこすってから誰かに触れると分かる。あなたの身体の電荷は保存されていて消えていくことがないため、それが触った相手に逃げていき、相手は静電気のショックを感じる。保存則は物理学においてきわめて重要であり、ネーターの影響力のある定理を通じて対称性と結びついている。

対称性と保存則の関係は、理論物理学者にとって重要な道具となっている。何か対称性が見つかったら、そのすぐ先には保存則が一つ潜んでいるに違いない。さらにその保存則は、ある量（電荷、エネルギー、運動量などいずれであっても）の収支が完全に合っていなければならないという意味であるため、粒子の相互作用について説明を与えてくれる。相互作用後の合計が相互作用前の合計と違っていたら、何かを見落としているのだと分かる。保存則を使った歴史上の見事な例の一つが、オーストリア人物理学者のヴォルフガング・パウリが一九三〇年にニュートリノの存在を予測した件だ。自然界ではエネルギーが保存されなければならないと知っていたパウリは、ベータ崩壊と呼ばれる原子核過程で少量のエネルギーが行方不明になっていることに気づいた。そしてその行方不明のエネルギーは別の粒子の形でベータ崩壊の過程から出ていっていると結論し、ニュートリノの存在を予測したのだ！

ある物理量が保存されていると分かれば、それに伴う自然の対称性がどこかに隠れているに違いないと判断できる。そしてその対称性を見つけることが現象の性質を説明するのに大いに役立ち、さらに世界に関する新たな理論へつながるかもしれない。対称性と保存則、そして特殊相対論と量子論はすべて、大型ハドロンコライダーの中でおこなわれる大規模実験に不可欠な要素である。

第3章　CERNという場所

二〇〇九年四月二日午前一〇時三五分、私はCERNへの初訪問のためパリから一時間のフライトの末にジュネーヴ空港へ到着した。危うく乗り遅れるところだった。パリRER（首都圏高速交通網）鉄道に電気系統の問題が生じていて、私の乗っていた列車がパリの北で立往生し、数百人の乗客は下車させられてタクシーを捕まえるかバスに押し込まれて先へ進むしかなかった。手も足も出ない状況であきらめかけていたとき、憤然とした一人のパリの女性に頼んでシャルル・ド・ゴール空港へ行くタクシーに同乗させてもらえた。空港でもターミナルまで全速力で走り、ドアが閉まる直前に飛行機に滑り込んだ。

ようやくジュネーヴに到着した私は、待ち合わせをしていた、イタリア・リヴォルノ出身の背が高く若く見える物理学者パオロ・ペターニャ博士と落ち合った。そしてしばし会話を交わしてから、ペターニャの車に乗ってCERN目指し西へと向かった。近郊に建つ高層アパート群を過ぎると、広々とした草原と小さな村々の連なる風景へと変わった。私は頭上に異常なほど多くの高圧線が走っているのに気づいた。私の質問にパオロは笑いながら、「これだけたくさんの高圧線に囲まれていても文句を言うわけにはいかない。僕らの電力消費レベルを考えればね」と答えた。

我々は施設の門と検問所に到着した。パオロがバッジを見せ、我々はＣＥＲＮと呼ばれる場所に入った。この名称はもともと、研究所設立のために設置された暫定委員会であるヨーロッパ原子核研究委員会（Conseil Européen pour la Recherche Nucléaire）の頭文字を表わしていた。その後ヨーロッパ原子核研究機構（Organisation Européen pour la Recherche Nucléaire）と改称されたが、略称はそのまま残された。

ＣＥＲＮの中心部は白く細長い建物が建ちならぶ大きな研究キャンパスで、各建物は有名な科学者たちの名が付いた通りに面している。我々はＡ・アインシュタイン通り、Ｎ・ボーア通り、Ｊ・ベル通りを進んでいった――Ｊ・ベルは量子もつれという奇妙な概念の理解を導いたＣＥＲＮの量子論学者*1。車を止めた我々は大きなカフェテリアと食事スペースのある本館の一階に入った。到着したのはコーヒータイムで、世界中からやって来た国際色豊かな科学者が多く入ってきて、友人と話をしたりコーヒーや菓子を手にしたり歩き回ったりしていた。さまざまな言語が聞こえてきて、人々の服装もインドやアフリカの伝統的な衣装を含めスタイルはさまざまだった。私は掲示板に英語とフランス語の両方が書かれているのに気づいた。

私の質問を察知したパオロが説明してくれた。「どこからやってきた人も、ＣＥＲＮではコミュニケーションの言語として二つのどちらかを選ばないといけないんだ」

「君はフランス語を選んだのかい？」。パオロがあちこちでフランス語を流暢に話しているのを耳にして、そう尋ねた。

パオロはにっこりしながら答えた。「いや、英語を選んだ。一二年前にここへ来たときは、英語はうまかったけれどフランス語はだめだった。今ではフランス語もずっとうまくなって、その方が気楽に話せる。でもＣＥＲＮ内部でのコミュニケーションには英語を使うと登録したままだ。ここの英語は標準的な『国際英語』の一種なんだ」

「世界中の国際学会で聞こえてくる言語だ」と私は言った。

「その通り」とパオロは相槌を打ってきた。[*2]

ここでは今でもフランス語の方が一般的に使われていて、建前上は同等である英語よりも「正式」とされている。それはＣＥＲＮがフランス語圏に位置しているせいもある。我々がいる本部を含むＣＥＲＮ複合施設の東側部分はフランス語が話されるスイスのジュネーヴ州に、ＬＨＣの大部分が位置する西側部分はフランスのローヌ＝アルプ地域圏にある。

コーヒーを飲もうと椅子に座ると、パオロが昔のことを話しはじめた。「初めてここに来たときにはカルチャーショックを覚えた。人生でそれまで経験したどんな場所ともまったく違っていたんだ」。私はパオロの目を見つめて話の続きを待った。「普通に考えたら、うぬぼれた連中が激しく競争しあって他の科学者を敵だと見ているだろう。でもここではそんなことはない。とても驚いたのは、ここで働いている人たちが共通の目標を決める独特の才能を持っていることだ。CERN以外ではめったに見られるもんじゃない」

「健全な競争」とも言えるものをCERNは持っていることを知った。もちろん誰もが大発見をしたがっているが、目標に向かっては協力して進んでいる。他の多くの場所で見てきた冷酷さがここではまったく見られなかった。科学者、技術者、労働者が等しく親切で面倒見が良く、互いの関係は間違いなく特別良好だった。しかしここでも良い面での競争は育まれている。二つの多目的検出器ATLASとCMSは、激しく競争し合うチームが運営している。この二つの検出器は、ヒッグスボゾン、ダークマター候補、余分な空間次元、超対称性パートナー粒子、ひも理論でいうひもといった互いに同じ種類の現象を探している。しかし二つのグループの実験方法は違っていて、互いに区別されている。

二つのチームはそれぞれ独自の検出装置、独自の構造、独自の科学的手法を考え出した。そしてどちらも大発見で相手を打ち負かそうとしている。CMSのメンバーであるパオロ・ペターニャは、のちほどCMS検出器を見せてそのしくみを説明してくれた。そして競争相手に不公平にならないようにと、ATLASの代表者（CERNでは「ディレクター」という）であるイタリア人の同僚ファビオラ・ジャノッティ博士と会う手はずを整えてくれた。「競争は役に立つし、二つのチームは強く結びついてもいる。全員が科学で同じ目標に向かっているという意味でね」

とペターニャは説明してくれた。[*3]

ＣＥＲＮに競争と協力の二重性があることがさらにはっきり分かったのは、しばらくしてＣＭＳグループのリーダーであるグウィード・トネッリに会ったときだった。トネッリは次のように話してくれた。「大切なのは『公平な競争』という考え方だ。我々の実験の情報はすべて共有しなければならない。ＡＴＬＡＳで競争相手のチームを率いるファビオラに我々の結果を隠そうなどと思ったことは一度もない。それが科学を正しく進める唯一の方法だ。我々は結果を比較して突き合わせる必要がある。そして情報をコントロールするには、競争しあうチームの間で情報を共有するしかない。それが、我々の実験で見つけたことが正しいかどうかを確かめる最良の方法だ」。そして笑みを浮かべながらこう付け加えた。「しかも私たちは友人どうしだ[*4]」

後から分かったことだが、トネッリの言葉にはもっと深い意味があった。ＣＥＲＮには何十年も前から、以前ここで働いていたある研究者チームが情報を隠して競争相手をだまし、科学的発見を目指す競争で不当に有利な立場を手にしたという噂が広がっている。しかしそれは過去の話で、ヒッグスや超対称性など物理学上の発見に近づくにつれ、ＣＥＲＮのチームは健全な競争と協力の雰囲気の中で取り組むようになっている。

本館でコーヒーを飲みながらＣＥＲＮの奇跡について話を続けていると、ペターニャがこう言った。「ここでは信じられないようなものを何とか作り上げてきた。ここでいくつもの科学プロジェクトを進めるこの大学や研究所の共同体は、物理学を世界規模に押し上げてきた」。ＣＥＲ

Nの設立、使命、そして目標とその達成手段を決め、物理学の未来の道筋をさまざまな方法で描いている多国籍の委員会について、ペターニャはそう言った。

さらにこう付け加えた。「CERNのもう一つ重要な点が、理論と実験が直接強く結びついていることだ。理論がヒッグスボゾンや超対称性など、何を探すかを決める。そして実験結果が理論家に、何に取り組むべきかを教える。理論と実験が絶えず影響しあっているんだ[*5]」

続いてパオロはCERNの理論部門のトップであるルイス・アルヴァレズ＝ゴーム博士のところへ連れていってくれた。最上階にあるオフィスではとても愉快な話をした。どんな研究をしているか聞くとアルヴァレズ＝ゴームは、「銀河中心の巨大ブラックホールの上下に出ているジェットについて研究している」と答えてくれた。世間の人がみなLHCでブラックホールが作られるのではないかと心配しているので、それは奇妙な偶然の一致だと思った。そのことに触れるとルイスは笑った。物理学者に肩の力を抜いてもらって科学の驚異を語らせるのに、小さなブラックホールの話題はうってつけだ。「もちろんここLHCでマイクロブラックホールの痕跡を探すこともできるが、この装置はヒッグスなどいろんなものを探すために作られたんだ」

「ヒッグス工場《ファクトリー》だよ」とアルヴァレズ＝ゴームは続けた[*6]。それから何カ月も私は、科学者がLHCをいろいろ異なるものの「ファクトリー」だと表現するのを耳にした。クォークのジェット（安定なクォークは物質の原子核の中にある陽子や中性子の構成成分だが、加速器では不安定なもっと重いクォークも作られ、おそらく極めて初期の宇宙には存在していた）、電子やそれに似た素粒子であるレプトン、電子の約三五〇〇倍の重さを持つ不安定なレプトンであるタウ粒子、科学者が見つけたいと思っている未知の粒子からなるダークマター、きわめて軽い中性のレプトンであるニュートリノなどと、研究者の好みに応じてさまざまだ。科学者が加速器をファクトリーと捉えるのは、一個の粒子を作るには一定量のエネルギーが必要だが、一度できてしまうと装置を運転させている限り作られつづけるからだ――頻度は条件によって高くも低くもなる。ＬＨＣが何のファクトリーなのか、どの種類の粒子が最も多く作られるのかは、現時点では何とも言えない。しかしどの物理学者も大発見への道を進むために、ＬＨＣを自分が欲しい粒子のファクトリーだと考えているのは間違いない。

アルヴァレズ＝ゴームからは、宇宙の構造に関する興味深い考え方も教わった。「質量にはプラン、つまり階層性がないように見える」。粒子の質量が明瞭なパターンなしにそれぞれ異なっているのはなぜかという、素粒子物理学最大の問題の一つを指した言葉だ。「宇宙には目的など何もないのかもしれない」とルイスは言った。[*7]

私はアルヴァレズ＝ゴームにＬＨＣにおける陽子のスピードについて尋ねた。「ＬＨＣから飛び出た陽子が最も近い恒星アルファ・ケンタウリ目指して光子（光の粒子で、宇宙で最も速く進む）と競争したとすると、光線、つまり光子は我々の陽子に勝つが、その差はたった〇・三秒なんだ！」[*8]。アルファ・ケンタウリは地球から四・四光年離れており、ＬＨＣの陽子がどれほど速く移動するかがよく分かる。私の友人でＭＩＴのひも理論学者バートン・ツヴィーバックの計算によれば、ＬＨＣの二七キロのトラックを光子が陽子と競争して一周すると、陽子をたった四分の一ミリかわすという。[9] ツヴィーバックとアルヴァレズ＝ゴームによる二つの喩えは互いに等しい。そしてどちらも、コライダーのチューブの中で陽子がとてつもない速さで動くことを物語っている。

ＬＨＣは陽子を光の速さに近い最高速度まで加速させるが、陽子をその超高速にするにはいくつもの前段階が必要となる。[10] ロケットで宇宙船を火星へ送るのに似ている。ロケットにはいくつかの段があり、ロケットで運ばれる宇宙船をそれぞれの段がさらに「蹴り出して」スピードを上げ、最終的に地球の脱出速度に達する。同じことがＣＥＲＮで加速される陽子にも言える。

ＬＨＣに備えてまず、今では巨大なＬＨＣの前段加速器として使われている、ＣＥＲＮにあるいくつもの古い加速器で陽子を加速する。始めに陽子を作るために、水素ガスの原子から電子をはぎ取って陽子（正の電荷を持つ水素イオン）だけを残す。水素ガスから作った陽子ビームはとても強度が高くひとかたまりに何十億個という陽子が含まれているが、それでもＬＨＣの日常運転では水素をわずか二ナノグラム（一〇億分の二グラム）しか使わない。水素を一グラム消費するにはＬＨＣを一〇〇万年以上連続で運転させなければならない。

陽子は次に、ライナック２と呼ばれる比較的小さな「線形加速器」（ＬＨＣと違って円形ではない）で最初の加速を受ける。この加速器は陽子を光の速さの三一・四パーセント、秒速九万キロにまで加速する。とてつもないスピードで地球上のどんなものよりも速いが（光の速さで進む光や電波、外宇宙からやってくる宇宙線を除く）、最も高エネルギーの加速器中の粒子よりははるかに遅い。

目標速度に達した陽子は、線形加速器から陽子シンクロトロン（ＰＳ）ブースターと呼ばれる旧式の円形加速器へと進む。円形加速器には、中に粒子を長時間留めさせて一周ごとにスピードを上げさせられるという利点がある。線形加速器ではいったん粒子が加速器の反対端にやってきたらそれで終わりだ。ＰＳブースターは陽子のスピードを光の速さの九一・六パーセントにまで引き上げる。さらに加速するにはもっと強力な円形加速器が要る。粒子の速度が上がるにつれ、必要なエネルギーはどんどん多くなる。陽子を光速の三一・四パーセントから九一・六パーセントに（差は六〇ポイント）引き上げるよりも、陽子シンクロトロン（ＰＳ）を使って光速の九一・六パーセントから九九・九三パーセントに（差はわずか八・三ポイント）引き上げる方がはるかに難しい。速くなるほどエネルギーが多く必要になる理由は、特殊相対論と関係がある。粒子が速く動くほどその有効質量が増し――どんどん重く見えるようになり――重い物は軽い物より加速させるのが難しいからだ。

ＰＳ装置の中で光の速さの九九・九三パーセントという目標速度に達した陽子は、さらに大きな加速器へ送られる。一九八三年に弱い核力の作用を仲介するＷボゾンとＺボゾンの存在を解き明かした、強力なスーパー陽子シンクロトロン（ＳＰＳ）だ。ＣＥＲＮの物理学者カルロ・ルッビアとシモン・ファン・デル・メールは、その発見を導いた研究によって一九八四年にノーベル物理学賞を受賞している。このSPSが陽子にさらにエネルギーを与え、光の速さの九九・九九八パーセントにまで加速する。陽子のエネルギーレベルを四五〇GeVにまで高めたことに相当する。

これでようやく、陽子が最終目的地であるLHCに入る準備が整う。LHCを最大エネルギー一四TeVで運転すると、陽子は光の速さの九九・九九九九九一パーセントという最高スピードまで加速される。そのとき一個一個の陽子は、入ってきたときの全エネルギー四五〇GeVの一五・五倍に相当する七TeVを獲得する（一TeVは一〇〇〇GeV）。

LHCによる加速には莫大なエネルギーが必要となる。喩えとして七万トンの船を加速するには大量の燃料が必要だが、自動車を時速〇キロから一〇〇キロに加速するのにガソリンは一リットルもいらない。加速器の中で粒子を加速するときもまったく同じ理屈が通用する。粒子を静止状態からあるスピードにするには多少のエネルギーが必要だ。しかし粒子が超高速で運動すると小さな車でなく重いトラックのようになって、それをさらに速く動かすにはもっと多くのエネルギーが必要となる。さらに先ほどの比喩で言うと大型船のような質量になって、速く動かすにはますます多くのエネルギーが要るようになる。

質量を持つ粒子（つまり光や電波以外）を光の速さまで加速するのは不可能だ。光の速さでは粒子の有効質量が無限大になり、そのスピードに達するには無限大の量のエネルギーが必要となるからだ。しかし陽子を光の速さの九九・九九九九九九一パーセント——一〇〇パーセントではないがかなり近い――にまで加速するのは、ジュネーヴと同じ規模の都市全体の電力供給量に匹敵するエネルギー源を使えれば可能だ。ＣＥＲＮはまさにそうしている。この実験施設では、その電気エネルギーを高周波装置の働きによって電磁気の「牽引」エネルギーに変換して粒子を加速する。全長二七キロのＬＨＣトンネル全体に一万個近くの巨大超伝導電磁石が並んでおり、トンネルを何百万回も周回するあいだ陽子がトラックから外れないようにしながらきわめて細いビームへと集束させている。

ＬＨＣの空洞内部で高周波装置がおこなっていることは、ブランコに乗った子供を大人が押すのに似ている。子供が近づくたびに大人はブランコを押し、エネルギーを加えてスピードを上げさせる。もちろん大人は子供が落ちて怪我をしないよう、しばらくしたら強く押すのをやめるが、大型ハドロンコライダーに入ってきた陽子は高周波装置を通過するたびに背中を押されつづける。完璧に同調させたエネルギーパルスが陽子をどんどん加速しつづける一方、電磁石がビームを曲げて補正し集束させ、最終的に粒子は最大速度に到達する。最大速度は、ＬＨＣに使える電気エネルギーの量と電磁石が流せる電流の強さという技術的制約によって決まる。

しかし限界に挑む前には試験が必要なため、ＬＨＣは最大能力よりはるかに低いエネルギーで運転することも多い。超伝導電磁石も、徐々に電流を上げていくことで高エネルギー運転に「慣らす」必要がある。ＬＨＣは買ったばかりの新車に似ている。時速二〇〇キロで走れる車でも、買った当日に無理してそのスピードまで上げることはしたくない。まずは楽に動かしてから低速でエンジンの慣らし運転をし、スピードを極められるかどうか肌で感じたいはずだ。ＬＨＣは自動車よりはるかに複雑かつ繊細な装置で、しかも何千台も走っている自動車と違ってたった一台しかないため、すべてゼロから学ぶ必要がある。

ＬＨＣは自動車の何百万倍もの数の作動部品からできており、仕事をこなすにはそのすべてが完璧に調和して動作しなければならない。そのためさまざまな部品をすべて一体として作動させるには長い準備と試験期間が必要となる。小さな部品が一つ性能を落としただけで全体が狂ってしまうため、それは困難な作業だ。前に述べたように、何千もある溶接箇所のうちたった一カ所が不具合を起こしただけで全体の運転が完全にストップしてしまったくらいだ。

ＬＨＣとその構造に関して一つ面白いのが、この巨大な怪物の特徴、癖、強さ、弱さを誰一人として本当には知らないことだ。この怪物は気性や特有の敏感さ、さらには心を持っていると科学者たちは言う。さらにいくつもの科学者や技術者のチームが部分ごとに寄せ集めて作ったため、それぞれの部分が違う個性を持っていて、一緒に仕事をさせるには訓練が必要となる。ＣＥＲＮの人からそうした説明を聞いたとき、セメントと鋼鉄でヨットを作ったアラスカのカップルのことを思い出した。二人とも経験を積んだ船乗りだったが、ヨットが完成しても、嵐の太平洋を横断するなど極限条件で性能を発揮するかどうかを見極めるには、さまざまな風速や気象条件で徐々にテストしていかなければならなかった。完成させたばかりの船のことを学ばなければならないのだという。ＬＨＣの試験もどこか似ているが、もちろんもっとずっと規模が大きい。ＬＨ

Ｃにも個性があるのだ！

ヨットは限界を超えると沈み、自動車のエンジンは回転速度を上げすぎると焼けてしまう。ＬＨＣは電気抵抗がわずかに上がっただけで電磁石を失ってしまうことはすでに述べたが、他にも運転中に起こりうる問題がいくつもある。例えば陽子ビームが中心から外れていってしまうかもしれない。つまり、反対方向からやって来たビームと正確な地点で衝突させなければならないが、そのために保つべきとても狭い領域の中に、陽子が留まっていてくれなくなるかもしれない。陽子は全長二七キロのトラックを毎秒一万一二四五回という信じられない回数周回し、しかもＬＨＣのチューブに入ってから最高エネルギーに達するまでに二〇分かかる。

コライダーの中では一〇〇〇億個の陽子が一つの塊として送られ、一本の陽子ビームには二八〇八個の塊が含まれる。陽子の塊は平行に走る二本のチューブに交互に送られ、一方の陽子ビームは円周二七キロを時計回りに、もう一方のビームは反時計回りに周回する。陽子が最高速度に達すると、反対方向からやってくる相棒と正面衝突させられる。衝突は正確に決められた時刻と場所で起こされる。陽子一〇〇〇億個からなる塊一個一個はＬＨＣの三台の主要検出器、ＡＴＬＡＳ、ＣＭＳ、ＬＨＣｂのいずれかの中で衝突する。衝突をすべて検出器の中の決まった狭い場所だけで起こし、ごく小さな空間だけでエネルギーが解放されるようにすることで、エネルギーの解放を厳密にコントロールして衝突の結果——新粒子のカスケード——を精確に測定し研究できるようにする。

ＬＨＣのトンネルには検出器を設置できる場所が八カ所ある。そのうち四カ所には実際に検出器が設置されており、残り四カ所は、退役して二〇〇〇年に解体され、新たなＬＨＣにトンネルを明け渡したＬＥＰ（大型電子＝陽電子コライダー）の名残だ。稼働している検出器はＡＴＬＡＳ（ポイント１）、ＣＭＳ（ポイント５）、ＬＨＣｂ（ポイント８）、ＡＬＩＣＥ（ポイント２）。しかしさらに二つ小規模なプロジェクトがある。一つはＬＨＣｆ（「ｆ」は前方《フォワード》の略で検出器の前方の意、ＡＴＬＡＳの近くに位置する）、もう一つはＴＯＴＥＭ（「全断面積、弾性散乱、回折解離測定」の略、ＣＭＳの近くに位置する）。ＬＨＣｆ実験では衝突の結果を使って宇宙線の振る舞いをモデル化し、ＴＯＴＥＭでは陽子の大きさの測定をおこなう。

　ＬＨＣｂでは、チェレンコフカウンターと呼ばれる超高感度な装置を使って、物質中を高速で通過する粒子から発せられる光を検出し測定する。そして特別な種類の崩壊過程である、Ｂメソンと呼ばれる粒子の崩壊を探す。メソンとは中間サイズの粒子で、電子とその一八〇〇倍の重さの陽子との中間の質量を持つ粒子を指し、通常は電子の数百倍の重さがある。メソンはクォークと反クォークのペアだが、Ｂメソンはとくに、とても重い「ボトムクォーク」あるいはビューティークォークと呼ばれるものを含んでいる（クォークについてはのちほど詳しく説明する）。Ｂメソンは ＬＨＣでの陽子衝突の一部によって生成し、より軽い粒子に崩壊する。ＣＥＲＮの科学者は、Ｂメソンの崩壊様式を調べることで宇宙に反物質より物質の方が多い理由について何か分かるかもしれないと期待している。

LHCの軌道と検出器を示した空撮写真

ALICE共同研究は、極めて初期の宇宙に存在したと考えられている状態を特別な検出器を使って研究しようとする科学者グループだ。大型ハドロンコライダーの研究はどれもある意味、きわめて初期の宇宙へのタイムトラベルのようなものと言える。しかしALICEはある特別な実験をおこなう。運転時間の一〇パーセント、何カ月も陽子を衝突させた後の短い期間に、LHCの通常の陽子ビームをストップさせて鉛イオンのビームに置き換える。

なぜ鉛イオンなのか？　鉛は地球上でもきわめて重い元素の一つで、鉛原子から電子をはぎ取ると質量の大きい正に帯電した原子核が得られる。それをＬＨＣによって通常の陽子より低速で加速する。鉛イオン一個で陽子二〇七個分の重さがあるため、陽子より加速するのが難しい。それでも光の速さに比較的近いスピードに達する。一方で鉛の原子核は陽子よりはるかに重いため、その衝突エネルギーははるかに大きくなる。陽子の衝突の場合ＬＨＣの最高エネルギーは一四ＴｅＶだが、鉛の原子核の正面衝突では合計一一五〇ＴｅＶに達する。ＡＬＩＣＥ検出器内部の小さな空間に集中させればとてつもないエネルギーになる。この重いイオンが互いに衝突すると、一部が電荷を持った粒子からなる一種の流体、いわゆるプラズマが作られる。このプラズマは非常に高温で、クォークとグルーオンからなる。クォーク＝グルーオン・プラズマ、または「クォークスープ」と呼ばれるものだ。

陽子や中性子の構成要素であるクォークは、それらの内部に「閉じ込められて」いる。クォークどうしを結びつける強い力がとてつもなく強力で、外には絶対に逃げ出せない。しかしビッグバン直後には生まれたばかりの宇宙の温度がとても高く、クォークは宇宙全体に広がる超高温のプラズマに浸されており、その後十分に冷やされてから初めて陽子や中性子へと合体した。このプラズマにはクォークどうしを結びつける「グルーオン」と呼ばれる力媒介粒子も含まれていた。ＡＬＩＣＥ共同研究では、数兆度――太陽中心の数十万倍――という超高温のクォーク＝グルーオン・プラズマを作り出すことでクォークとグルーオンの振る舞いを調べ、今日の宇宙に見られるすべての物質の原子核を形作る陽子や中性子がどのようにして作り出されたのかを解き明かしたいとしている。同様の研究はアメリカのブルックヘヴン国立研究所でもおこなわれていて、二

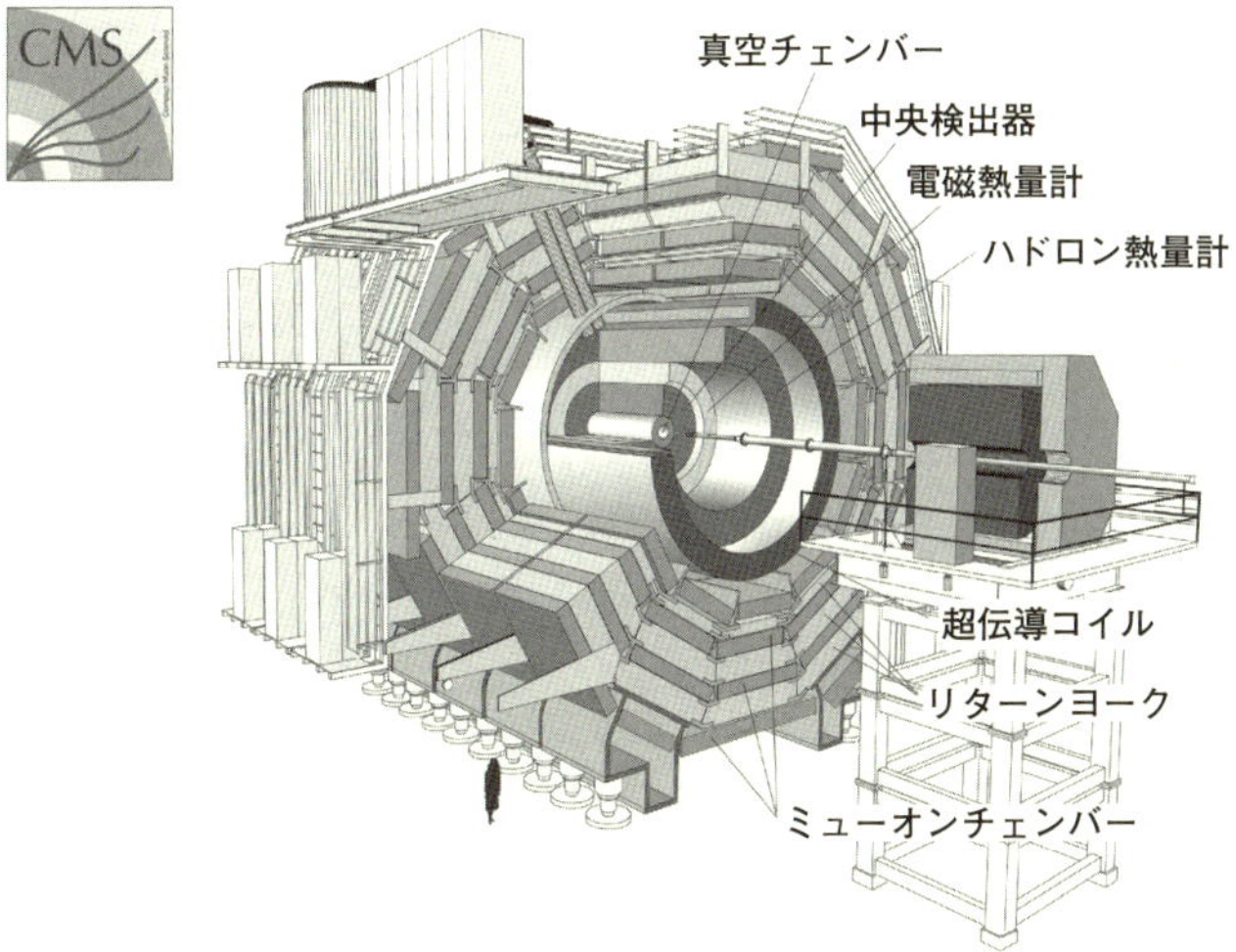

CMS検出器の模式図（大きさを示すため下に人が立っている）

〇一〇年初頭にはクォーク＝グルーオン・プラズマを短時間作り出したと報告している。

もっと一般的な研究をおこなうコンパクト・ミューオン・ソレノイド（ＣＭＳ）は、数多くの電子装置を狭い空間に詰め込んだという意味でコンパクトな検出器だ。ミューオンとは検出する粒子の一つ――電子に似ているが二〇〇倍以上の質量を持つ不安定粒子――で、ソレノイドとはコイル電磁石のこと。ＣＭＳ検出器内部の電磁石は四テスラという強力な磁場を発生させる。[*11]比較として、地表で測定される地磁気の強さはＣＭＳ検出器で作られる磁場の一〇万分の一だ。

もう一つの汎用目的の検出器ＡＴＬＡＳは、強力なトロイダル（ドーナツ型）超伝導電磁石として設計されている。その内部には何千個もの検出装置があり、ＡＴＬＡＳの中心にあるチ

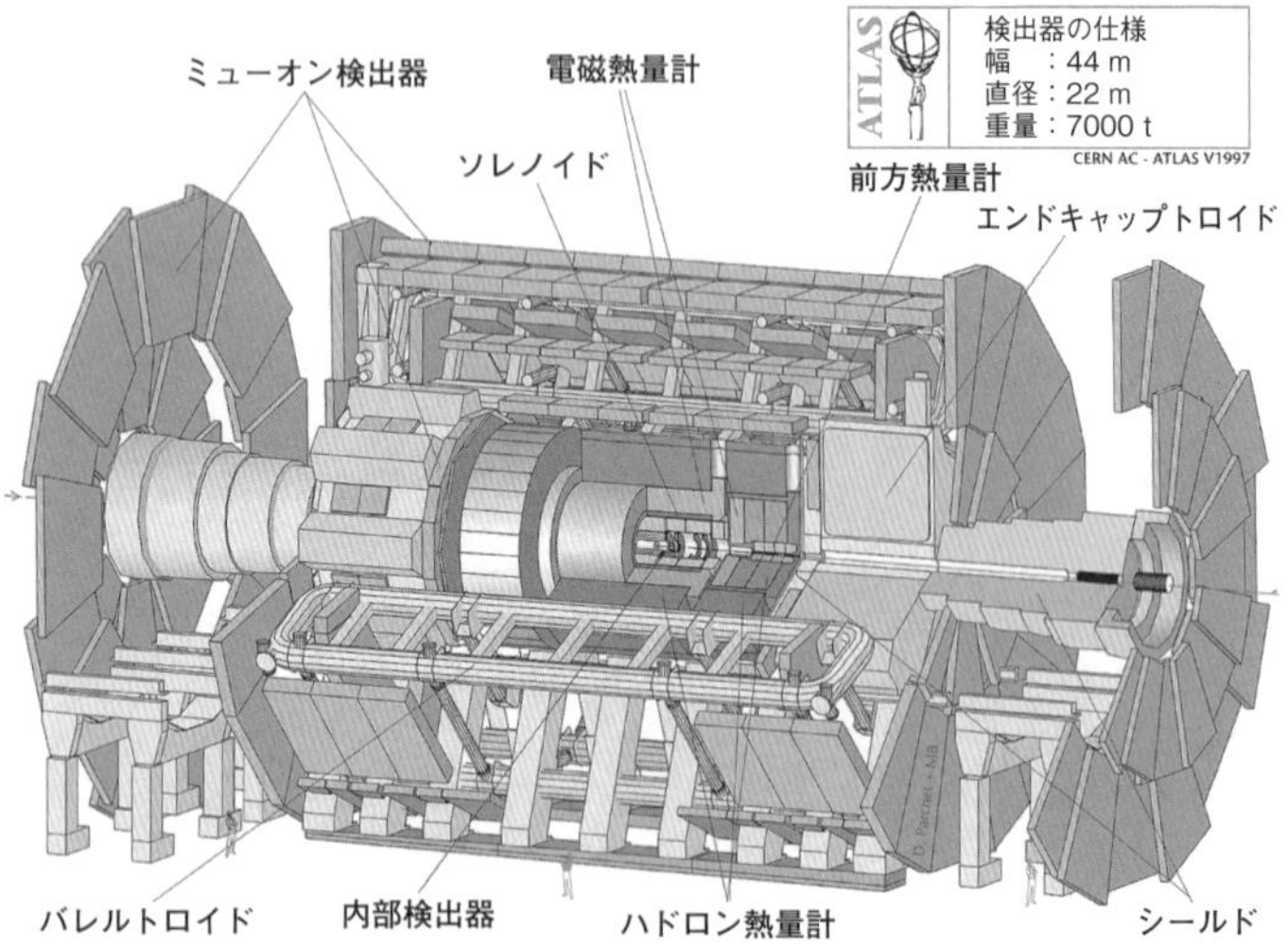

ATLAS検出器

エンバーでの陽子衝突によって作られた粒子の軌跡を超高解像度で決定する。ＣＭＳと同じくＡＴＬＡＳにも電磁石の作用部分であるソレノイドがあり、それが電力を強い磁場に変えて、検出される荷電粒子の経路を曲げる。ＡＴＬＡＳの内部にはさまざまなレベルの検出器がある。「内部検出器」は衝突で飛び出してくる荷電粒子の軌道を記録する。その外側にある熱量計は生成した粒子のエネルギーを測定する。ミューオンは親類の電子より重いが、熱量計では止まらずにさらに進んでいく。そして熱量計を取り囲む高精度のミューオン分光計で測定され、ミューオンの運動量が精確に測定される（ＡＴＬＡＳ検出器の働きは付録Ａでさらに詳しく説明する）。

ＡＴＬＡＳ検出器もＣＭＳ検出器も、ノイズ――宇宙線あるいは地中や大気からの放射線などの雑音源——を見積もれるよう調整され、実際に陽子衝突に由来する信号のみを測定できるようになっている。四〇時間にわたって宇宙線で試験することにより、検出器の性能がよく理解された。そして二〇〇八年九月七日と一〇日に低エネルギー陽子ビームで試験をおこなうと申し分ない結果が得られた。

ＣＭＳ検出器は一九日間連続——ほぼ連続——で試験された。ＣＥＲＮの科学者アンドレ・ダヴィッドは、世界を代表する素粒子物理学者の多くが集まる講堂で試験運転のデータのグラフを見せながら、平坦な部分が二カ所あることを詫びた。「ご覧の通り一日ストップしなければなりませんでした。ＶＩＰの訪問です。フランス首相とドイツの大臣がＬＨＣにやって来ました。……あまりいい気はしませんでした。でも家に帰って妻と会い、私が何日もぶっとおしで研究所に詰めていて機嫌を悪くしていないかどうか確かめる、いい機会になりました[*12]」。次に、ＣＭＳが収集したデータのグラフにある二つめの平坦部分を指差してダヴィッドはこう言った。「これはその数日後です。電磁石のうち一個がクエンチして液体ヘリウム六トンを垂れ流したのです[*13]」

二〇〇八年九月一九日の大規模なクエンチは、目標に向かって一〇年以上身を捧げてきたＣＥＲＮで働く多くの科学者にとって、大きなショックだった。長い期間集中して取り組んできたことはすべて陽子衝突の準備のためで、クエンチは何百万ドル相当もの損害を与えてプロジェクトを一年以上後退させただけでなく、彼ら全体のプライドをも傷つけた。世界中の目が彼らに注がれていたというのに、魔法のマシンは人々を落胆させた。事故につながった構造的欠陥を直し、そのようなことが二度と起こらないようコライダーの能力をもっと知る必要があることに彼らは気づいた。

ここでは技術面の他に政治も役割を果たしていた。二〇〇四年から二〇〇八年までCERNの長官はフランス人行政官ロベール・エマールが務めていた。伝えられるところではエマールは意志が強く、CERNの活動を限界まで推し進めた。その野心ゆえ在職中に結果を出しはじめたいと、可能になったらすぐに装置を最高能力で運転させたらしい。しかしLHCはまだその準備が整っていなかった。「LHCの建設には何年もかかった。急いでも何の意味もなかった」とパオロ・ペターニャは言う。現在CERNを率いているドイツ国籍のロルフ・ホイヤーは、用心して徐々に運転を始めることの必要性をもっと良く理解しているらしい。「とても好感が持てる人で、装置や我々のことをよく理解していて話も聞いてくれる」とペターニャは語ってくれた。[*14]

二〇〇九年一一月のLHC再稼働のことをパオロ・ペターニャは次のように説明している。

オリンピックの高跳び選手に似ている。シーズン自己ベストより二〇センチ低いときはリラックスして飛べる。でも金メダルや世界記録がかかったジャンプでは……助走の前に時間を使って用心を重ねるはずだ！　とくに、前回の挑戦で焦りすぎてぶつかってしまったようなときにはね。……（二〇〇九年一一月の）装置の再稼働は見事で、本当にみんなの期待以上だった。でもこのときは、未知のところへ進む前に細かい点までトリプルチェックして、まずいことが起きないよう最善を尽くしたんだ[15]！

CMSの友好的な競争相手ATLASの代表者ファビオラ・ジャノッティに会ったのは、CERN本部にある、眼下の芝生やCERNの他の建物、そしてあちこちに伸びる高圧線を見渡す彼女のオフィスだった。物理学者が自分たちのオフィスを構え、ホールでアイデアや結果を話し合い、解析をおこなう、ATLASとCMSの両グループが入る建物の四階にある快適な部屋だ。ジャノッティはATLASチームの舵を握ったとき、地元イタリアのマスコミに広く採り上げられた。

LHCによってどんな発見があると思うか尋ねると、ジャノッティは第一にこう言った。「ときに自然は人間よりエレガントで聡明です[16]」。そしてその言葉の意味を説明した。人間は、自然が何をするか、実験で何が見つかるはずかに関して理論や予想を立てる。しかし自然はやりたいことをやるので、人は実験によってときに仰天させられる。「そうして私たちは、予想外にエレガントで意味深い結果をもたらす自然の美しさと聡明さを知るのです。コロンブスはインドを目指して出航し、代わりにアメリカを発見したのです[17]」

この洞察に満ちた見方と科学に対する新鮮な取り組み方のためにファビオラはイタリアの何百万という人に慕われ、国の英雄としてその成功物語がマスコミに詳しく採り上げられている。ファビオラ・ジャノッティは一九八八年にミラノ大学で物理学の博士号を取得し、その後CERN

でポストに就いてATLAS検出器に使われる重要な装置に取り組んだ。音楽とダンスが好きで、今でも自由時間には音楽を演奏している。「ここでブラックホールが生成することはないでしょう」。マスコミに一番多く聞かれている質問を尋ねられると、安心させるような答を返してきた。「何十億年も昔から外宇宙では宇宙線が相互作用しています。LHCで私たちが作ろうとしているよりもずっと高いエネルギーで*[18]」

ジャノッティは、CERNの価値が純粋科学や宇宙に関する知識の獲得だけに留まらないことを伝えようとした。「私たちはここで複雑な技術を作り上げ、その技術は世界中の産業で使われています。私たちの研究がより良い社会と生活の向上に使われるよう、産業界とパートナーシップを組んでいます。LHCプロジェクトで私たちがやっているのは、歴史上初めて本当に地球規模の国際協力なのです*[19]」

CERNは世界中から博士課程の学生や若い研究者を大勢呼び寄せている。そうして彼らは実りの多い世界的な研究環境で働くチャンスを手にする。「世界中からここにやってきた学生たちはとても充実していて、協力的で寛容な心構えを持って研究者として『成長』し、その協力関係が母国の技術レベルの向上に役立っています。そうした面すべてがこの場所を特別なものにしているのです*[20]」

CERNの最初の訪問で私は言葉を失った。世界中からやって来た一万人の科学者が、我々の起源や現実の性質に関する究極の知識を追究するため、大いなる情熱を持ってともに協調的に働いている。そんな場所が存在するなんて想像だにしていなかった。科学にとってだけでなく人間の組織としても特別な環境であり、人類学者、社会学者、歴史学者もCERNの人々やその相互関係、そして意志決定について理解しようと熱い視線を送ってきた。

何千人もの科学者が一カ所でともに研究し、逃げ出す人はほとんどおらず、互いに打ち解け合って交流しているCERNの人的要素に対する社会学的分析結果が最近、科学雑誌『ネイチャー』に「大型ヒューマンコライダー」というタイトルで掲載された。[*21] その記事は、これほど大勢の科学者が集まって一つのグループ、あるいは互いに関係した複数のグループとして研究し、全員が一つの目標に向かって努力したことは歴史上一度もなかったと指摘している。どの科学者もある分野の専門家なので、ここでは企業や政府や軍事組織のような通常のトップダウン型の管理構造ではうまくいかず、CERNはもっと協調的で協力的な独自の運営方法を考え出さざるをえなかった。「産業界のモデルは機能しない。一人の人間がこのように大規模な専門的決定を下すのは不可能だ」とCERNのしくみを研究したある人類学者は言う。[*22]

ここでの科学者の働きようは、この魅惑的な場所で進められている実際の科学を超えて社会と強く関わりを持っている。彼らの熱意が伝染した私は、大型ハドロンコライダーの構想と建設の経緯についてもっと知りたくなった。そしてLHCを可能にしたCERNという組織の歴史についてもっと学びたくなった。

第4章　史上最大の装置を作る

パオロ・ペターニャに連れられてCERNのセキュリティーオフィスへ行き、LHCのポイント5の地下およそ九〇メートルにあるCMS検出器の空洞に立ち入るためのIDを手配してもらった。いくつか書類を書き、検出器の内部に潜り込むIDカードを手にした。そしてスイスとフランスの田園地帯を通って車でポイント5まで行き、地下深くの検出器まで運んでくれるエレベータに乗った。ところどころに放射能のマークとセキュリティーに関する警告が掲げられていた。「それほど映画『天使と悪魔』そっくりではないね」と言うとパオロは笑ってこう答えた。「実際ダン・ブラウンがやってきたけれど、当時ここにはアイスキャナはなかった。本と映画を見てセキュリティーチェックを導入しようと考えたのか、それとも元々計画されていたのかは知らないけれど、物語で劇的に描かれている理由とは全然違う」。もしLHCトンネルの中に誰かいるときに閉鎖しなければならなくなったら、その人をすぐに見つけて地上に戻せるようコンピュータが把握しておかなければならない。地下九〇メートルのトンネルに誰かが取り残されるようなことがあってはならないという、関係者の安全対策の問題だ。我々は検出器のあるフロアに着いてエレベータを降りた。目に飛び込んできたものに私は度肝を抜かれた。

以前に友人のバートン・ツヴィーバックがLHCのことを、「これまで人類が作ってきた中で最も信じがたい装置だ。ヨーロッパの大聖堂にも匹敵する」と説明してくれていた。*1 パオロをガイドにCERNを訪れ、精巧な装置、精確な電子回路、全体の規模と複雑さを見て私は、ジュネーヴへ発つ直前にMITでバートンとランチをともにしたときの彼の言葉を思い返した。バートンが言おうとしたことがようやく本当に分かってきた。そしてまったく同感だった。

地下深くに立って、トンネルの床から五階建てのビルの高さに聳える巨大な検出器――建設には相当の努力と才能を要した構造物――を見上げた私は、パリ中心部のシテ島に立って広場に聳《そび》えるノートルダム大聖堂に見とれたときのことをはっきりと思い出した。どちらのときも構造物の巨大さとその建設へ至った人間の創意、衝動、野心、美意識に驚かされた。ここでは二一世紀の科学プロジェクト、あちらでは一二世紀の中世絵画と建築物の極みとして。

LHCの正確な全長は二万六六五九メートル。驚いたことにトンネルとして世界最長にはほど遠く、第二一位だという。世界最長のトンネルはアメリカにある。水を運ぶために硬い岩盤を掘って作った全長一三七キロの、ニューヨーク州にあるデラウェア送水路だ。それに続くのはフィンランド南部にある全長一二〇キロのパイエンネ送水トンネル。南アフリカにある、やはり水を供給するためのオレンジ＝フィッシュ川トンネルは全長八二・八キロ。スイス国内では、二〇〇七年に開通したベルンアルプスを貫くレッチュベルク基底トンネルが、鉄道の山岳トンネルとしては世界最長の三四・六キロ。さらにマドリッド、ベルリン、カナダのモントリオールの地下鉄にも単独でＬＨＣより長いトンネルがある。ロシア、中国、スペイン、ロンドンにもＬＨＣより長い道路や地下鉄のトンネルがあるが、ＬＨＣは世界最大の科学装置、史上最大の機械だ。

もとからあるトンネルの中にロジスティックス的にも工学的にも驚くべき芸当によって設置されることになったのは、一万八〇〇トンの液体ヘリウムによって一・九ケルヴィン（摂氏マイナス二七一・三度）という超低温に冷却される一万個近くの大型電磁石で、それによってＬＨＣは外宇宙よりも冷たい場所となる。もちろん宇宙をくまなく訪れて確かめたわけではないが、そう断言したのには論理的な裏付けがある。我々の宇宙はおよそ一三七億年前のビッグバンで生じた強烈な熱の中で生まれ、それ以来冷えつづけている。現在の宇宙の温度は二・七三ケルヴィン（摂氏マイナス二七〇・四度）、それは「ビッグバンの残り火」、つまりビッグバンの熱が長々と冷えつづけてきた名残として現在残っている温度だ。しかしＬＨＣの中では超伝導電磁石を正しく機能させるために外宇宙より低い温度が必要で、そのため常に能動的に冷却されている。もしどこかにいる別の文明がエネルギーを使って外宇宙より低い温度を維持させているとしたら、ＬＨＣは宇宙で最も冷たい場所ではないかもしれないが、それでもＬＨＣが極低温の場所であることに変わりはない。

ＬＨＣのトンネルを走る陽子チューブの内部は完璧に近い真空で、気圧は月の表面の一〇分の一。チューブからポンプで空気をほとんど取り除くことで、加速される陽子が空気分子にはぶつからずに、検出器のチェンバーの中で、反対方向に加速された陽子とだけ衝突するようにしている。

ＣＭＳ検出器の二つの主要部分は、内部の電子回路を微調整できるよう切り離されている。我々はその二つの巨大部品の間に設置されている足場を登った。そこでパオロは、装置を閉じて運転しているとき（および全員が地上に戻ってトンネルの鍵が掛けられているとき）に陽子どうしが衝突する実際のキャビティを見せてくれた。そしてＬＨＣ稼働中に衝突する陽子を取り囲むとてつもなく強力な磁場について説明してくれた。

パオロの話によれば、あるとき超伝導電磁石の試験で四テスラの磁場を作るため全員の退去が告げられると、一人のドイツ人の同僚がＣＭＳのキャビティ内に残りたいと言い張った。その物理学者はのちに、取り囲む強い磁場によって全身が痛み頭がとても奇妙に感じられたと語った。「でも中に留まって動かないようにすれば耐えられる」と彼は言う。[*2]

ＡＴＬＡＳはＣＭＳより大きく、二本の縦坑の中に設置されている。長さは四六メートル、高さは二五メートルで七階建てのビルに相当する。その空洞を掘るためにエンパイアステートビルとほぼ同じ重さの三〇万トンの岩石が掘り出された。検出器全体は（岩石に比べて）比較的軽い材料で作られているが、それでも重量が七〇〇〇トンある。ＡＴＬＡＳの中には一億個の稼働部品があり、すべてぎっしり詰め込まれている。さらに繊細な電子部品などそれ以外の部品が長さ三〇〇〇キロ以上の電線により内部で連結されている。

「ATLASはボトルシップのように組み立てられた。パーツごとにね」と、検出器の建設を指揮して二〇〇九年前半までATLASグループを率いていたスイス人素粒子物理学者ペーター・イェンニは言う。[*3] 地下およそ九〇メートルの空洞に検出器の大きな部品が一つ一つ慎重に下ろされ、そこで別の部品と組み合わされた。ATLASは八回対称性を持つトーラス型の巨大電磁石だ。大きなドーナツのようだが、陽子が衝突する中央の穴を車輪のスポークのように対称的に取り囲む八個のコイルからできている。この互いにつながれた八個の電磁石コイルが一緒に働いて、中の粒子の経路を曲げるのに必要な磁場を作り出す。二〇〇四年一〇月二六日、長さ二五メートル重量一トン、ATLAS検出器の八個の大型コイルの一つめが大型クレーンによってトンネルに下ろされた。

LHCの深い空洞へと下る直径一九メートルの垂直シャフトに入れるには、一つ一つのコイルを不可能に近い角度に傾けなければならなかったため、ATLAS検出器の組み立ては技術的にとても困難な作業だった。ようやく地下に下ろされた部品は組み立てられ、水平のプラットフォームに取り付けられた。ATLAS検出器の建設に求められた精度は一〇〇分の一ミリ未満だった。[*4]

二〇〇七年二月二八日、CMS検出器の建設における正念場がやってきた。午前六時、かつて

ＬＥＰを収め今度は大型ハドロンコライダーとなる深いトンネルを目指し、検出器で最も重い部品の最後の旅路が始まった。スイスのフォルスパン・システム・ロージンガー・グループ社製の巨大橋型クレーンが、ＣＭＳの空洞の真上にある特別な構造の建物にゆっくりと入っていった。この橋型クレーンを収容するためだけに建てられた建物で、これほど高い建物を建てるにはフランスの建築法規の適用除外を受ける必要があった。建物に入ったクレーンは部品を地下深くの空洞へ下ろしはじめた。あらかじめ組み立てられた巨大電磁石を含む検出器の中心部分は重量一九二〇トン、ボーイング７４７ジャンボジェット五台分に相当する。

検出器全体の重量は一万二五〇〇トン、これまでに組み立てられた中で最も重い装置だ。大きさはＡＴＬＡＳより小さく、長さ二一メートル直径一五メートル。きわめて複雑で繊細な電子回路が詰まった鉄鋼、銅、ニオブ＝チタンの巨大な塊である検出器の中心部分を地下の正確な場所に設置する作業は、時速九メートルというゆっくりしたスピードでおこなわれた。神経をすり減らす正確な作業が一〇時間続き、通常の勤務時間を超えた。しかしＣＭＳチームは電磁石を目標位置から数ミリ以内に無事設置し、修正は最小限で済んだ。ＣＭＳの設置には最も時間がかかり、その後の作業がいくつも延期されたため、ＬＨＣ建設プロジェクト全体にとってきわめて重要な瞬間だった。

ＣＭＳにもＡＴＬＡＳにも、検出器のさまざまな場所に当たった粒子からの信号を測定、数値化、伝送する電子回路がラック三〇〇台分も置かれている。そしてＬＨＣのトンネルからおよそ

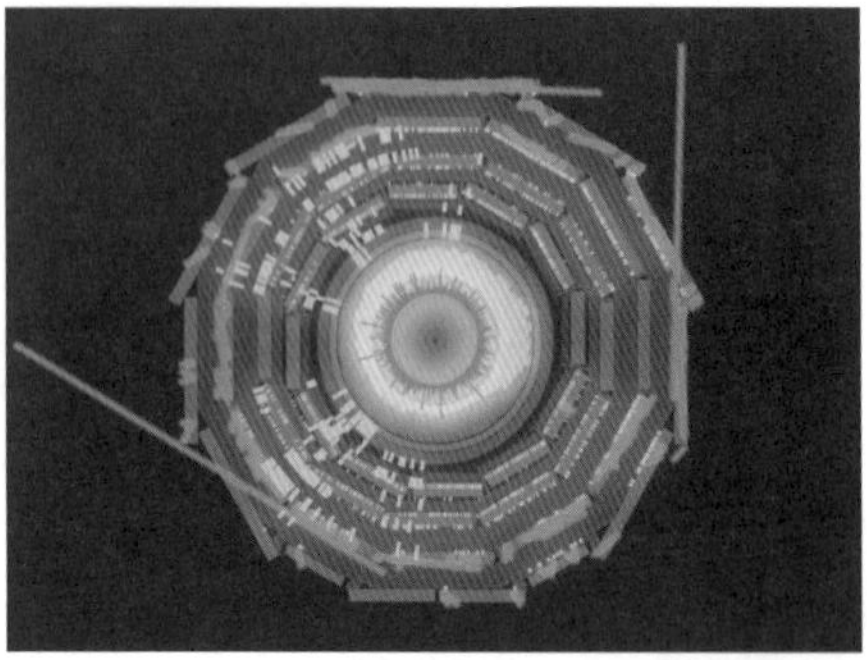

2008年に金属ターゲットへの衝突で得られたCMS検出器内部での初の粒子の「しぶき」

九〇メートル上がった（円周全体では場所によって五〇メートルから一七五メートルまで幅がある）地上には、コンピュータ機器がさらにラック一〇〇台分ある。

一つのコンピュータグリッドが膨大な計算をすべてこなし、実験全体で毎年一〇から一五ペタバイト（一京から一京五〇〇〇兆バイト）のデータが生み出される。この膨大なデータは、世界中の一〇〇カ所以上の計算センターを二層につなぐワールドワイドLHCコンピューティンググリッドで解析される。現場では科学者が、大型スクリーンに表示される先進的な三次元カラーグラフィックを使って解析をおこなう。スクリーンには地下の検出器のさまざまなレベルの図が表示され、陽子衝突で生じた粒子の経路が分かるようになっている。コンピュータは検出器のさまざまな部分を通過した一個一個の粒子の軌跡方向を解析する。粒子の経路は検出器が作る強い磁場によって曲げられ、その曲率を測定することで粒子を特定する。そしてさらなる解析によってそれぞれの粒子の質量、電荷、エネルギーが決定される。

科学者たちが通常目にするのは、すべての粒子が別々の色の軌跡を描く、粒子の崩壊によるカスケードの壮麗な画像だ。それはまるで花火のように見える。陽子の衝突で生じる粒子のほとんどは不安定ですぐに軽い粒子に崩壊し、それがさらにもっと軽い粒子へ壊れるためだ。

衝突により生成した粒子とその崩壊生成物をすべて完全に解析すれば、今まで見たことのない「新粒子」が特定されるかもしれない。しかしそれは稀なことで、装置の検出器内で起こる数多くの衝突のうちわずか数回が新発見につながればと科学者たちは期待している。ＬＨＣが最大の能力を発揮すると毎日何兆回もの衝突が起こるため、ＣＥＲＮが使う世界的コンピューティングシステムはここで生み出された膨大な数の衝突の結果をふるいにかけ、自然に関する新発見につながりうる数少ない重要な事例を探さなければならない。干し草の山の中から針を探すということわざの超現代版、コンピュータ版だ。

まったく同じ現象の探索を目指す二台の検出器ＡＴＬＡＳとＣＭＳが、一方はとても重くて比較的小型、もう一方はその二倍の長さで一・五倍以上の高さだが重量は半分強、一方は八回対称のトロイド型でもう一方は多角柱型、一方は磁場強度一から二テスラでもう一方はもっと強い四テスラと、互いにまったく異なる構造をしているのはなぜか不思議に思われたかもしれない。それには面白い理由がある。二台の超伝導検出器は一九九〇年代にそれぞれ異なる科学者チームによって設計された。当時はヒッグスボゾンの発見がＬＨＣ建設の主目的と考えられており、どちらのチームもその大目標を達成できる最新の粒子検出器の設計に取り組んだ。ヒッグスが検出される可能性が最も高いのは、それが二個のZボゾンに崩壊してそれらがさらに四個のミューオンに壊れるという反応によると考えられていた。[*5]

そこで両チームは、四個のミューオンに崩壊する粒子のカスケードを検出できる最良の構造を探し、検出器内を走る四個のミューオンを測定誤差一〇パーセント以内で同時に検出できるよう装置の能力を最大化させることを基準に置いた。粒子を見つけて高精度で測定する検出器の能力を計算するための数式は、磁場強度と、粒子が検出器内部を進む距離の二乗との積という形になっている。[*6]二つのチームは与えられた条件の中でこの方程式が二つの異なる解を持つことに気づいた。一つは小型の装置で、検出器内におけるミューオンの経路は比較的短いがその経路を曲げる磁場はとても強力なもの。もう一つはもっとずっと大きな装置で、検出器内でミューオンを観測する距離が長くもっとずっと弱い磁場強度で十分なものだ。

ＣＭＳチームは第一の構造を、ＡＴＬＡＳチームは第二の構造を選んだ。ＣＭＳではミューオンの移動距離は三メートルだが、それに作用する磁場は四テスラと強い。ＣＭＳにおけるミューオンの検出能力は$4\times3^2=36$となる。ＡＴＬＡＳでは内部チェンバーの磁場が二テスラ、ミューオンチェンバーの磁場が一テスラと弱いが、チェンバーの大きさはＣＭＳのミューオンチェンバーの二倍（粒子の移動距離として）でミューオンはその中を六メートル進む。したがってＡＴＬＡＳにおけるミューオンの検出能力は$1\times6^2=36$となる。競合しあうこの二つのプロジェクトはまったく同じ検出能力を持っているのだ！　どちらがより優れているのか、あるいはどちらがより良い装置や計算能力、抜け目のない観察技術、幸運を持っているのか、それは時が教えてくれるだろう。

粒子の電荷は、検出器の磁場の中で粒子の軌跡が湾曲する向きによって判断できる。負の電荷を持つ粒子の軌跡は正の電荷を持つ粒子と反対側に曲がる。粒子の運動量は経路の曲がる程度で測定できる。高速で運動する粒子はそれを曲げようとする力を及ぼす磁場の中にいる時間が短いため、ゆっくり運動する粒子より曲がり方が小さくなる。電磁場の中で粒子のハンドルを切るのは電荷であるため、中性の粒子はまったく曲がらない。

前に述べたように粒子を特定するには、ＡＴＬＡＳでは一から二テスラの磁場で十分だが、小型のＣＭＳでは四テスラの磁場が必要となる。しかしＬＨＣでは超伝導電磁石が別の目的にも使われている。ＬＨＣの一周二七キロを並行して走る二本のチューブの中を互いに反対方向へ進む、二本の陽子ビームを曲げるのが、一二三二個のダイポール電磁石だ。一個が長さ一四メートルのこの電磁石は、光速にきわめて近いスピードで運動する粒子に正確に決められた曲線経路をたどらせるという困難な仕事をこなすために、さらに強い磁場を必要とする。その磁場強度は八・三三テスラと、ＣＭＳ検出器の電磁石の二倍以上、地磁気の二〇万倍だ。このような強い磁場を達成するために、ダイポール電磁石には最大一万一七〇〇アンペアの電流を流さなければならない。

それらの電磁石の内側には、互いに反対方向へ進む二本の陽子ビームそれぞれのために二つの穴が開けられている。それによって、時計回りと反時計回り両方のチューブ内の陽子を同じ電磁石でコントロールする。検出器では二本の陽子ビームが出会って陽子が衝突しあうため、電磁石の内側には穴が一つしかない。加速され軌道が修正されて集束した粒子は、決まった時刻にATLAS、CMS、ALICE、LHCbのいずれかの検出器に送られる。二台のより小さな検出器LHCfとTOTEMはATLASとCMSにおける粒子衝突を拝借する。

この超伝導電磁石内部の磁場は、ニオブ＝チタンコイルの周りに液体ヘリウムを流して冷却し、超伝導状態にすることで作られる。LHCのダイポール電磁石に使われている電線の全長は七六〇〇キロ、重量は一二〇〇トンに達する。一本の電線は三六本の細い電線を撚《よ》って作られており、その細い電線は太さわずか〇・〇〇七ミリ――人の髪の毛の一〇分の一――のニオブ＝チタン超伝導合金の細糸六四〇〇本からできている。細糸の全長は一六億キロにもなる。地球から太陽までの距離の一〇倍以上だ（天文学的単位で言えば一〇AU）[*7]！　これらの値を聞けば、CERNの人々が大型ハドロンコライダーの建設で直面した技術的課題の大きさが垣間見えるはずだ。しかしLHC計画は、第二次世界大戦後から綿々と続く物理科学研究事業のうち最も新しく最も大規模なものでしかない。

ATLASの代表者ファビオラ・ジャノッティとの会話を終えた私は、パオロ・ペターニャに連れられて、何十年もCERNと関わりを持っているノーベル賞受賞者のジャック・シュタインバーガーに会いに行った。シュタインバーガーの話によれば、CERNは初の原子爆弾を作ったアメリカのマンハッタン計画を受けて設立されたという。ヨーロッパ諸国は原子とその構成要素の平和利用を目指す原子核研究の共同プロジェクトを立ち上げたいと思っていた。「したがってCERNの存在は、アメリカで開発された原子爆弾に対する直接的反動なんだ」とシュタインバーガーは言う。[*8]

CERNは豊かな歴史を持っている。広島への原爆投下と第二次世界大戦終結から四年後、ジュネーヴから湖を渡ったところにあるスイスのローザンヌで国際的な文化会議が開かれた。その席で、微小粒子はすべて波動のように振る舞うと提唱した量子論の草分けルイ・ド・ブロイ公が初めて、ヨーロッパの科学研究所を作りたいと持ちかけた。そのアイデアは会合の参加者の多くに熱狂的に受け入れられた。

翌年、イタリアのフィレンツェで開催されたUNESCO（国連教育科学文化機関）の第五回総会でノーベル賞受賞者のアメリカ人物理学者イシドール・ラビが、「科学の国際協力を促進して実りあるものにする」ための、ヨーロッパを拠点とする物理学研究所を設立する決意を表明した。[*9]

多くの科学者がそのような事業をきわめて必要だと感じていた理由として、第二次世界大戦前とその最中にヒトラーによる学界からのユダヤ人追放と、戦争で荒廃した国々から多くの科学者が逃げ出したことでヨーロッパから大規模な頭脳流出が起こり、当時のヨーロッパの物理学者たちが懸念を深めつつあったことがある。このUNESCO総会の参加者たちは、思い切った手段を取って流れを逆転させヨーロッパに科学者を誘い込まない限り、戦時中の頭脳流出の影響が尾を引いてヨーロッパの科学は後退しつづけるかもしれないとわかっていたのだ。

続いてUNESCOの会合が二度開かれ、この提案の詳細が肉付けされた。これらの初期の会合ですでに、異なる見方とさまざまなバックグラウンドを持つ人々が合意に達する驚くべき能力という、現在のCERNの特徴が現われはじめた。そして一九五二年二月一五日、アムステルダムで開かれたUNESCOの会議でヨーロッパの一一カ国の代表がヨーロッパ原子核研究委員会（CERN）設立の合意文書に調印した。この最初の合意では「国際研究所を計画し原子核研究におけるその他の形の協力を組織するヨーロッパ諸国代表者委員会」も設置され、組織のための条約を立案して装置など必要な物資の調達を手配する任務が与えられた。

長く続いた議論の末に代表者たちは、新たな研究組織をスイスとフランスの国境地帯に広がる地域に設置し、両国が施設用地を提供して、本部をジュネーヴ郊外に置くことを決定した。正式名称をヨーロッパ原子核研究機構とわずかに変えたが、略称としてはCERNをそのまま使ったこの組織のための条約は、一九五四年九月二九日に構成国により正式に批准された。

この国際組織に出資した設立時のメンバーは、ドイツ（当時の連邦共和国）、ベルギー、デンマーク、フランス、ギリシャ、イタリア、ノルウェー、スウェーデン、オランダ、イギリス、スイス、ユーゴスラヴィアの一二カ国。一九六一年にユーゴスラヴィアが財政的理由で離脱するが、一九九九年までにスペイン、ポルトガル、オーストリア、フィンランド、ポーランド、チェコ、スロヴァキア、ハンガリー、ブルガリアが加わって加盟国は二〇になった。

ＣＥＲＮの目的は加速器を使って粒子の研究をおこなうことだ。加速器のアイデアは、一九世紀後半にイギリス人物理学者Ｊ・Ｊ・トムソンが、原子中の負の電荷を持つ粒子、電子を発見したことにさかのぼる。一八九八年にトムソンは、陰極線管の中で発生させた線が磁場によって曲がることに気づいた。そして実験から、その線の中の粒子が負の電荷を持っていることを導いた。史上初めて電子の経路が実際に目にされたのだ。

陰極線管は昔のかさばるテレビのスクリーンに絵を表示する（最近の平面スクリーンのしくみは異なる）。まず真空管――大部分の空気を取り除いたガラス管――の中に電圧をかける。ブラウン管の絵を表示する平たい側には、電子が衝突すると光を発する材料がコートされている。管の中の電位差によって電子が加速され、ＵＨＦやＶＨＦの電波、あるいは最近ではケーブルを通じてテレビ受像器に送られた指示に従ってスクリーン上をなぞる電子流が、絵を作り出す。信号の情報が受像器の中で電磁場に変換され、スクリーンに向かって飛んでいく電子線をすばやく曲げて望みどおりの画像を表示する。

現代の加速器の技術も基本的には同じだ。電子、陽電子（電子の反粒子）、陽子――ＬＨＣの場合――といった荷電粒子を作り出し、電磁場を使って加速しコントロールする。ＬＨＣの場合、チューブは円形で一周二七キロ。粒子が電磁石を通過するたびに電磁場によって経路が曲げられる。そして高周波装置によって加速される。ＬＨＣの陽子はチューブ内でそれを何百万回も繰り返す。しかしテレビや、電子発見につながったトムソンの実験装置のように蛍光スクリーンにではなく、別の陽子と衝突する。

　ＬＨＣは円形であるため、陽子の経路を曲げるために超伝導電磁石が必要だ。線形加速器には経路を曲げる電磁石は必要ないが、ビームを集束させて外れさせないようにする電磁石は使われている。前に述べたように線形加速器では、粒子は直線のチューブを一度だけ通ってから衝突する。しかし円形加速器では、衝突させる前に粒子を何周もさせることができる。欠点は粒子の経路を曲げつづけなければならないことだ。粒子は本来直線を進みたがるもので、それを円形に運動させつづけるには大量の電磁エネルギーが必要となる。

　電子の存在を解き明かしたトムソンの実験のアイデアを使うと、エネルギーの測定単位についても理解できる。トムソンが発見した電子は電磁場を使って真空中で加速される。電位差「一ボルト」の電磁場で加速された電子一個のエネルギー量を、「一電子ボルト（ｅＶ）」と定義する。電位差は二点間の電荷の差により生じ、我々も日常生活で知っているボルトという単位で表わされる。例えば一・五ボルト電池では、プラス極とマイナス極の電位差が一・五ボルト。家庭に来ている電気は一〇〇ボルト。これらを比較すると電位差のスケールについて少し分かるはずだ。家のコンセントの電圧は小さな電池の六七倍。一・五ボルト電池（単三や単四）の両極を触ることはできるけれど、家の中でむき出しになっている電線をあえて触りたくはないはずだ――下手をしたら死に至る。

トムソンの陰極線管の中を飛んでいく電子を思い浮かべてほしい。いまその装置に小さな一・五ボルト電池を取り付けたとする。管の中で電子のスピードが上がるが、電子一個にはどれだけのエネルギーが与えられただろうか？　一・五ボルト電池はさほど強力ではない（指で両極を触っても電気は感じない）のだから、直感的に考えて電子にはたいしたエネルギーは与えられておらず、一電子ボルト（ｅＶ）はとても少ない量のエネルギーだと分かる。

そこで次に一〇〇〇ボルトの電位差を使ったとしてみよう。これは強い電圧で――そんな電圧の電線は触りたくない――管の中の電子に一〇〇〇電子ボルト、すなわち一キロ電子ボルト（ＫｅＶ）の量のエネルギーを与える。そのような高電圧で加速された電子はかなりの量のエネルギーを獲得する。さらに一〇〇万ボルトというとても高いレベルの電位差によって加速することで、電子に一、〇〇〇、〇〇〇万電子ボルトのエネルギーを与えたとしよう。

一〇〇万ボルトの電位差により加速された電子のエネルギーの量である一〇〇万電子ボルトは、一メガ電子ボルト（ＭｅＶ）ともいう。一〇億ボルトの電位差で加速された電子が獲得するエネルギーは一ギガ電子ボルト（ＧｅＶ）、一兆ボルトの電位差で加速された電子が獲得するエネルギーは一テラ電子ボルト（ＴｅＶ）、一〇〇〇兆ボルトの電位差を持つ場の中で加速された電子が獲得するエネルギーは一ペタ電子ボルト（ＰｅＶ）だ。このうち三つはすでに登場した。ＬＨＣの最大エネルギーは陽子ビームあたり七ＴｅＶ、互いに衝突する二本のビームの合計では一四

ＴｅＶ。ＳＰＳから出てくる陽子のエネルギーは四五〇ＧｅＶ、静止している電子の質量と等価なエネルギーは〇・五一一ＭｅＶだった。現段階ではＰｅＶの範囲のエネルギーを作り出せるところには遠く及ばない。今日の科学者はＴｅＶスケールを最もよく使っている――ＬＨＣが作り出すエネルギーのスケールであり、またフェルミ研究所のテヴァトロン加速器が作り出す合計エネルギーは二ＴｅＶにわずかに及ばない。

一九三二年にイギリス人研究者のジョン・Ｄ・コッククロフトとアーネスト・ウォールトンが、粒子を高速に加速して衝突させる世界初の加速器を作った。二人は粒子の中に何があるのかを「見よう」としていた。原子核は何からできているのか？　何か部品からできているのか？　だとしたらそれはどんな粒子か？

粒子の衝突には弾性衝突と非弾性衝突の二種類がある。弾性衝突では二個の粒子が互いに跳ね返る。二個のビリヤードボールがぶつかって別々の方向へ転がっていく様を思い浮かべてほしい。ボール自体には何も起こらず、動きが変わるだけだ。しかし非弾性衝突ではボールが壊れる。それを加速器はおこなう――物質粒子を壊す。前に述べたように素粒子物理学では、きわめて強力な衝突により生成したエネルギーを使って非弾性衝突を調べる。粒子自体がエネルギーに変わり、衝突した粒子の質量とスピードを含む全エネルギーが別の粒子へ変換される。

コッククロフトとウォールトンは長さ二・四メートルの真空管と出力八〇〇キロボルト（八〇万ボルト）の電源を使って標的《ターゲット》に向け陽子を加速した。ターゲットとしては加速器内に置いたりチウムを使い、陽子がリチウム原子を完全に破壊してアルファ粒子（陽子二個と中性子二個からなる粒子）が生成することを発見した。加速器を使って原子を小さな部品へと破壊《スマッシュ》した初の例となった（このため加速器は「原子破壊装置《スマッシャー》」と呼ばれることもある）。この大発見は原子核がどのようにできているのかを教えてくれた。エネルギーを使って原子核を破壊するとその構成部品が出てくることが分かったのだ。この反応では質量とエネルギーが作用しあうため、この実験はアインシュタインの有名な公式$E=mc^2$の証明ともなった。

　コッククロフトとウォールトンの成功により、さらなる加速器建設への弾みがついた。ロシアとドイツでも、原子核の性質とその構造に関するさらなる発見を狙って加速器が作られた。そして別の種類の原子核を壊す実験がおこなわれた。そうした実験を通じて物理学者たちは、そのような衝突の結果としてどんどん小さな粒子が発見され、物質の最小構成単位が何であるかが明らかになると期待していた。次の大発見はカリフォルニアの地でなされた。

　アメリカ中西部出身の物理学者アーネスト・ローレンスは、一九二五年にイェール大学で物理学の博士号を取得したのちにカリフォルニア大学バークレー校のポストへ就いた。ドイツ語はほとんど分からなかったが、加速器の設計に関する、あまり知られていないドイツ語の文献を読もうとした。そして単語が分からないまま論文の図を解読し、線形より円形の加速器の方が性能が高いかもしれないとひらめいた。ローレンスは直径一一センチの装置を設計し、一九三一年には直径二八センチの円形加速器「サイクロトロン」を組み立てた。そしてそのサイクロトロンを使って陽子を一〇〇万電子ボルト（一ＭｅＶ）のエネルギーに加速するという偉業を達成した。のちにローレンスはバークレーでさらに大型のサイクロトロンを建設する事業の陣頭指揮を執り、それを使った研究により炭素一四などいくつかの放射性元素を作った。しかし原子より小さい粒子を解き放つにはもっと強力な加速器が必要だった。

円形と直線状両方の種類の加速器が建設されつづける中、加速器の設計に関する研究が何十年かかけて進歩した。一九五七年にＣＥＲＮは、アメリカが開発した同様の加速器に匹敵する六〇〇メガ電子ボルト（六〇〇ＭｅＶ）のシンクロ＝サイクロトロン（可変高周波装置を使ったサイクロトロン）を稼働させた。この新型装置の大きな成果として、「パイオン」（初めて発見されたメソン――電子と陽子の中間の質量を持ちクォークと反クォークからなる）が電子とニュートリノに直接崩壊することが実験的に証明された。

一九五九年にＣＥＲＮは二八ＧｅＶ（二八〇億電子ボルト）の陽子シンクロトロン（ＰＳ）を稼働させ、これがしばらくのあいだ世界で最も強力な加速器の座についていた。同じ年にＣＥＲＮはニュートリノビームを使った初の実験を開始した。捕まえにくいニュートリノはある種の粒子衝突によって作り出される。ニュートリノは中性できわめて小さく別の物質との相互作用を嫌うため、一個あたりの検出率はきわめて低いが、ニュートリノを十分な数作れば――何兆個ものニュートリノを含むビームとして――何個かは検出できる。

スタンフォード大学では一九六六年に有名なスタンフォード線形加速器センター（ＳＬＡＣ）

が建設され、その稼働によって新粒子が何個か見つかったが、中でもその一〇年ほどのちにマーティン・パール率いるチームがタウ粒子と呼ばれる電子のとても重い親戚を発見した。一九八〇年代にはフェルミ研究所のテヴァトロンで重いクォークが発見された。その何十年かで加速器によりおこなわれた最も重要な発見としては、二種類の新たなニュートリノも含まれる。

高出力の加速器を設計、建設、運転するにはとてつもない費用がかかる。ヨーロッパ諸国はその費用を賄うため共同出資の必要があることに気づいた。加盟国の相対的な経済規模に応じて運転費用を分担する予算計画を決めなければならなかったのだ。ヨーロッパの一国で必要な資金を捻出することはできなかったが、アメリカはバークレーのサイクロトロン、スタンフォードのSLAC、シカゴ近郊のフェルミ研究所のテヴァトロン、ロングアイランドのブルックヘヴン国立研究所といくつもの加速器を持つことができた。これらの装置は大学が運営しているが、連邦予算がつぎ込まれている。

一九九三年にアメリカ議会は、LHCより高いエネルギーを作れる予定の、テキサス州で進められていた超伝導スーパーコライダー（SSC）計画への資金拠出を中止した。この撤退によりヨーロッパのCERNは粒子研究における今日の世界のリーダーとなった。しかしCERNで働く何千人もの物理学者、少なくとも所属機関から一時滞在中の人たちの多くはアメリカ人だ。アメリカ、ロシア連邦、インド、日本、イスラエル、トルコ、ヨーロッパ委員会、UNESCOはCERNの「オブザーバー」の立場にあり、そのためアメリカに本拠地を置く多くの物理学者も所属機関を通じてこの研究所に立ち入ることができる。

ＣＥＲＮでおこなわれている科学研究は、技術面や物資調達と独立に運営されている。アメリカはヨーロッパの一部でもないしこのヨーロッパの事業への加盟国でもないが、このためにＣＥＲＮを拠点とする科学共同研究には、ヨーロッパ以外の国の人々とともに大勢のアメリカ人科学者が参加している。例えばＣＭＳ共同研究にはＭＩＴやカリフォルニア大学などアメリカのいくつもの機関が参加している。ＣＭＳ共同研究に関わる全科学者のうちおよそ三分の一はアメリカに本拠地を置く機関に所属している。

何十年かにわたって次々にエネルギーの高い加速器を建設してきたＣＥＲＮは、一九八九年九月に大型電子陽電子コライダー（ＬＥＰ）を稼働させた。現在ＬＨＣが設置されているトンネルはもともとＬＥＰのために掘られたものだ。ＬＥＰの運転開始式典にはフランス大統領フランソワ・ミッテランとスイス大統領ピエール・オーベールが出席した。この空洞は交通用のトンネルと違い、精確な仕様に基づいて建設しなければならなかった。トンネルの掘削が終了したとき、互いに作業を進めていた二つの掘削チームはトンネルの両末端がほぼ完璧につながったことを知った。ずれは一センチ未満だった！[*10]

ＬＥＰで粒子ビームが初めて加速されたとき科学者たちは、互いに反対方向から飛んでくる粒子が一日のうち決まった時刻に衝突しなくなることに気づいた。彼らは頭を抱え、いくつものチームがこの謎に取り組んだ。何が起こっているのかしばらくは誰も思いつかなかったが、やがて謎は解けた。犯人は潮汐だったのだ！　潮の満ち干として海面を日々上下させる月の重力は、「固体の」地面にも作用する。ジュネーヴ近郊の地面もその潮汐により動き、全長二七キロのトンネルの中で粒子が逸れて的を外してしまう。この問題を修正するために円周上の各点すべてで位置を調節する工学的手法が使われ、潮汐による変動を逆方向の運動によって相殺させた。明らかになったもう一つの問題として、大量の電気を使うフランスの高速列車ＴＧＶがジュネーヴに近づくときにこの地域の電力レベルが若干変動していた。ＣＥＲＮの技術者はこの変動も修正しなければならなかった。

一九八九年八月にＬＥＰの運転が開始され、それから二カ月のうちにＺボゾンの重要な測定にたどり着いた。一九九一年一二月にＣＥＲＮ委員会の代表は次世代の加速器、大型ハドロンコライダーの建設を全会一致で決定した。ＬＥＰは二〇〇〇年の解体前に一部の物理学者が「ヒッグスの兆候」と解釈する興味深い結果を出したが、その存在を確認するだけの十分なデータはなかった。科学者たちはもっと時間があれば決定的なデータを得られるだろうと考え、機構にＬＥＰを二〇〇一年まであと数カ月運転できるよう求めた。しかしＬＨＣ計画には高い優先順位が付けられていたためＣＥＲＮ上層部はその請願を斥け、ＬＥＰは新たなコライダーのために解体された。

一九九〇年代半ばにアメリカと日本がＣＥＲＮに豊富な資金提供をおこない、ＣＥＲＮ委員会のオブザーバーとなる権利を手にした。一九九八年、ＬＨＣの陽子ビームを曲げる全長一四メートルの電磁石の一つめがＣＥＲＮに到着した。ＡＴＬＡＳ検出器はＬＥＰがまだ稼働している最中に空洞に搬入しなければならず、作業は困難を極めた。

ＬＥＰは一四カ月をかけて解体された。地下深くから四万トンの資材を地上に持ち上げなければならなかった。アメリカはＣＥＲＮに特別な超伝導電磁石を二〇個運び入れ、ロシアなど他の国からも電磁石が到着した。数年のうちに検出器を含めＬＨＣのすべての部品が設置され、地上最大の機械はその任務に取り掛かる準備を整えた。

第５章　ＬＨＣｂと行方不明の反物質の謎

ＬＨＣは、量子論の奇妙な効果を示す微小粒子を粉々にする。しかしＣＥＲＮとＬＨＣの大きな目標の一つは、量子力学とアインシュタインの特殊相対論を組み合わせることで導かれる現象、「反物質」の存在をより深く理解することにある。今日ではすべての物質粒子が奇妙な鏡像を持っていることが分かっている。電子には反電子（陽電子とも呼ばれる）という双子がいる。陽子にも反陽子という秘密の双子がおり、同じことがすべての粒子に言える。しかし、通常の物質粒子の相棒である反物質は、日常生活ではほとんど見当たらない。それらがどこに存在し、なぜビッグバンで作られてからすぐに姿を消したのか、それが物理学最大の謎の一つだ。本章ではこの謎とその答を探すＬＨＣの取り組みについてさらに見ていこう。

物理学者ポール・ディラックは、我々の観測する粒子に似ているが電荷が反対である反物質が自然界には含まれているはずだという、突飛なアイデアを思いついた。それら反世界の不可思議な住人は通常の物質と接触するとただちに消滅してエネルギーを解放する。大型原子爆弾でさえそのエネルギーの足下にも及ばない。

ディラックは、微小粒子の振る舞いを以前より完全な形で記述する、今ではディラック方程式と呼ばれている数式を導いたときに、その反物質という奇妙なアイデアを考え出した。量子力学のシュレーディンガー方程式で電子のような粒子の振る舞いを正確に記述できるのは、その粒子があまり高速で運動していない場合、つまりスピードが光の速さに近づかない場合に限られる。一方で光の速さに近いスピードで運動するマクロな物体では、アインシュタインの特殊相対論が正しいアプローチとなり、その運動法則を正しく記述できる。そこでディラックは量子力学（微小の振る舞いに対する法則群）と特殊相対論（高速の理論）の両方を組み合わせた方程式を組み立てようとした。

素晴らしいアイデアだったが、実現させるのは不可能なように思えた。同じ考え方に沿って量子的かつ相対論的な自然界の記述を作り出そうとしてきた物理学者はそれまでに何人もいた。しかし成功した人はいなかった。その中にはシュレーディンガーその人も含まれる。しかしポール・ディラックは並外れた科学者だった。

ディラックはブリストル大学で学部生として学んだ。数学に興味があって猛烈に勉強した。プリンストン大学のノーベル賞受賞者ユージーン・ウィグナー——妹のマーギット（「マンシー」）がディラックと結婚した——は、一九六二年にディラックに若い頃のことを尋ねた。「数学のクラスはとても小さく、女の子と私の二人だけだった」。ウィグナーが「その子と数学について話をしたのかい」と訊くと、「覚えている限り、講義でしか会わずに終わったら別れたと思う」という答。ウィグナーが「お茶には誘わなかったのかい」とからかうと、ディラックはこう答えた。「いやいや。まったく社会生活というものを送っていなかったんだ」[*1]

ポール・エイドリアン・モーリス・ディラックは話し好きな男ではなく、このエピソードも不思議ではない。あるときディラックがトロント大学で講義をしていると、誰かが手を挙げて言った。「ディラック教授、その右の方程式をどうやって導いたのかが分かりません」。ディラックは話を中断したが返事はなかった。そしてしばらく考えてから「それは質問ではなくコメントだ」と言って黒板に向きなおり話を続けたという。またケンブリッジ大学での同僚とのディナーの折、ディラックは小説家のＥ・Ｍ・フォースターの隣の席になった。ディラックはフォースターの本を高く評価していたが、フォースターもディラックと同じく稀なほど口の重い人物のようだった。長い沈黙ののちにディラックはフォースターの方を向き、小説『インドへの道』を引用して「洞穴の中では何が起こりましたか」と言った。フォースターは何も答えなかった。デザートが来るとフォースターはようやくディラックの方を向いてこう言った。「分からない」[*2]

まだ物理学に夢中になっていないブリストル時代にディラックは、学生たちにアインシュタインの考え方を紹介する、ブロードという名前の教授の講義を取った。ディラックは次のように振り返っている。「戦争が終わった頃に相対論はとてつもない関心を集めた。それまでそれについて聞いたこともなかった」。一九一九年にイギリス人の偉大な天文学者で物理学者のアーサー・エディントンが大西洋に浮かぶプリンシペ島へ行き、皆既日食を観測した。彼のチームが撮影した写真上で皆既中の太陽のすぐそばに写っていた星々により、それらからやってくる光線が太陽によってアインシュタインの予測通りに曲がっている（一般相対論の説明通り質量が空間を曲げる）ことがはっきりと示された。エディントンの発見によってアインシュタインは生涯にわたり世界的な有名人となった。

ブロード教授は哲学を教えていたが相対論に関する講義も開いており、ディラックはその新しい刺激的な理論について学びたくてその講義に出席した。ディラック曰く、残念なことに「教授はほとんど哲学の視点から話をした。何とか理解しようとしたが、哲学はあまり理解できなかった」。それでもディラックはブロードからアインシュタインの特殊相対論について学ぶことができた。「本当に新しい考え方で、私も空間と時間の関係について思索を重ねてきたが、そのように考えたことは一度もなかった」[*3]。何を勉強すべきか迷うようになっていたディラックは即座に、一流のケンブリッジ大学の物理学の大学院に進もうと決断した。

ケンブリッジでディラックはボーアの原子論について学んだ。ほとんどの時間を数学の勉強に費やしていたため、それまで原子論がどれほど発展しているか知らなかった。しかしディラックはこの理論を深く理解して実際に貢献を果たすまでになった。そして熱心に研究を始め、量子論と特殊相対論を結びつけて微小粒子の性質を従来よりはるかに完全かつ満足できる形で記述するというアイデアに取り憑かれた。

ディラックは一日何時間も思索に費やし、長々と散歩をしながらその問題に集中して夜は紙と鉛筆で取り組んだ。しかし何も出てこなかった。目的にかなうとされていたクライン＝ゴルドン方程式を出発点にしたが、決まってばかげた結果しか出てこなかった。クライン＝ゴルドン方程式を修正しようとしたが、何をやっても失敗続きだった。ディラックは希望を失ってふさぎ込むようになっていった。

そして一九二八年のある寒い夜、何かが起こった。ディラックはケンブリッジ大学セントジョンズカレッジのラウンジにある暖炉の前に座って炎を見つめていた。すると突然ひらめいた。クライン＝ゴルドン方程式には系の時間変化を表わす項が二重に含まれているという欠陥があったのだ（専門的に言うと時間の二次微分が含まれている）。

ディラックは、追いかけていた方程式を、もともとのシュレーディンガー方程式と同じく時間が一度だけ含まれる（時間の一次微分だけを含む）よう修正しなければならないことに気づいた。そしてクライン＝ゴルドン方程式を捨ててシュレーディンガーの成果に立ち返った。特殊相対論の法則を量子力学に当てはめるためにディラックは、のちにディラックのガンマ行列として知られるようになる四つの「行列」（数学で使われる数字の並んだもので、掛け算、足し算、引き算、逆行列の規則が当てはまる）を考案した。このガンマ行列によってスピードは光速を超えられないという特殊相対論の条件が守られ、それらの行列の一つを量子力学の枠組みにうまく組み込むことで魔法のようにすべて辻褄が合った。そうしてディラック方程式が誕生した。[*4]

ディラック方程式は光の速さに近いスピードで運動する場合でも微小粒子の振る舞いを正しく予測し、素粒子物理学における数々の問題に対してそれまで知られていたよりはるかに正確な解を与えることが明らかとなった。ディラック方程式によって量子の世界に特殊相対論が導入されたことで、アインシュタインの有名な質量とエネルギーの関係式$E=mc^2$もそこに組み込まれた。

自らの方程式を解析した――伝えられるところでは導いた翌日に――ディラックはある驚くような性質を発見した。すなわち、電子に適用させたその方程式に含まれるある特定の項が、電子のスピンを表わしていると理解した。当時は実験的に推測されているにすぎなかったスピンの考え方が、ディラックの強力な方程式から直接姿を現わしてきたのだ。電子などすべての物質素粒子（フェルミオン）のスピンはプランク定数を単位として二分の一と定められる。[*5]ボゾン（力媒介粒子を含むカテゴリー）はプランク定数を単位として〇、一、二と整数のスピンを取る。例えば電磁気力の作用を運ぶ粒子である光子はスピン一。

電子に対する方程式を解いたディラックは、すぐにもう一つ興味深い性質に気づいた。いくつかの解が負のエネルギーを持っており、それをディラックは「ホール」と名付けた。負のエネルギーとはいったい何だろうか？　まったく無意味なように思える。まるで、朝起きてルームランナーでしばらく運動していたら、デジタル表示されている消費カロリーが突然八五から八四、八三……と減りはじめたようなものだ。ありえないのではないか？　しかしあなたの身体が負のエネルギーを作りはじめたとしたら、まさにそのようなことが起こる。正のエネルギーに加算されて全消費カロリーは下がっていくはずだ。

他の多くの物理学者がこのように無意味に思える考え方に直面したら、導出過程に何か問題があったか、少なくとも得られた負のエネルギーの解は単なる数学的な異常だと決めつけていただろう。ポール・ディラックはそうではなかった。新たな方程式は宇宙に関する何か重要な真実を語りかけているはずだと確信した。そして負と正のエネルギーレベルに備わった対称性を使い、負のエネルギーレベルを取る電子は別の種類の粒子、すなわち電子と「反対の存在」だと結論づけた。

当初ディラックはその負のエネルギーを持つ電子は陽子のことかもしれないと考えたが、すぐに質量の問題が浮かび上がった。陽子は負のエネルギーを持つ電子にしては重すぎたのだ。しかも陽子がそのような存在だとしたら、原子の中で電子と消滅して物質は存在できなくなる。そのためディラックはこの難問についてさらに考え、導いた結論は科学界を仰天させる。反電子、今では陽電子と呼ばれている新たな種類の粒子の存在を予言したのだ。通常の電子と質量は同じだが電荷は反対。陽電子は負でなく正の一単位の電荷を持つ。

一九三二年にカリフォルニア工科大学（カルテック）のカール・Ｄ・アンダーソンが、霧箱――粒子が通過すると霧が凝集して粒子の軌跡を検出できる装置――に入ってくる宇宙線を研究していて陽電子の存在を確認した。霧箱の磁場中におけるその粒子の軌跡は電子と反対で、質量は電子と等しいと推測された。まさにディラックが予言した陽電子の性質と正確に同じだった。一九三三年にディラックはエルヴィン・シュレーディンガーとともにノーベル物理学賞を受賞した。アンダーソンは陽電子の発見とその後のガンマ線による電子＝陽電子対生成の研究により一九三六年にノーベル賞を受賞した。

ディラック方程式は物理学に粒子の「生成」と「消滅」という考え方をもたらした。粒子＝反粒子対は単なるエネルギーから自然に作り出される。それまで誰もそのような不気味な現象など思い浮かべたこともなく、粒子は日常の世界のどんなものとも同じく単に「存在」するだけだと考えられていた。しかしこのとき、粒子を作り出す自然の方法が理解されるようになった。

特殊相対論と量子力学を結びつけることで不朽の理論的大発見を成し遂げたディラックはすぐに、その名声を失うことを承知の上で物理学者としてあえて茨《いばら》の道を選んだ。そこで立ち止まるのではなく、奇妙な反粒子の存在という突飛な予測をおこなった。しかしその賭けは当たった。自然は奇妙な形で振る舞っていて、物質だけでなく反物質も作り出していたのだ。

ディラックはのちに自然界のすべての粒子が電子＝陽電子対のように正反対の双子を持っていることを導いた。中性子は翌年にジェームズ・チャドウィックにより発見されるため、他に当時知られていた粒子は陽子だけだった。ディラックは陽子にも質量は同じだが一単位の負の電荷を持つ双子の粒子、反陽子が存在すると結論した。一九五五年にイタリア人物理学者エミリオ・セグレとアメリカ人物理学者オーウェン・チェンバレンが、カリフォルニア大学バークレー校での研究で反陽子を発見した。二人は一九五九年にノーベル賞を受賞した。

ディラックの反粒子は物理学の世界に新たな要素を持ち込んだ。すべての粒子には質量が等しく電荷が反対の双子、反粒子が存在する。粒子の相互作用において電荷は保存されるため、中性の粒子が正の電荷を持つ粒子に崩壊したら、反応前後での電荷の合計がゼロ——もともとの中性粒子の電荷——に保たれるよう負の電荷（絶対値は等しい）を持つ粒子も一緒に生成しなければならない。もう一つ、エネルギーと質量は同じだというアインシュタインによる重要な事実を思い出してほしい。前に述べたようにエネルギーがひとりでに質量に変わることはできるが、そのような過程で電荷は必ず保存されなければならない。この条件のために粒子＝反粒子対が生成することになる。

現在では真空は空っぽでなく激しく活動していると理解されている。相対論（質量とエネルギーの相互変換）と量子力学の法則によれば、エネルギーは突然何の理由もなしに粒子対を生成できる。電子と対をなすのはその正反対の双子である陽電子だ。そのような反応が実際に真空中で観測され、粒子対が霧箱などの検出器内に軌跡を残す様子が見られる。電子＝陽電子対は何もない空間から姿を現わし、すぐに相棒と消滅して姿を消す。

ビッグバンは一三七億年前に強力なエネルギー爆発として我々の宇宙を誕生させた。そしていま見たようにエネルギーはひとりでに粒子＝反粒子対に姿を変えられる。そのため科学者は、ビッグバンによって素粒子の原初のスープの中で物質と反物質が等しい量作り出されたはずだと考えている。それらの粒子と反粒子が出会うと互いに消滅してエネルギーに戻り、それが再び粒子と反粒子の対を生成して、と続いていく。しかし今日我々は自己消滅を起こさない安定な宇宙に住んでいるのだから、このプロセスはどこかの時点でストップしたはずだ。

　何らかの方法で物質が反物質に勝ち、物質に支配された我々の宇宙が出現した。多くの科学者が考えているようにビッグバンでは物質と反物質が同じ量作り出されたが、我々の宇宙では物質だけが生き残っており、反物質は宇宙線やいくつかの放射性崩壊過程において、あるいは加速器内での粒子衝突やＰＥＴ（陽電子放射トモグラフィー）スキャナと呼ばれる医療診断装置で人工的に作られたときにしか観測できない。

　物質と反物質は見かけ上互いに完全に対称的なため、科学者は何が物質に勝利をもたらしたのかを知りたがっている。互いに鏡像関係にある物質と反物質は基本的に同じ形で振る舞うと考えられるかもしれない。しかしどんな形で？　宇宙に存在する物質粒子の電荷をすべて反転させたとしよう。反粒子になるはずだ。しかしもう一つしなければならないことがある。陽電子（正の電荷を持つ）は磁場中で電子（負の電荷を持つ）の軌跡と反対側に曲がるのだった。したがって電子の電荷を反転させると同時に粒子のもともとの軌跡を鏡で反射させれば、粒子と物理的にまったく同じ反粒子の振る舞いが見られるようになるはずだ。Ｃで表わされる電荷の反転と、「パリティ反転」と呼ばれＰで表わされる鏡像反転とを組み合わせることで、同じ物理が得られなければならない。反粒子にＣとＰを施せば粒子と同じに見えるに違いない。その反対もしかり。この考え方を「ＣＰ保存」という。

自然界における左右の対称性（鏡による反射）には「パリティ」（Ｐ）と呼ばれる保存則が伴うとされる。二〇世紀半ばまで物理学者は、自然界ではパリティそのものが保存されており、世界を鏡に映しても正確に同じ物理が得られるだろうと考えていた。ところが驚くような真実が明らかとなった。

一九五六年五月上旬のある日、当時ブルックヘヴン国立研究所にいたＣ・Ｎ・ヤン（楊振寧）とコロンビア大学のＴ・Ｄ・リー（李政道）という二人の中国系アメリカ人理論物理学者が、ニューヨークのとある中華料理店で夕食をともにしていた。パリティについて議論していた二人は、弱い核力に支配されるベータ崩壊と呼ばれる放射性崩壊過程に限ってはパリティが保存されないのではないかという疑念を抱いた。つまり弱い力が作用する場合には鏡の世界は我々の世界と同じに振る舞わないということだ。そこで二人の物理学者はその仮説の検証に使える何種類かの実験を提唱した。そして学術雑誌『フィジカル・レヴュー』でその理論を示した論文を発表したが、他の物理学者は興味を示さなかった。当然だと思われている対称性の一つが自然界でなぜか破れているなどと信じたくはなかったのだ。

冷たい反応にいらだったヤンとリーは支持を期待してヴォルフガング・パウリに論文を送ったが、伝えられるところではパウリはその論文を捨ててしまったという。[*6] 宇宙のどこかで鏡像対称性が破れているなどとは信じられず、弱い力が自然の他の三つの力と違うように作用する理由に目を向けなかったのだ。ＭＩＴの物理学者ヴィクター・ワイスコップ（のちに一九六一年から六五年までＣＥＲＮの機構長を務める）にその新たな仮説について訊かれたパウリは、「神が弱い左利きだなんて信じない」と返事した──「弱い」は弱い力、「左利き」はパリティの破れを指している。そしてそのような発見はないという方に大金を賭けたいと付け加えた。[*7]

実験物理学者たちもヤンとリーの論文で提案されたパリティの破れを探すのに乗り気でなかったが、その理由としては、そのような検証実験には放射能の高い元素を使いしかもきわめて精確な測定をおこなわなければならないという困難さがあった。しかしヤンとリーは、物理学者の間で親しみを込めてマダム・ウーと呼ばれていた、上海生まれでコロンビア大学に勤める女性中国系アメリカ人実験物理学者チェン＝シュン・ウー（呉建雄）に自分たちのために実験してくれるよう説得して約束を取り付けた。

ウーらはベータ崩壊を起こす放射性元素コバルト六〇の原子核を磁場中で整列させてスピンの方向を揃える実験を計画し、実行した。ベータ崩壊では原子核から電子が放出される。ウーの実験の狙いは、電子がランダムな方向に放出されるか、それともどちらか一方向を好んで出てくるかを見極めることだった。好まれる方向があったとしたら、鏡像対称性すなわちパリティが破れていることになる。実験ではコバルト原子を極低温に冷やして振動を抑え、磁場をかけてスピンをコントロールした。もしパリティが保存されていれば電子放出過程は鏡に映しても同じに見えるはずだ。

ベータ崩壊で放出される電子の方向を調べたウーらは、方向に関して対称性が存在していないことに驚かされた。ある特定の方向がその反対方向より好まれていたのだ。この発見は、ヤンとリーの予想通りパリティが保存量でないこと、すなわち弱い力の崩壊過程の鏡像はもともとの過程と同じでないことを意味していた。ウーの実験の成功によりヤンとリーは一九五七年にノーベル物理学賞を受賞した。研究から一年以内という記録的な速さだった。しかし多くの物理学者はウーが共同受賞しなかったことに落胆の意を表わした。

実験の知らせを受け取ったパウリは屈辱を感じた。鋭い物理的直観も役に立たなかったようだ。パウリはワイスコップへの手紙で神が「弱い左利き」だったことを認め、「ウーの結果に関する知らせを聞いてしばらくはとてもうろたえ理性を失った」と付け加えた。[*8] そしてボーアには、「死亡記事――長年我々の愛すべき女友達だったPARITYが実験的処置によるつかの間の苦しみの末に一九五七年一月一九日に世を去った。署名――電子、ミューオン、ニュートリノ」という手紙を送った。[*9]

ウーと同様の実験がリチャード・L・ガーウィン、レオン・レーダーマン、マーセル・ワインリッヒによりおこなわれ、さらに電子の重い親戚であるミューオンを使ってジェローム・フリードマンとヴァレンティン・テレグディによりおこなわれた。一九五七年に発表されたいずれの実験でもこれらの反応で粒子はどちらか好んだ方向に放出されることが分かり、マダム・ウーらが発見したパリティの破れが確認された。二〇一〇年二月一五日にブルックヘヴン国立研究所の科学者たちは、光速の九九・九九五パーセントのスピードで正面衝突させた金原子から作ったクォーク＝グルーオン・プラズマの中でパリティが破れていることを示した。ブルックヘヴンの加速器で作り出した四兆度というとてつもない温度の初期宇宙では、クォークとグルーオンの振る舞いも鏡像対称性に従わないようだ。[*10]

しかしパリティの破れだけでは宇宙から反物質が姿を消したことを説明できない。長年にわたっておこなわれてきた実験により、世界は電荷を反転させても違った姿になることが示されている。しかし重要な疑問として、パリティと電荷の両方を同時に反転させても対称性は破れるのだろうか？　もし破れているとすれば、物質と反物質は確かに違っていて同じようには振る舞わないことが示されることになる。したがって物質と反物質の振る舞いにおける根本的な違いを探すには、「CPの破れ」を見つける必要がある。

一九六四年にブルックヘヴン国立研究所のジェームズ・クローニンとヴァル・フィッチが中性ケイオン（K中間子）と呼ばれるメソンの崩壊においてCP対称性が破れていることを示し、反物質が物質と正確に同じには振る舞わないことを証明した。しかしその差はとても小さく、ケイオンがCP対称性を破るのは一〇〇〇回中わずか二回だった。このような小さな差では宇宙から反物質を消し去るには足りない。

CERNのLHCb共同研究では特別な目的の検出器を使い、高い頻度でCP対称性が破れる過程を探す。すでに知られている小さな破れよりも大きな著しい振る舞いの違いが起これば、初期宇宙で物質が反物質に勝った理由を説明できるだろう。しかしＬＨＣｂ計画は、反物質の性質を解き明かすことを目指してＣＥＲＮで綿々と続けられてきた実験のうち一番最近のものでしかない。ＣＥＲＮで反物質の謎に対する研究が始まったのは、一五年前に研究所の科学者が反水素を作り出す初の重要な研究を開始したときだった。

彼らはＣＥＲＮの低エネルギー反陽子リング（ＬＥＡＲ）を使って反陽子を生成させ、それをキセノンガスに衝突させた。キセノン原子核との衝突により陽電子が作られ、そのうちいくつかが反陽子と結合して反水素原子が生成した――人類が初めて作り出した反物質原子だ。できた反水素は電荷を持たない（陽電子と反陽子は電荷を持つ）。そして真空トラップの中心に磁気により閉じ込めておけなくなり、端に向かって漂っていく。そこで通常の物質と出会って消滅する（陽電子は物質中の電子と、反陽子は物質の原子核中の陽子とそれぞれ出会って消滅する）。反水素の量が比較的少ないため生成するエネルギーはごくわずかで、何も被害は起こらない。しかし自由に漂う反原子が自己破壊する前に、科学者はその振る舞いを調べることができる。

水素は観測可能な宇宙の全物質の約七五パーセントを構成する最もありふれた元素なので、その振る舞いを反水素と比べれば宇宙で物質が優勢である理由を見極めるのに役立つはずだ。科学者は反水素原子中での陽電子の軌道を調べてそのエネルギーレベルを決定し、それを通常の水素原子中での電子と比較する（水素のエネルギーレベルは何十年も徹底的に調べられてきたのでそれについてはたくさんのことが分かっている）。科学者はまた重力が反物質に作用するしかたが物質の場合と異なるかどうかも知りたがっている。もし異なるとしたら、反物質の謎を解き我々が存在する理由を説明する糸口になるかもしれない。

ＣＥＲＮなどの研究所の科学者たちが反物質を研究しているのは、ビッグバン後に反物質が姿を消して物質優勢の宇宙となった謎に対する答を探しているためだ。しかしもしこの考えが間違っていたら？　我々が思っているのと違い物質と反物質が大きくバランスを崩していることはなく、実際には反物質が物質を圧倒している鏡像宇宙がどこかに存在するとしたら？　あるいは宇宙は一つだがそれぞれ物質と反物質からなる小さな領域のパッチワークになっていて、それらが互いに重なり合わずに十分離れているために消滅しないのだとしたら？　もし我々がそのような宇宙のいずれかに住んでいるのだとしたら、これまで受け入れてきた結論はすべて間違っていて物質は決して反物質に勝たなかった――別々の道を進んだだけ――ということになる。

すべてが反物質からできた反世界が存在するという考え方が人々に知られるようになったのは、ノーベル賞を受賞した物理学者ハンネス・アルヴェーンが一九六〇年代に書いた著書*Worlds-Antiworlds*によるところが大きい。アルヴェーンの考えによれば空に見える恒星のうちいくつかは反物質でできているが、それらの恒星や惑星は我々の世界から空っぽの宇宙空間で大きく隔てられているためほとんど混ざり合わずに消滅しないのだという。

この考え方に触発されたジョージ・スムートは、我々の近傍の恒星からやってくる反粒子を探す科学プロジェクトを進めた。カリフォルニア大学バークレー校のスムートと同僚たちは、大気がとても希薄で宇宙から来た粒子が検出器に難なく当たる大気圏の端まで大型気球を上げた。スムートのグループがとくに探していたのが、いくつもの反粒子が結合してできた複合粒子、すなわち反物質の原子核だ。我々の世界における衝突や放射能過程では複合粒子でなく小さく単純な反粒子しか生成しないため、そのような粒子は衝突で生まれたのでなく反世界から飛んできたはずだと考えられる。

　スムートのチームは、液体ヘリウムで超伝導電磁石を冷やして強力な磁場を作り、検出器に飛び込んでくる粒子の経路を大きく曲げる精巧な検出システムを設計した。通常の粒子と反対方向へ曲がる軌跡を残す粒子が見つかれば（質量は既知の原子核との比較で求める）、それは反物質でできているという強力な証拠になる。[*11]

　チームは高高度気球を使った実験を何年も続けた。あるとき胸躍らせる発見があった。一個の粒子が物質粒子と反対の奇妙な軌跡を残したのだ。質量からすると酸素の原子核のようだったが、検出器の中では反対方向へ曲がる軌跡を残していた。チームはこの異常な粒子を、記録されたフィルムのコマ番号から「宇宙線事象２６２６２」と名付けた（全長何百メートルもの写真フィルムに記録された五万回の事象の一つ）。

　発見された粒子は本当に外宇宙からやって来た反物質原子の中心部分、反物質原子核だったのか？　あるいは単なるデータ記録のエラーだったのか？　この疑問にスムートとそのチームは夢中で取り組んだ。謎を解決するために高度な統計手法を使って徹底的なデータ解析をおこない、

「ナンバー２６２６２」が実際に反酸素イオンである確率はおよそ七五パーセントであるという見事に思える結論を導いた。しかしチームのアドバイザーだったバークレーの伝説的な物理学者ルイス・アルヴァレズ——六〇〇〇万年前の恐竜の絶滅が彗星か小惑星の壊滅的な衝突によるものだという、今では広く受け入れられている説を提唱した人物——に、七五パーセントの確実性では信頼できる高いレベルに達していないと言われた。スムートらは渋々ながらその事象を偶然のものだと見なし、プロジェクトは終了した。[*12]

二〇〇九年にオックスフォード大学のイギリス人物理学者フランク・クローズが、ダン・ブラウンの小説と映画『天使と悪魔』によって広まった、反物質を使って大量破壊兵器を作れるという根拠のない話を一掃しようと *Antimatter* というタイトルの短い本を出版した。しかしクローズは、そのような爆弾を作るのに十分な量の反物質を生産するのはひどく難しく大量の資源を消費して何千年もかかることを示す前に、一〇〇年前に起こったある大事件について語っている。[*13]

一九〇八年六月三〇日午前七時一七分、最も近い都市からでも八〇〇キロ以上離れたシベリア・ツングースカの人里離れた地域で凄まじい爆発音が轟き、太陽も圧倒するような火の玉が空に輝いた。ポドカメンナヤ・ツングースカ川流域の森林が広さ二〇〇〇平方キロにわたって燃え、爆発の衝撃で何千本もの樹木が吹き飛ばされた。このほとんど無人の地域に建っていた数件の農家がひどい被害を受け、破壊された何軒かの家にあった銀食器が熱で融けた。[*14] トナカイの群れは跡形もなく蒸発し、森林が爆発の被害から回復するには三〇年以上かかった。

爆発から数カ月間ヨーロッパの夜空は明るく輝き、夜空から反射するそのぼんやりした光で活字を読むこともできたという。現在の見積もりによれば爆発の威力はおよそ一五メガトン、広島を破壊した原爆の一〇〇〇倍だった。この凄まじい爆発がもしシカゴ上空で起こっていたら、爆発音は北アメリカの大部分で聞こえ、閃光はアメリカ合衆国南部やカナダの大部分からでも見えただろう。

しかし原子爆弾の発明の四〇年近く前に起こったこの巨大な爆発には、さらに一つ奇怪な特徴があった。目に見えるクレーターを残さなかったのだ。つまり小惑星や彗星が地球に衝突したときやクレーターだらけの月面で見られるのと違い、大量の硬い物質は地面に衝突しなかったことを意味する。[*15]

放射性炭素年代測定法を開発したアメリカ人ノーベル賞受賞者Ｗ・Ｆ・リビー、ニュートリノの共同発見者クライド・カウァン（死から二〇年後の一九九五年のノーベル賞で功績が讃えられた）、そして科学者のＣ・Ｒ・アトゥルーリは一九六五年に雑誌『ネイチャー』に発表した共著論文で、ツングースカの爆発は宇宙から飛んできた反物質の塊の消滅により起こったとする学説を発表した。三人は樹木の放射性炭素分析をおこなうとともにその年輪を数えて正確な年月日を決定し、大災害の翌年の一九〇九年に大気中の放射性炭素の量が異常に増えていたことを示した。そしてこの結果は物質と反物質の対消滅によって放射能が生じたとする考え方と一致すると論じた。[*16]

結局この説に対しては他の科学者たちから疑問が示され、現在では小惑星か彗星が真犯人だという見方が主流となっている。クレーターをあるべき場所から少し離れたところに見つけたと言っている人もいる。[*17] しかしツングースカで何が起こったのかを確実に言える人は誰もいない。

国際宇宙ステーションに設置できるよう設計されたアルファ磁気分光器（ＡＭＳ）は、ＬＨＣのものと似ているがもっとずっと小さい大型超伝導電磁石検出器だ。ＡＭＳ計画の目的は宇宙線を調べてダークマター候補や反物質の痕跡を探すことにある。液体ヘリウムを大量に搭載した高価な磁気検出器を宇宙空間に打ち上げることからもわかるように、今でも少なくとも一部の科学者は反物質からできた恒星や惑星が宇宙のどこかに存在するかもしれないと本気で考えている。反物質が見つからずに結局その可能性が消えない限り、彼らは反物質存在の証拠を探しつづける。二〇〇六年にヨーロッパ宇宙機関がＰＡＭＥＬＡ（反物質物質探索および軽原子核天体物理学のためのペイロード）という名の人工衛星を打ち上げたが、その目的の一つが宇宙からやってくる反物質粒子を探すことだ。

しかし他の多くの科学者は、空に見える恒星や銀河はすべて反物質でなく物質でできているという前提をもとに研究を進めている。もし実際にすべてが物質でできていてしかもビッグバンで物質と反物質が同量生成したとすれば、反物質はいったいどこにあるのか？　ビッグバン後にどこへ行ってしまったのか？

検出器ＬＨＣｂ——「ｂ」は「ビューティー」の略で重いビューティークォーク（ボトムクォ

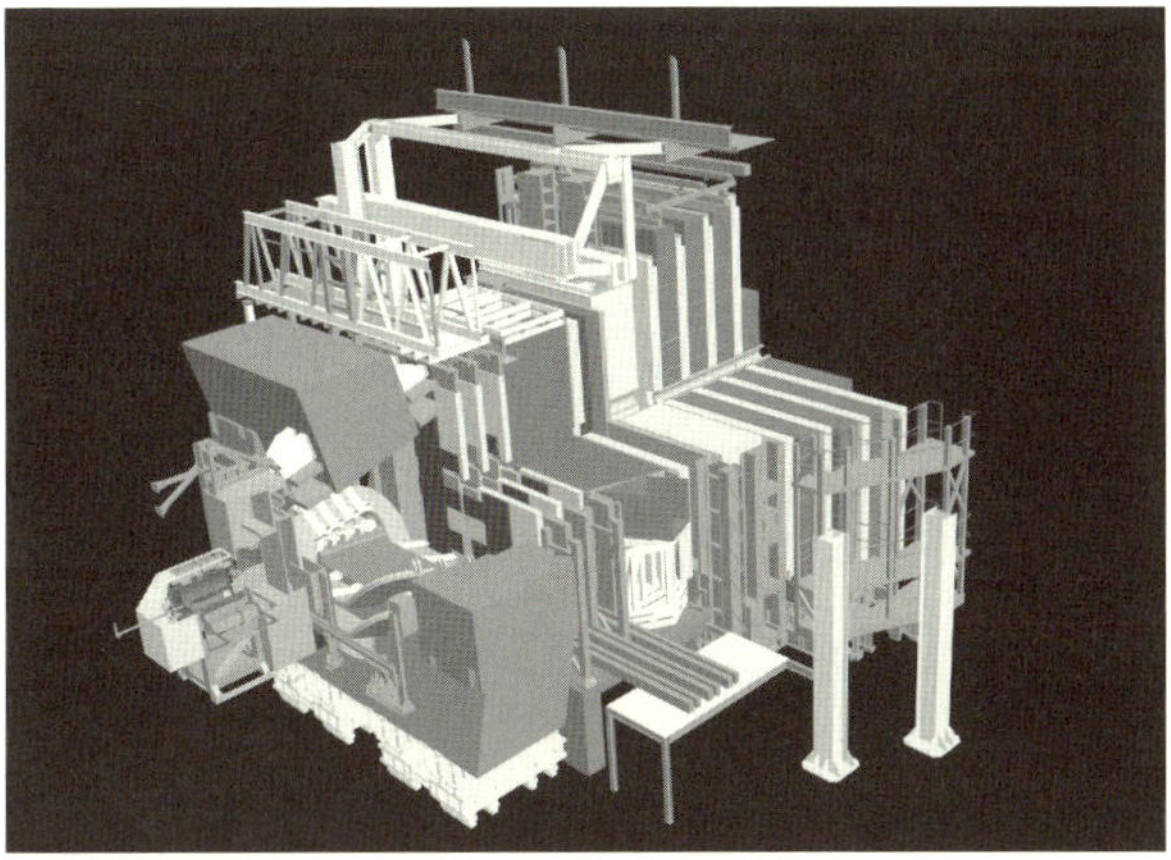

LHCb検出器の模式図

ークともいう）を指す――はこの疑問の答を探すことだけを目指す。物質と反物質との違いは、物質が反物質に勝つのに十分なほどだったのか？　この共同研究ではＢメソンの崩壊を調べてＣＰの大きな破れを探す。ＬＨＣの他の三つの大型検出器と違って衝突する陽子の経路のすぐそばに設置されているが、それはｂクォークや反ｂクォークがさまざまな方向でなくもとのビームに近いところを進んでいくためだ。

誕生から一〇〇億分の一秒後の宇宙ではきわめて重いクォークや反クォークが飛び回り、互いに出会っては消滅していた（クォーク＝反クォーク対として）。それらの重いクォークの一つがｂクォーク、あるいはボトムクォークやビューティークォークと呼ばれるものだ。これらはＢメソンと呼ばれる重いメソンの中にも存在する。ＬＨＣでの高エネルギー陽子衝突による崩壊生成物には、Ｂメソンに閉じこめられた形でかなりの数のｂクォークや反ｂクォークが含まれる。つまりＬＨＣはビッグバン後のｂクォークや反ｂクォークの生成を再現する。ＬＨＣｂ検出器はこれらの粒子の振る舞いやその相互作用を解析し、共同研究に携わる科学者たちはそのデータを調べて現在知られているよりも大きな物質と反物質の非対称性を見つけ、なぜ物質が勝って我々がここに存在しそのような疑問を抱いているのかを知ることができればと考えている。

第6章　リチャード・ファインマンと標準モデルの序曲

ポール・ディラックは、特殊相対論と量子力学を結びつけた方程式を導いたことで「場の量子論」という分野を立ち上げた。結果として現代物理学では、粒子とその相互作用を「場」という形で捉える。最初に研究された場は電場と磁場で、これらは一九世紀にスコットランド人物理学者ジェームズ・クラーク・マクスウェルの研究によって統一され今では電磁場と呼ばれている。

子供の頃に遊んだゲームで誰もが知っている磁場について考えれば、場の概念を容易に理解できる。紙の下に棒磁石を置いて上に砂鉄を撒くと、鉄粒子が整列して磁石の一方の端（極）ともう一方の端をつなぐパターンを作るのがすぐに見て取れる。それが棒磁石の作る磁場の様子に他ならない。

アインシュタインは子供の頃に父親から方位磁石をもらった。そのコンパスの針を地磁気に揃え北磁極に向かせる見えない力に少年は何時間も驚嘆した。何年かのちに科学者となったアイン

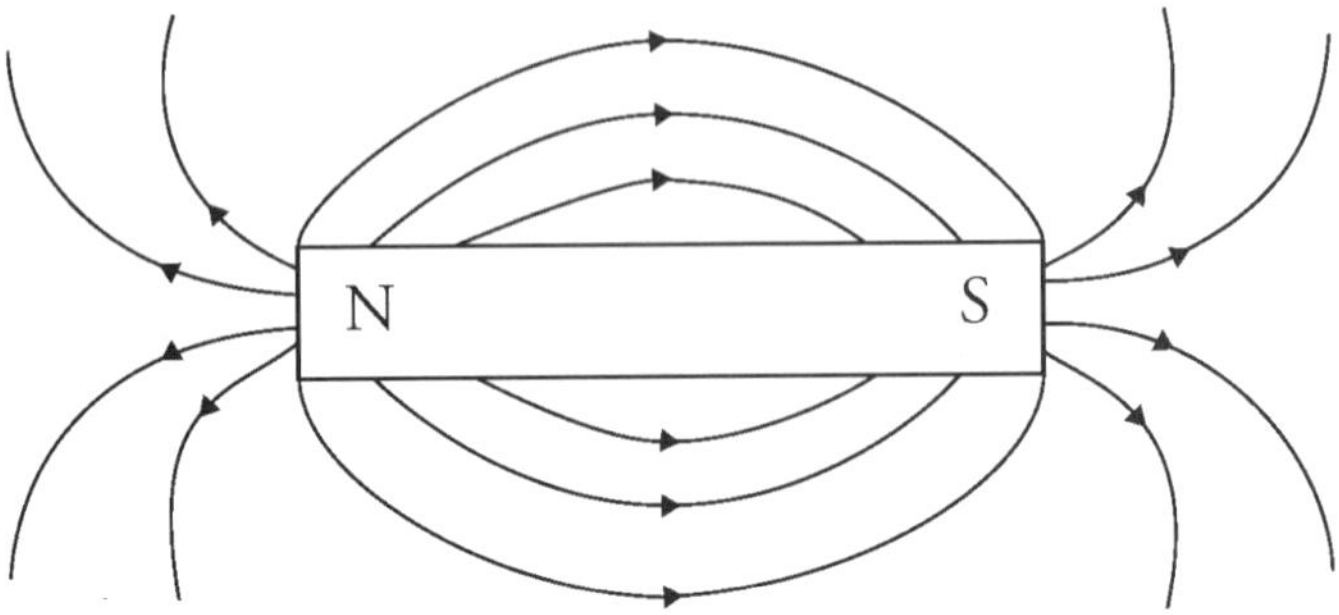

シュタインはこの場の考え方を研究に使った。アインシュタインの一般相対論——質量を持つ物体が作る「重力場」の理論——は我々が知る最も重要な場の理論の一つだ。アインシュタインに導かれるように、今日の物理学において最も有用な多くの理論は場の理論となっている。

現代の素粒子物理学の理論である場の量子論は、自然界では場が基本的な要素であるという考え方に基づいている。その場は、重ね合わせの原理、粒子と波動の二重性、およびハイゼンベルクの不確定性原理、パウリの排他原理、量子化といった量子力学の法則と、アインシュタインの特殊相対論に従い、何ものも光速より速くは動けず質量とエネルギーは同等だとされている。*1

場は「励起」できる。場をベッドのマットレスと考え、誰かがその上で飛び跳ねている様子を思い浮かべてほしい。この場の励起が「波動」を作り出す——バネの振動がマットレスに広がっていく。量子力学によれば波動は粒子で粒子は波動なので、場の励起は「粒子」を作り出す。しかし場の量子論では特殊相対論によりエネルギーと質量が同等だという性質があるため、場の励起によって生じたエネルギーが質量に変換されて「質量を持つ」粒子ができる可能性がある。[*2] 量子力学のみの場合と異なり、場の量子論では質量を持つ粒子を実際に「生成」させたり「消滅」させたりできる。LHCでは粒子の衝突がエネルギーを生んでそれが場を励起させ、それにより質量を持つ粒子が作られる。装置が発生させるエネルギーが大きいほど重い粒子が出現する可能性がある。

知られている素粒子はすべて「標準モデル」のメンバーとなっている。前に述べたように標準モデルは物理学においてきわめて成功した理論であり、粒子の振る舞いを見事に予測する場の量子論である。このモデルは何十年もかけて構築されてきた。初めて成功を収めた場の量子論は、リチャード・P・ファインマン、ジュリアン・シュウィンガー、朝永振一郎によってそれぞれ独自に作られた。それは電子と光子の相互作用を記述する量子電磁力学の理論だ。このきわめて重要な理論は、至る所に存在する物質粒子である電子が力媒介粒子――この場合は通常の光線、光子――を介して電磁場とどのように相互作用するかを説明してくれる。この理論が、既知の物質粒子（および反粒子）と既知の力媒介粒子（ボゾン）をすべて含む素粒子物理学の標準モデルへの道を切り開いた。

アメリカ人物理学者のリチャード・ファインマンは生きているうちに有名人の地位を手にした。彼の冒険談――ボンゴドラムから金庫破り、催眠術、トップレスバーのはしごなど――はベストセラーの本や講演を通じて多くの人に知られている。しかしインタビュー記録にはもっとずっと魅力的なエピソードが含まれている。
赤ん坊のファインマンを父親は子供用の食事椅子に座らせて、目の前にさまざまな色の浴室タイルを並べ、青の隣に白、その隣に青と決まったパターンに並べてごらんと言った。少年は幼い頃から「パターンについて考えはじめ、それが面白いことに気づいた。このゲームをすこしやっただけでとても手の込んだパターンを作れるようになった」。成長したファインマンは父親の本棚で代数学の本を見つけた。そして父親に代数学とは何かと訊いた。

父は問題を解くことに関係するものだと答えた。正確に覚えている。「算数では解けない問題を解く方法だ」。私が「例えば？」と訊くと、「家とガレージの家賃は一五ドル。ガレージの家賃はいくら？」と父。私は「それじゃ全然解けないよ！」と言った。父はそのまま行ってしまった。代数学が何なのか言ってはくれなかった。[*3]

ファインマンは数学に対する興味を持ちつづけ、学部生としてＭＩＴに入学して勉強した。しかしすぐに純粋数学は抽象的すぎて興味を保てないことに気づき、学科長のところへ話をしに行った。そして「高等数学を教える他に」高等数学の使い道は何かと尋ねた。学科長はその質問に腹を立て、そんな質問をする人間はきっと数学に向いていないと言われた。そこでファインマンは専攻として工学を考えたのちに物理学に転向した。そして天職を見つけた。

あるとき休暇で実家に帰ったファインマンは父親に勉強のことを訊かれた。

「さて、私はお前が科学を始める手助けをして、何か学んでもらおうとＭＩＴに入れた。だから父親のところに帰ってきたら何か教えるべきだ。理解できないことがあるからお前に教えてほしい」

私は「何を？」と訊いた。

「励起状態の原子は光子を放出するが、それは粒子のようだという話だ」

「そうだよ」と私。

「その粒子は前もってその原子の中にはなかった。そうだろ？　そしてその後にも原子の中にはない――一個減ったというわけでもない。そうだろ？　この粒子はどこからともなく出てきたのか？　説明してくれ。頼む」

「父さん、説明できないよ！」

「ずっともやもやしてるんだ。ここ何年も考えていて――！」

私は頭をひねってこう答えた。「箱から音が出てくるのに似てる。その音は前もってそこにはなかったけれど、でも出てくる――」

「ということはそれは振動エネルギーか？」

「そうだね。光子という形で出てくるエネルギーだよ」

「そうか、でも光子は粒子だろ?」

私は言った。「ある意味ではそうだけれど、ある意味では――」

「おいおい!」*4

まさにこの現象を量子電磁力学の理論という形で完全に説明したのが、リチャード・ファインマンだ。

MITを卒業したファインマンは一九三九年にプリンストン大学の物理学の博士課程に進み、高名な物理学者ジョン・アーチボルト・ホイーラーのもとで研究した。そしてホイーラーの指導のもと素晴らしい博士論文を書き、ポール・ディラックの研究結果を拡張して量子力学の経歴総和法を考案した。この方法では、一個の粒子がある点から別の点へ移動する際に取りうるすべての経路を考える。それぞれの経路は固有の確率を持っており、その情報を寄せ集めて一つの過程について知る方法が存在する。

数年前に私はジョン・ホイーラーに、博士課程時代のリチャード・ファインマンの研究についてインタビューした。ホイーラーはファインマンの研究結果に興奮し、プリンストン・マーサー通り一一二番地にあったアインシュタインの自宅に走っていってそれを見せたという。ファインマンの博士論文を丹念に読むアインシュタインにホイーラーは「素晴らしいでしょう?」と訊いた。アインシュタインはもちろん量子力学とそれに確率を使うことに反対していることで有名だったが、その確率をファインマンは論文の中でさらに重要な形で使っていた。アインシュタインは原稿から視線を上げてその問いかけについてしばし考え、こう答えた。「神がサイコロ遊びをしているとはまだ信じられない。でもこれで私は間違いを犯してもよくなったかもしれない」[*5]

博士論文を書き上げたファインマンは、物理学科のセミナーで自分の研究について話す準備をしていた。黒板に数式を書いているとアインシュタインがやってきた。黒板を見たアインシュタインはファインマンに「お茶はどこだ？」と訊いた。案内したティールームは教授やゲストが発表前によく立ち寄る場所だった。そこに当時プリンストンから訪れていたヴォルフガング・パウリがやって来て、やはりお茶を飲みに行った。その後ファインマンの講演が始まった。

講演後の出来事をファインマンは次のように語っている。

講演が終わるとすぐにパウリ教授が立ち上がった。教授はアインシュタインの隣に座っていた。パウリはこう言った。「あれやこれやいろんな理由でこの理論は正しくないと思う……」。困ったことに思い出せない。この紳士は核心を突いていたのだろうが、残念ながら何を言われたのか覚えていない。興奮して聞いていられず、批判の中身が理解できなかった。パウリは批判を終え、「そう思いませんか？　アインシュタイン教授」と言った。するとアインシュタインは「いいや」と答えた。その穏やかなドイツ語なまりの声はとても心地よく聞こえた。[*6]

そしてホイーラーが立ち上がって曖昧だった点をすべて説明し、パウリの異議に答えた。ファインマンが物理学における大きな理論的進歩を成し遂げたのは明らかだった。それまで歯が立たなかった量子力学の計算にとって重要な道具を編みだし、それはその後何十年も使われつづけることになる。粒子の相互作用に必要な計算にはこのファインマンの道具を使うことが多い。しかしのちにファインマンはもっと大きなことをやってのける。

戦時中マンハッタン計画に参加し、戦争が終わって学問の世界に戻ってきたファインマンは、コーネル大学の教授職への誘いを受けた。コーネルへやって来た初日にラウンジで寝ていると、「突然気がついた。僕は教授だ!」[*7]。教授としてあまりに有名になったファインマンは、物理学の研究を完全にストップして教えることに集中した。理論研究に対する興味は失っていた。するとある日、リチャード・ファインマンを物理学の最前線へ引き戻す出来事が起こった。

いつものようにカフェテリアで食事をしていた。女の子を見るのが好きでいつも学生用のカフェテリアで食べていた。するとある学生が皿を空中に放り投げた。学生とはそういうものだ。コーネルの皿には縁の片側に青いシールが貼ってあって、学生が皿を放り投げると皿はだいたい平らだけれどふらふらしていた。ほとんど水平だけれどわずかにふらついていた。同時に、張ってある青いシール、校章が皿をぐるぐる回っていた。そのふらつきと皿の運動には関係があるように見えた。そこで思った。どういう関係になっているんだろうか？　一回転あたり何回ふらついているんだろうか？[*8]

ファインマンはこの問題を数学的に調べ、ふらつきがあまり激しくない場合には校章が二回転するごとにふらつき運動が一回転することを見つけた。そして「二対一という素晴らしい関係だ」と考えた。[*9]しかしファインマンはこの結果の裏にある理論的プロセスについてもっと知りたいと思った。

そこで午後いっぱいかなり頑張って方程式に取り組んだり図を描いたり作用している力を示したりした末に、この運動を説明する方法を見いだした。そして学科長ハンス・ベーテのオフィスに駆け込んで「円盤について面白いことが分かったよ」と言ってそれを説明した。ベーテが「しかしどういう重要性があるんだ？」と訊くと、ファインマンは答えた。「ハンス、重要性なんてない。重要かどうかなんて気にしてないよ。面白くないのかい？」。するとベーテは「面白い」と言った。[*10]

しかしファインマンは発見したこの性質の重要な使い道を見つけた。自転しながらふらつく大皿をきっかけに、自転する電子について、そしてそのスピンを自らの発明した方法、量子力学における「経路積分」によってどのように表現するかという、物理学における以前からの未解決問題を思い出した。こうしてファインマンは単なる遊びでなく真剣な物理学研究の世界に戻ってきた。「門が開かれた」と彼は振り返っている[*11]。

ここでファインマンは、プリンストンでホイーラーのもとおこなった以前の研究に電子のスピンを組み込まなければならなかった。しかし結果を高次元に拡張したところ、素粒子物理学の厄介者である無限大が現われ、「繰り込み」と呼ばれる、数学の計算から物理的でない無限大を取り除く理論的プロセスの必要性が出てきた。

一九四六年にファインマンは母校プリンストンの二〇〇周年記念会議で話をしてほしいと頼まれた。科学者も高校教師も出席する異例の集まりだった。ポール・ディラックが講演者の一人で、ファインマンが彼を紹介した。ディラックが話し終えるとファインマンはディラックのかなり専門的な発表を高校教師向けに説明しようとしたが、うまくいかなかった。

実は聴衆の中にニールス・ボーアがいた。ファインマンはそこからの出来事を次のように語っている。

するとボーアが立ち上がって「ファインマンはジョークが多い」とか何とか言った後に、「しかしジョークを別にして議論すべき重要な問題がいくつかある」と言った。……そして説明を始めたけれど私はばかげていると思った。これらのさまざまな理論で出てくる無限大が全部打ち消し合ってしまうというのだ。もっとたくさん粒子があって、陽子があって、メソンがあって、これがあって、プラスの符号とマイナスの符号とプラスの符号とマイナスの符号があって、無限大があって、正のエネルギーと負のエネルギーがあって……、そして全部足し合わせるから問題ないというのだ。

直観だけれどばかげていると思った。もちろんその通りだった。だからその理論は気に入らなかった。心配しながらただ座っている人がいて、話をしている人がいて、私は窓の外を眺めていると、当のディラック氏は誰も相手にせずに外に出て芝生に座り、横になって頭をひじで支えながら空を見上げていた。[*12]

無限大に関するボーアの説明に納得しないファインマンは、自分の電磁力学理論を繰り込む、すなわち方程式から無意味な無限大の解を取り除く試みを続けた。ハンス・ベーテとジュリアン・シュウィンガーも同じ問題に取り組んでいた。ファインマンは独自の計算規則を編み出したが、それは他の物理学者が導こうとしていたものより優れていた。

しばらくして、ペンシルヴァニア州のポコノ山地で物理学者の重要な会合が開かれた。シュウィンガーが自らの成果を説明し、ファインマンも同じ計算をおこなう独自の方法を示すことになっていた。シュウィンガーは物理学者として評判が高かったため、ファインマンは緊張して発表の前日は寝付けなかった。しかし顔を合わせてそれぞれの結果を比較したシュウィンガーとファインマンは意気投合して励まし合った。

会合ではファインマンが説明しようとすると、聴衆から「その式はどこから出てきたのか？」

とか「それで正しい答が出るのがどうして分かるのか?」などと質問攻めにされた。ファインマンが何をしようとしているのか理解していたのは、同じ計算と導出をしていたシュウィンガーだけだった。ファインマンは計算をおこなう新たな数学的道具を発明し、それを「順序演算子」と名付けた。しかしそれがどのように使われるかを示さなければならなかった。また自分が考え出したもう一つの方法である経路積分がどのように使われるかを説明する必要もあった。ファインマンの方法は知られているすべてのケースで正しい答を与えたため、信頼できる方法だと考えてそれを新たなケースの計算に使った。

聴衆の中にポール・ディラックもいた。講演の半ばにディラックが手を挙げたときのことを、ファインマンは次のように振り返っている。

ディラックが「それはユニタリーか?」と訊いてきた。

私は「今から説明しますが、これがどのように使われるかが理解できればそれがユニタリーかどうか分かります」

それ(「ユニタリー」)がどういう意味かさえ知らなかった。だから少し勇み足だった。議論に首を突っ込んでしまったんだ。するとディラックは畳みかけてきて「それはユニタリーか?」

私は「ユニタリーとは何ですか?」と言った。

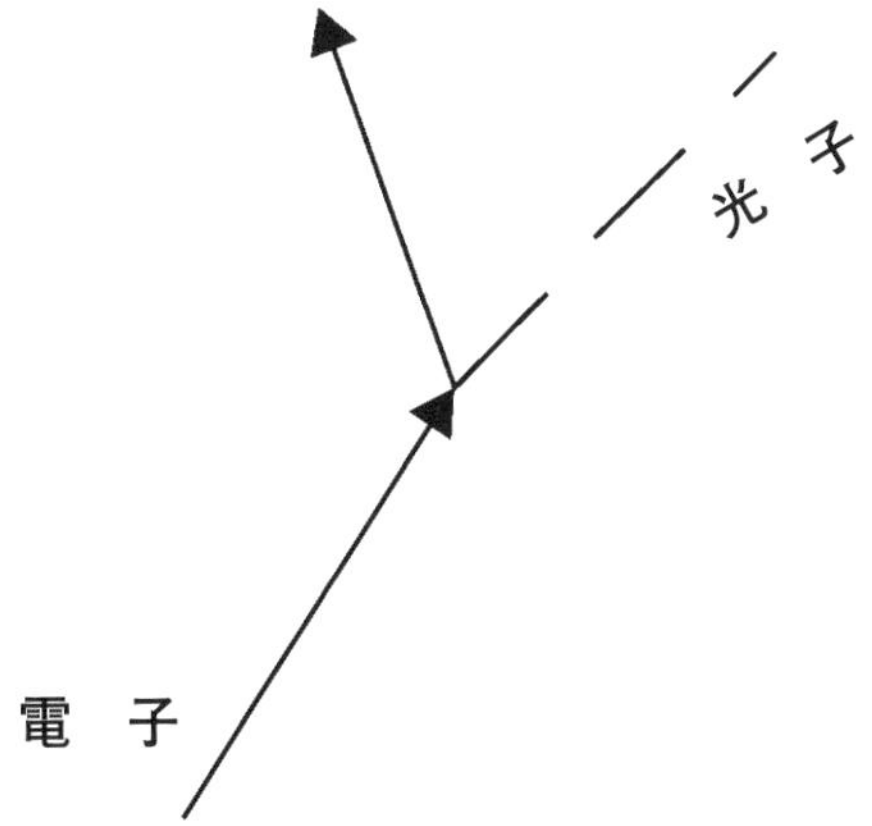

「現在の位置から未来の位置へと自分を運ぶ行列だ」
「自分を未来の位置へ運ぶ行列は一つも得られていません。時間を先に進んで後に戻って先に進みます。だから分かりません」[*13]

ファインマンの発明を理解できなかったのはディラック一人ではなかった。その会合にはボーアもいたが、彼もまた頭を抱えていた。皮肉なことに彼ら現代物理学の巨人は自分たちも以前、当時としては先進的すぎて年上の物理学者には理解できない理論を編み出していた。いまや二人は若き新たなスターの画期的な研究に直面させられていた。

ファインマンは、現在「ファインマンダイヤグラム」と呼ばれている、空間一次元と時間一次元を使って（紙は二次元なため）粒子の運動と粒子間の相互作用をきわめて明瞭な視覚的方法で描き出す方法を使っていた。量子電磁力学を説明するために考え出されたグラフだが、素粒子物理学の至る所でとても良く役に立つ。例えばＬＨＣでの衝突

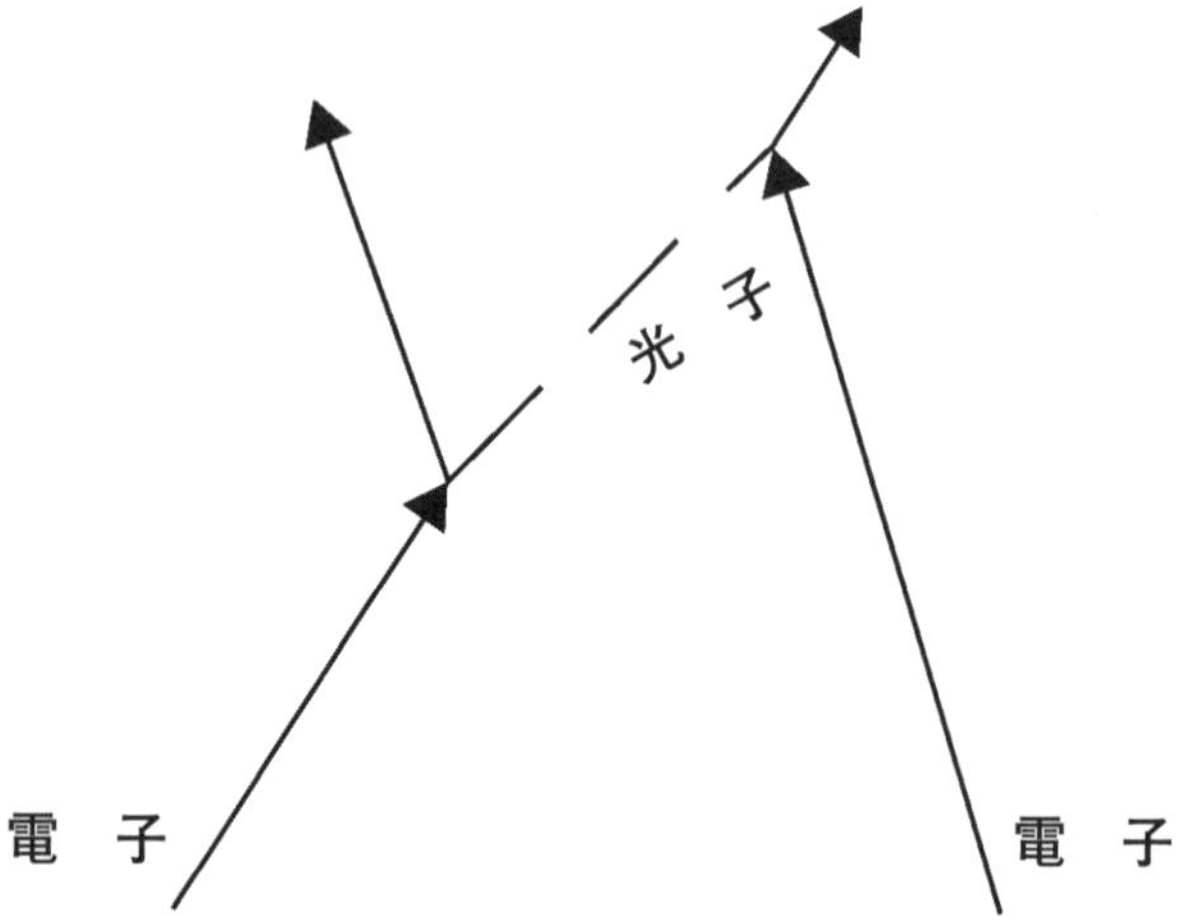

における粒子の相互作用もすべてファインマンダイヤグラムによって良く表現できる。
量子電磁力学は電子と光子の相互作用の理論だ。前ページに示したファインマンダイヤグラムは量子電磁力学における基本的な相互作用を表わしている。ここでは一個の電子が空間中を運動している。横軸が空間を、縦軸が時間を表わしていることに注意。そのとき時間上のある一点（電子の時空経路の「角」）で電子が方向を変えて光子を一個放出する（破線）。
上のファインマンダイヤグラムは互いに近づく二個の電子を表わしている。二個の電子はある点で光子を交換する。一個の電子が相手に光子を送り、それをもう一方が吸収する。そして二個の電子は異なる方向へ運動を続ける。
これら二枚のダイヤグラムは量子電磁力学の相互作用をとても明瞭に示している。物理学者にとっては、物理の問題におけるエネルギーなどのパラメータの複雑な計算をおこなうツールでもあり、それぞれの過程を視覚的に示すことで頭の中も整理してくれる。

一九六五年にリチャード・ファインマンは、やはり光と物質の相互作用の理論である量子電磁力学を編み出したジュリアン・シュウィンガーや日本人物理学者の朝永振一郎とともにノーベル賞を受賞した。こうして物理学は電子どうしや電子と光子の相互作用のしかたに関する完全な理論を手にした。

ストックホルムで催されたノーベル賞授賞式の席でリチャード・ファインマンは自分の研究について話をしたが、多くの有能な物理学者にも分かってもらえなかった理論を聴衆は理解できなかっただろうと感じて講演には満足できなかった――しかも聴衆は科学者ではなかった。ファインマン、シュウィンガー、朝永の講演に続いて新たなノーベル賞受賞者を讃える公式舞踏会があった。そこでファインマンは好きなことをやって少しは楽しもうと決めた。その小冒険を彼は次のように振り返っている。

お分かりと思うがこの堅苦しい場所から少し解放されたかったので、後のダンスのときに一人のきれいな学生に二、三回ウインクした。中休みの時にもう一度その女の子の方を見て、彼女のところへ歩いていって踊りませんかと言った。彼女が「はい」と言ってくれたので二人で踊った。彼女はダンスが上手だったし私も夢中で踊ったので、素晴らしいひとときだった。彼女と何度も踊って、王女とか格式張った人たちは一人も相手にしなかった。スウェーデンではすべて完全にコントロールされていたので、とても楽しかったというしかない。妻と踊ったりノーベル賞受賞者の娘さんと踊ったりしたときは、みんな写真を撮りまくっていた――カシャッ、ピカッ、ピカッ。でもこの女の子と踊ったときは――残り全員を足したのの二倍は踊った――撮られなかった。一枚も。どうやらこのノーベル賞受賞者を自分たちのくだらない慣習から守っていたようだ。[*14]

その足でファインマンはジュネーヴへ向かってCERNにいる友人たちを訪れ、自分の研究についてまた講演をした。その講演はもっとずっとうまくいった。

ジュネーヴのグループは友達なので、その前では最高の講演ができた。私が言うべきことをちゃんと聞いてくれた。ぴったりのタイミングで笑ってもくれた。つまり、彼らの顔を見れば私が言おうとしていることに興味を持ってくれていると分かるし、それを口に出せば微笑んでくれた。スウェーデンでのあの講演よりもずっといい講演だと思った。気分も良くなった。全部うまくいった。友達に囲まれていた。[*15]

CERNの友人たちはファインマンの研究をとても気に入り、研究所の何人かの理論学者は彼が考案したとても役に立つ道具であるファインマンダイヤグラムのアイデアを拡張することにした。それは少し変わった舞台でおこなわれた。

一九七七年の夏のある晩、CERNの三人の若い物理学者が仕事上がりにパブへ行った。ビールを飲みながら冗談話をしていると、一人がたまたまペンギンのジョークを言った。全員が笑うと、一人が他の二人にダーツゲームを挑んできた。現在はハーヴァード大学の教授であるメリッサ・フランクリンが、イギリス人素粒子物理学者で今ではCERNを代表する理論学者になっているジョン・エリスと対戦を始めた。ペンギンのジョークがまだおかしかった二人は、エリスが負けたら罰として次の論文に「ペンギン」という言葉を入れると約束した。ジョン・エリスを倒したのはフランクリンから途中で代わったセルジュ・ルーダだったので、厳密に言うとフランクリンは勝っていない。しかしエリスはフランクリンとの約束を守るべきだと感じ、物理学に関する次の論文に「ペンギン」という言葉を入れることにした。

しかしどうやって？　そのときエリスはボトムクォークの性質についてメアリー・K・ゲイラード、ディミトリ・ナノプロス、そしてルーダと共同研究をしていた。この速やかに崩壊する素粒子は陽子や中性子の中にあるダウンクォークの二人の「相棒」のうちの重い方で、フェルミ研究所で見つかった重いBメソンによって発見されたばかりだった。エリス、ゲイラード、およびミハイル・カノウィッツは粒子が発見される前のその年の春にその質量を予測していた。したがってエリスの次の論文はボトムクォークに関するものになる。クォークの論文にどうやってペンギンを潜り込ませるのか？

後日エリスは次のように語っている。「そのとき書いていたこのbクォークの論文にどうやってその言葉を入れればいいか、しばらく分からなかった。ある晩、CERNでの仕事を終えてアパートへ向かう途中で、メイリンに住んでいる友達の家に寄って違法なものを吸った。アパートに戻って論文の続きを書いていると突然、あの有名なダイヤグラム［Bメソンに適用させたファインマンダイヤグラム］がペンギンに見えることに気づいた。そこで私たちは論文にその名前を入れ、その後は歴史が語っているとおりだ[*16]」

「ペンギン」という言葉を使った――そして物理学の文献に新たな用語を導入した――本当のきっかけを示す手掛かりを論文の中に残すために、ジョン・エリスは、「有用な議論」をしてくれたメリッサ・フランクリンに感謝するという奇妙な謝辞を入れた[*17]。先ほど見せたような基本的なファインマンダイヤグラムは木のように見える（物理学者は「ツリーレベルでの」相互作用と呼ぶ）。しかしもっと高度なケースではダイヤグラムにループが登場する。一個の閉じたループとそこに出入りする何本かの曲線からなるファインマンダイヤグラムは、大きなお腹とひれと足のあるペンギンのように見えるかもしれない。実際に見るにはジョン・エリスがそれを考え出したと言っているときと同じ精神状態になる必要があるのだろうが、ここで読者のためにそれをお見せしよう（次ページの写真）。

ペンギンダイヤグラムはBメソンの崩壊をモデル化する上できわめて有用であり、前に述べた

CERNの黒板にペンギンの一種を書くジョン・エリス（文字は素粒子を表わす）

ように反物質の謎に対する答を探すCERNのＬＨＣｂ共同研究で調べられるプロセスの解析を理論面から手助けするに違いない。しかしエリスが指摘するようにこのダイヤグラムは、標準モデルを超えた現象の解析——とくに超対称性モデルによって存在が予測されている粒子の探索——にも役立つ。

ファインマン、シュウィンガー、朝永の理論は電子と光子の関係を見事に説明した。この理論における光子はボゾンとして電子間の電磁気相互作用を仲介する。しかし素粒子物理学の他の分野と同じく、ここでも自然定数の値については説明できていない。粒子の実際の質量はそれぞれ大きく異なるがその理由は分かっていないし、他の種類の物理パラメータもしかりだ。

例えば素粒子物理学における相互作用の強

さを「結合定数」といい、物理現象をモデル化する上で重要な役割を果たす。量子電磁力学の結合定数は「微細構造定数」と呼ばれる。その値はなぜか一三七分の一にきわめて近い（1/137.035999070）ため、二〇世紀から現在に至るまでこの定数の「意味を解読する」ことにかなりの関心と努力が注がれてきた。多くの有名な物理学者が、なぜその逆数は整数一三七にこれほど近いのかを理解しようと試みてきた。

ヘブライ大学のヤコブ・ベッケンシュタインは「微細構造定数――エディントンの時代から今日まで」という論説の中で次のように述べている。

これに関して学部生時代から知っている物語がある。ヴォルフガング・パウリが亡くなって天国へ行った。神がパウリを出迎えて案内した。「ここがあなたの居場所になります。ヴォルフガング。何か質問はありますか？」。パウリは言った。「はい。なぜ［微細構造定数の逆数は］あれだけ一三七に近いのですか？」「ああ」と神は言って分厚い紙の束を手渡した。「この私の論文の見本刷りを読みなさい。すべてそこに説明してある」＊18

リチャード・ファインマンは著書『光と物質のふしぎな理論』の中で微細構造定数について次のように書いている。

五〇年以上前に発見されて以来それは謎のままで、優れた理論物理学者は揃ってその数を壁に掲げて悩んできた。その数がどこから来たのか読者はすぐにでも知りたいだろう。πに関係があるのか、それとも自然対数の底か？　誰にも分からない。物理学最大の謎だ。人智を超えて姿を現わした「マジックナンバー」だ。「神の手」がその数を書いたのだが、「神がどうやって鉛筆を走らせたのかは分からない」と言えるかもしれない。[*19]

電子どうしや電子と原子核との相互作用は電磁気的であるため、電磁気過程は化学全体を支配している。しかし電子には親戚――いくつかの点で似ている粒子――がある。すべて同じ「レプトン」という種類に含まれる。レプトンはもう一つの力――弱い力――を介しても相互作用できる。次はそれが登場する。

第7章　「誰がこんなもの注文したんだ」——飛んでいくレプトンの発見

先ほど述べたように、電子はかなり昔の一八九七年にJ・J・トムソンによって発見された。電子は「素粒子」であり、内部構造を持っておらず中に部品はない。基本的に点状で体積がなく、マイナス一と定義される負の電荷を持つ。[*1] 電子は「レプトン」と現在呼ばれている種類に属しているが、この名前はギリシャ語で「細い」を意味する単語から来ている。陽子、中性子、メソンの中に閉じ込められているクォークと違ってレプトンは自由に運動する。記憶法として私は、レ《le》プトン《pton》は「飛んで《leap》」いける粒子だと覚えている。

理論的に発見された次のレプトンのメンバーがニュートリノだ。一九三〇年にヴォルフガング・パウリが、ベータ崩壊——原子核が電子を放出する放射性過程の一つ——に関してエンリコ・フェルミがおこなった実験の結果を研究していた。パウリが計算したところ、その過程で、ある量のエネルギーが行方不明になっていることに気づいた。わずかな量だが、崩壊前の粒子のエネルギーおよび質量と、崩壊後の全粒子の質量＝エネルギーの総和には測定可能な差があった。物理過程ではエネルギーが保存されることからパウリは、この崩壊では見えない未発見の「新たな」種類の粒子——持っているエネルギーすなわち質量がとても「小さい」粒子——が一緒に生成しており、中性の電荷を持つはずのその粒子によってこの反応における行方不明のエネルギーを説明できる、つまりすべて足し合わせればエネルギーが完璧に保存されるはずだと推測した。

パウリはその理論上の発見を変わった方法で世界に知らせることにした。一九三〇年一二月にドイツのチュービンゲン大学で開かれていた物理学の学会の放射能セッションに参加している人たちを「放射性紳士淑女の皆様」と呼び、彼らに宛てて不思議な手紙を送ることで新粒子の存在の予測を発表して、放射性過程に関する実験でそれを探すよう参加者たちに迫ったのだ。論文を発表せず手紙を書くことにしたのは、チューリヒにあるバウアーオーラックホテルでの上流舞踏会に参加するために、その物理学の学会には足を運べなかったかららしい。*2 二年後にジェームズ・チャドウィックがもっとずっと大きな中性粒子である中性子を実験により発見すると、エンリコ・フェルミはパウリの仮想上の粒子をイタリア語で「ニュートロン」（中性子）の指小辞に相当する「ニュートリノ」と名付けた。ニュートリノは「小さな中性子」というわけだ。

パウリが「放射性紳士淑女」と呼んだ人は誰もその理論上の新粒子を発見できなかったが、一九五六年にアメリカ人物理学者クライド・カウァンとフレデリック・レインズが、サウスカロライナ州のサヴァンナ川発電所の核反応炉から発せられる放射線の中にそれを発見した。パウリの大胆な予測は見事に裏付けられた。

現在では、ベータ崩壊は原子核の中の中性子が陽子に変わって電子と「反ニュートリノ」を生じさせる反応だと理解されている。さらにこの粒子相互作用は、中性子の中のダウンクォークがアップクォークに変わることで中性子が陽子に変わり、その際に電子と反ニュートリノが放出されることで起こると分かっている。

電子と反ニュートリノはフェルミのベータ崩壊過程で一緒に出てくるため、互いに関連している。ベータ崩壊を起こす力は「弱い核力」あるいは「弱い力」といい、中性子を陽子と電子と反ニュートリノに変えるこの粒子相互作用を「弱い相互作用」という。この反応で反粒子が出現することから、この物質優勢の宇宙でも実際には反物質が作られていることが分かる。しかし中性子が発見されたのは一九三二年、クォークの存在が提唱されたのはさらに三〇年後のことだった。

ニュートリノは外宇宙からもやってきており、その多くは太陽の核反応過程で作られている。またカウァンとレインズの実験から分かるとおり核反応炉でも大量に作られる。一九五六年のニュートリノの実験的発見は科学界に大興奮を巻き起こした。ニュートリノは小さいためほとんど相互作用せずに物質を通過でき、また電荷を持たないため物質と電磁気相互作用を起こさない。例えば原子を通過しても電子を放出させることはない。

ニュートリノを見つけるためにカウァンとレインズは巧妙な実験をデザインしなければならなかった。彼ら二人の物理学者とその共同研究者たちは、核反応炉で作られると考えられていたとても強いニュートリノの流れを使った。反応炉の中にある放射線源の近くでは一平方センチあたり一秒間に何兆個ものニュートリノが通過すると考えられていた。彼ら研究者たちは、タンクに入れた水にその粒子を通過させればそのうちの何個かが水分子中の陽子と相互作用するはずだと考えた。

ニュートリノは他の物質と付き合うのを嫌うため、その稀な相互作用を測定可能な頻度で起こすにはニュートリノをとてつもないペースで作り出す反応炉が必要だった。相互作用が起こると反ニュートリノが陽子に衝突して中性子と陽電子が生成する。電子の反粒子であるその陽電子が電子と出会って消滅するときに放出されるガンマ線の強度と方向を、カウァンとレインズは解析した。その測定と生成した中性子の分析によって最終的にニュートリノは発見された。

ＬＨＣのきわめて複雑な検出器がどのように設計され、また陽子衝突により生じるさまざまな粒子の検出法、その軌跡の描き方、粒子の方向とエネルギーレベルの調べ方を科学者たちがどのように知ったのか、その疑問の答としては、この分野において経験が数多く蓄積されていることだ。一九五〇年代にカウァンとレインズがおこなった実験は、最も小さく最も捕まえにくい粒子の衝突と検出法を実験物理学者がどのように考えどのように設計したかを教えてくれている。

ＡＴＬＡＳとＣＭＳの部品のうちニュートリノを直接検出するものは一つもない。ニュートリノと他の物質との相互作用の割合がきわめて小さく、一個の検出器でそのような反応を捉えられる確率はごくわずかだからだ。そこでＬＨＣの実験ではニュートリノの存在は実験的に検出するのでなく、八〇年前のパウリと同じく粒子反応で行方不明になるエネルギーから推測する（カウァンとレインズはＬＨＣで生成されるより何桁も数が多いニュートリノを使ったため検出できた）。

前に述べたようにＬＨＣの二つの主要な一般目的の検出器の一つが「コンパクト・ミューオン・ソレノイド」（ＣＭＳ）だ。ミューオンも電子の親戚、レプトンである。ミューオンが発見されたのは一九三六年、パウリがニュートリノを理論的に発見した六年後でカウァンとレインズがそれを実験的に確認する二〇年前のことだった。ミューオンは完全に偶然に発見されたもので、誰もそのような粒子の存在は予想していなかった。この粒子は地球の大気圏最上部で宇宙線――宇宙からやってくるおもに陽子の高速粒子流――と上層大気の原子核との衝突により自然に生成する。

ミューオンを発見したのは、ポール・ディラックの予測した陽電子を一九三二年に見つけていたカール・Ｄ・アンダーソン。カルテックの大学院生セス・ネッダーマイヤーがアンダーソンの研究を手伝っていた。アンダーソンとネッダーマイヤーは、磁場中での軌跡の曲がる方向と大きさから、電子と同じ電荷を持つが質量はずっと大きいと判断される粒子を特定した。この実験の手法がＬＨＣにも反映されており、すべての検出器に粒子の経路を曲げる強力な超伝導電磁石が使われている。ＬＨＣの検出器の方法論は七〇年以上前におこなわれた実験に端を発していることなる。

ミューオンの質量は電子の二〇七倍（陽子のおよそ九分の一）。電子の質量はきわめて軽いニュートリノの何百万倍もある。ミューオンは電子と同じく負の電荷を持っているが、物質にあまり遮られずに奥深くまで貫通できる。素粒子であるミューオンは「第二世代」のレプトンと呼ばれ、その呼び方は通常の物質粒子、この場合は電子より重い粒子であることを意味する。

一九三六年にミューオンの発見が発表されたとき、コロンビア大学の一流の物理学者でノーベル賞受賞者のイシドール・ラビはニューヨークの中華料理店で物理学者たちと夕食をともにしていた。一人の物理学者がそのニュースを伝えるとラビは同僚たちの方を向いて「誰がそんなもの注文したんだ」と叫んだ。*3 誰も予想していなかった粒子の存在に対する多くの物理学者の驚きを象徴する反応だった。

ミューオンは不安定で、平均一〇〇万分の二秒で崩壊する。崩壊すると電子、反電子ニュートリノ（パウリがベータ崩壊で発見したニュートリノ）、そしてミューニュートリノ――新たな種類のニュートリノでのちほど説明する――が生成する。ミューオンの崩壊は弱い力に支配される。フェルミのベータ崩壊に似た粒子相互作用で、前に述べたように弱い力の作用だ。

ミューオンの寿命はある謎を生んだ。上層大気で作られしかも寿命がそんなに短いのに、どうして地上で、さらには地下深くでも数多くのミューオンが検出されるのか？ その答は特殊相対論が教えてくれる。ミューオンが光の速さに近いスピードで運動するため、「時間の遅れ」が起こるからだ。つまり地上の我々から見て時間間隔が伸びて時計の一拍が遅くなる。そのように時計が遅くなるため、ミューオンは崩壊するまでにはるかに長い距離を進めるようになる。高速運動するミューオンの寿命は、アインシュタインの特殊相対論の最も優れた実験的証拠の一つだ。

ルイス・アルヴァレズらは一九六〇年代後半にミューオンの驚くべき貫通力を使ってピラミッドの研究をおこなった[*4]。彼らはギーザの第二ピラミッドの中央下方にあるベルツォーニの部屋に検出器を設置し、宇宙線によって生成して石灰岩の中を九〇メートル貫通してきたミューオンを測定した。ミューオンはピラミッドの内部構造を暴き出し、ファラオによる建築様式の進化に関する長年の謎の解明に一役買った。この研究では、それぞれ異なる角度からベルツォーニの部屋にやってくるミューオンの数を数える技術が使われた。密度の高い石灰岩が多いほどミューオンは数多く吸収される。隠れた部屋が存在するとミューオンが石灰岩を通過する距離が短くなり、ある角度におけるミューオンの数が増える。調べられた場所に隠れた部屋は発見されず、このピラミッドにはさらに内部構造があると予想していた学者たちを驚かせた。

アルヴァレズらのこの研究は、発生させるのに多額の費用がかかるX線と違って自然からただで手に入るミューオンの初の画期的な利用法となった。しかも岩や土をそれほど貫通しないX線にはない特性をミューオンは持っている。二一世紀になって考古学者のいくつかのチームが、ギーザの第二ピラミッドの隠れた空間探しに使われたこのミューオンの技術を、メキシコ・テオティワカンの大ピラミッドやベリーズのマヤのピラミッドといったメソアメリカのピラミッドの空洞探しの道具として使おうと提案した。この技術は関連分野にも広がっている。宇宙線の衝突で生じるミューオンは、日本の火山の内部を覗いて噴火の危険性を判断するのにも使われている。*5

二〇〇三年、ニューメキシコ州のロスアラモス国立研究所で働く科学者たちは、テロリストが貨物コンテナでアメリカに持ち込もうとする核爆発装置を検出する手段としてミューオンを使おうと提案した。*6 地表には一平方メートルあたり毎分一万個のミューオンが降り注いでいる。このミューオンは自然の「X線」として使える。密輸される核物質にはウランやプルトニウムや鉛といったきわめて重い元素が含まれており、宇宙線由来のミューオンを使えばそれを検出できるはずだ。したがって、ピラミッドの隠れた部屋探しや火山内部の物質の密度の解明に使われたのと同じ原理を利用して輸送コンテナから核物質を探すことができ、もっと費用と時間のかかるコンテナを開けるプロセスが必要なくなる。

一九五九年、コロンビア大学の物理学者たちが金曜午後のコーヒーミーティングを開いていたとき、二年前にパリティの破れに関する研究でC・N・ヤンとノーベル賞を共同受賞したT・D・リーが同僚たちにある質問を投げかけた。「粒子崩壊より高いエネルギーでの弱い相互作用を調べるにはどうしたらいいだろうか？」。学科のメンバーであるメルヴィン・シュウォーツがその問題について考えて興味深い答を思いついた。「加速器でニュートリノビームを作ってそれを調べればいい」。*7 この提案によってニュートリノ研究に対する興味が燃え上がった。

フェルミのベータ崩壊のような弱い相互作用を調べるツールとしてニュートリノが適している

のは、ニュートリノに作用するのがほぼ弱い力に限られるためだ。ニュートリノは電荷を持たないため他の粒子の電気的引力や斥力を感じず、電磁場にも影響を受けない。またクォークでないためグルーオンがくっつくこともなく、原子核内部で作用する強い力にも影響を受けない。最後に質量が驚くほど小さいため重力もほとんど作用しない。ニュートリノが測定可能な形で感じる力は弱い力だけだ。

シュウォーツとコロンビアの二人の物理学者ジャック・シュタインバーガーおよびレオン・レーダーマンがニュートリノ研究を決断した頃、加速器で作られるニュートリノビームを正確に集束させることが実験的に可能になりつつあった。その技術は一九六〇年に完成した二つの新型加速器に搭載された。一つが程近いブルックヘヴン国立研究所の交番勾配シンクロトロン（AGS）加速器、もう一つがCERNの陽子シンクロトロン（PS）加速器だった。

一九六二年に彼ら三人の科学者はAGS加速器を使ってニュートリノの実験をおこなったが、結果は不可解なものだった。ミューオンに伴って発生させたニュートリノを金属板に照射したところ再びミューオンが生成したが、予想と違い電子はまったく出てこなかったのだ。その理由は一つしか考えられない。ミューオンとともに作られるニュートリノはパウリが予想してカウアンとレインズが発見したニュートリノと種類が異なるに違いない。

パウリのニュートリノは今では「電子ニュートリノ」と呼ばれ、一方、レーダーマン、シュタインバーガー、シュウォーツが見つけた新しい種類のニュートリノ――電子でなくミューオンに伴うニュートリノ——は「ミューニュートリノ」と呼ばれている。この予想外の発見に素粒子物理学の世界は揺れた。捕まえにくくごく小さくほとんど質量のないニュートリノは一種類の粒子でなく、同じように見えるが実際には異なる親戚がいたのだ。一九八八年に三人はその発見によりノーベル賞を受賞した。

ミューニュートリノは電子ニュートリノに続く第二世代のニュートリノとなる。電子に続く第二世代のレプトンであるミューオンに伴うため第二世代とされている（質量による分類ではない。質量はとても小さくまだ電子ニュートリノとの差は検出されていない）。

第三のニュートリノであるタウニュートリノは、フェルミ研究所で五四人の物理学者の共同研究によって二〇〇〇年に発見された。その発見の一〇年前まで、フェルミ研究所の所長はレオン・レーダーマンが務めていた。彼にタウニュートリノについて尋ねると、冗談でこう言われた。「私のノーベル賞［ミューニュートリノの発見による］は返還させられるべきだった。私は三番目のニュートリノを見つけていないのだから！」*8

タウニュートリノは第三世代のニュートリノで、電子やミューオンに似た三番目の粒子であるタウレプトンに伴う。第三世代のレプトンであるきわめて重いタウは、一九七五年にスタンフォード線形加速器センター（ＳＬＡＣ）でマーティン・Ｌ・パールにより発見され、その二〇年後にパールはノーベル賞を受賞した。

マーティン・パールはニューヨーク生まれ、最近ニューヨーク大学に吸収されたブルックリン工科大学で化学工学を学んだ。その後何年かジェネラルエレクトリック社で化学技術者として働き電子管の設計に携わった。それからしばらくは船員として過ごして貨物船でアメリカ沿岸を行き来した。[*9] やがて大学に戻り、ある教授の勧めで物理学を学びにコロンビア大学へ進んだ。

スタンフォードのSLACにあるオフィスでインタビューしたとき、パールは次のように語ってくれた。「コロンビアに行くまでは、知っている人の中で自分が一番賢かった」。しかしコロンビアでは他にも賢い学生や物理学科の教授陣と出会って強い刺激を受けた。中でもある一人の教授のもとで研究したいと思った。「どうやって勇気を振り絞ったのか今でも分からないけれど、イシドール・ラビのところに行って学生として面倒を見てくれないかと頼んだ。ノーベル賞も受賞した有名な教授だ[*10]」。ラビは分かったと言って、当時は若い大学院生にも活躍のチャンスがある新しい分野、高エネルギー物理学をやるよう勧めた。

ラビのもとで一九五五年に物理学の博士研究を終えたマーティン・パールは、イェール大学、イリノイ大学、ミシガン大学からポストへの誘いを受けた。その中から、物理学研究を拡充させている場所なら新しいチャンスがあるだろうと考えてミシガン大学を選んだ。そして泡箱の発明者であるドナルド・グレイザーとともに研究した。

グレイザーは一九五二年にミシガン大学で泡箱を発明したが、それを思いついたのはビールの入ったコップを手に持って泡がどのように発生するのかを考えていたときだった。この疑問から、粒子（原子核、陽子、電子、ミューオンなど）が液体を通過すると泡の発生が促されるだろうと

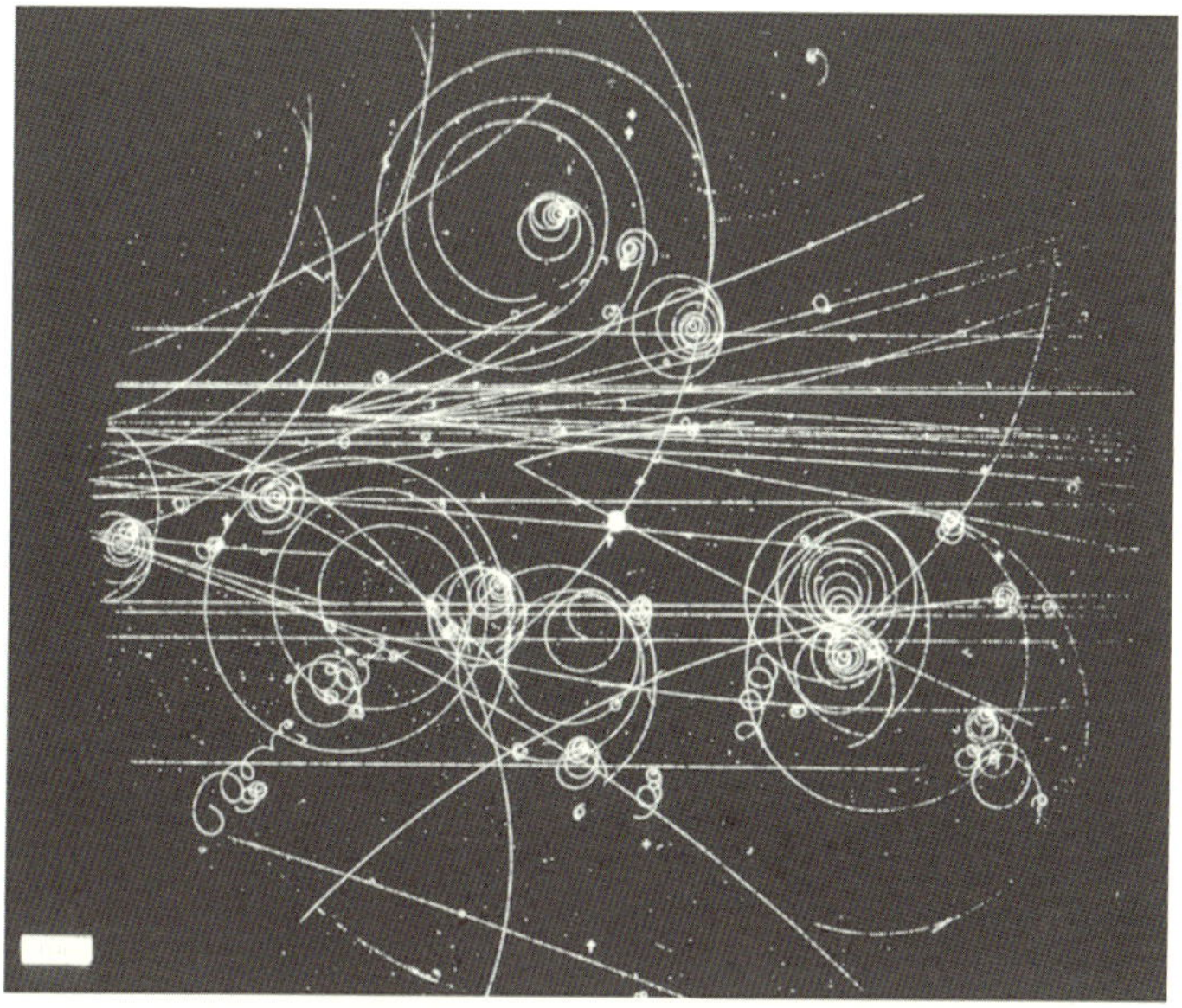
CERNの小型の泡箱における磁場中での粒子の軌跡

ひらめいた。[*11] そしてビール、炭酸水、ジンジャーエールなどさまざまな飲み物で実験をした。しかしどの液体を使っても、液体中の陽子の軌跡といった、期待していたような電離放射の効果を検出することはできなかった。するとある日、高温に加熱したエーテルが放射線に反応して粒子の経路に沿って泡の列を作ることを発見し、泡箱は誕生した。

パールとその同僚のローレンス・W・ジョーンズは、実験物理学における新たな道具である、粒子の軌跡を調べる改良型の装置、放電箱の研究に取り組んだ。パールはカリフォルニア州のスタンフォード大学のキャンパス近くに開設されたばかりのSLACから誘いを受け、一九六三年にそこへ移った。SLACではミューオンに興味を持ち、それを使った実験をおこなった。[12]
そして一九七五年にパールは大発見をする。SLACで第三世代のレプトンを見つけ、ギリシャ人の大学院生ペトロス・ラピディスとともにギリシャ語で「第三」を意味する単語の頭文字を取ってそれをタウと命名した。タウレプトンの質量は電子のほぼ三五〇〇倍（エネルギー単位で言うと一七七六MeV、あるいは一・七七六GeV）。電子と同じく大きさも構造も持たない素粒子だ。点状だがとても重い。物理学者たちは素粒子には三世代（ファミリーとも呼ばれる）しかないと考えており、パールは第三世代の最初のレプトンを見つけたことになる。二〇〇〇年にタウ粒子に伴うニュートリノ、タウニュートリノが発見されてレプトンの第三世代はすべて埋まった。
タウはきわめて重いため何百通りもの方法で崩壊し、しかもいずれも一兆分の一秒（10^{-12}秒）というとても短い時間で起こる。パールは次のように語る。「なぜそのような質量になっているのか誰にも分からない。たとえCERNでヒッグスが発見されても、どうして質量がそのようになっているかは分からないだろう。ヒッグスは自身や他の粒子に質量を与えると考えられているが、なぜどのようにして粒子が重くなるのかうまい説明はない。我々はまだ入口に立ったにすぎない」[13]
パールは続ける。「周期表の上で物質がどのように重くなっていくかは分かっているけれど、素粒子についてはそのような知識はない」。我々はそのような粒子を、たとえ質量は大きくても

レプトン		
第１世代	第２世代	第３世代
電　子	ミューオン	タ　ウ
電子ニュートリノ	ミューニュートリノ	タウニュートリノ

点として見ている。「もしかしたらそれに関する情報は周囲の場の中に見つかるかもしれない。そう言っている人もいる。まだ入口だ。科学の終わりにはほど遠い」*14

電子、その重い親戚ミューオン、さらにずっと重い第三の「いとこ」タウ、そしてそれぞれのニュートリノによって素粒子のレプトングループは完成する。上の表の通りだ。

すべての粒子の頭に「反」と付ければもう一つ対応する表ができる。その表は反粒子――反電子（陽電子）、反ミューオン、反タウ、反電子ニュートリノ、反ミューニュートリノ、反タウニュートリノ――を表わす。

ＣＥＲＮなど世界中の研究施設ではニュートリノ「振動」の研究が進められている。一種類のニュートリノが「振動」すると別のニュートリノに変わる。例えば電子ニュートリノが突然ミューニュートリノに姿を変える。現在の物理学の知識では多少謎めいた過程だが、一つ重要な意味合いを持っている。振動する粒子は質量を持っているのだ。一九九八年に日本のスーパーカミオカンデ・ニュートリノ観測所で初めてニュートリノ振動が発見され、ニュートリノに質量があることが明らかとなった。

レプトンと呼ばれる粒子のグループは標準モデルの一角を形作っている。もう一つのグループがクォーク、第三のグループがボゾンである力媒介粒子だ。これらのグループは第8章で登場し、それによって素粒子物理学の標準モデルの表が完成する。CERNの大型ハドロンコライダーの中で起こる相互作用ではこれらの粒子がすべて重要な役割を果たす。

第８章　自然の対称性、ヤン＝ミルズ理論、クォーク

一九三二年に中性子が発見されて以降、物理学者たちは、原子核の中に存在する二種類の粒子、陽子と中性子の性質に興味をそそられてきた。通常は原子核の周りを回っている電子の質量は、陽子や中性子のおよそ一八〇〇分の一。しかし陽子と中性子の質量はほぼ等しい。この事実がある興味深い謎を突きつけた。これら二種類の粒子の質量はなぜほぼ等しいのか？　そこからこれらの粒子の性質について何が言えるのか？　何か基本的な形で互いに関連しているのか？　もしかしたら同じ粒子が見せる二つの異なる姿なのではないか？

中性子の発見直後にヴェルナー・ハイゼンベルクはこの謎に挑み、ある抽象的な数学的対称性が二つの粒子を関連づけているという仮説を立てた。量子力学は粒子に伴う波動（シュレーディンガー方程式の解）の重ね合わせという考え方に基づいているため、二つの粒子の間に対称性があれば一方を連続的に「回転」させてもう一方に変えられる。この「回転」は物理的なものでな

く抽象的な数学的空間の中でおこなわれる。ある粒子を別の粒子へ回転あるいは変形させるというのは、量子の規則に従ってそれらを連続的に混ぜ合わせることを意味する。例えばある瞬間には陽子でも中性子でもなく、「陽子である」と「中性子である」という二つの状態の「混合状態」にあるかもしれない。つまり二三パーセント陽子で七七パーセント中性子とか、三九パーセント陽子で六一パーセント中性子といった複合的存在かもしれない。量子の世界とはそういうもので、粒子は波動でもあり、波動はその性質ゆえこのような形で互いに重ね合わせることができる。そのため量子の世界では、二種類の粒子を同じ存在のそれぞれ異なる状態だと捉えると、一方をもう一方へ連続的に回転すなわち変形させることも許される。どの瞬間にも純粋に一種類の粒子ではなく、ある意味で二種類の粒子の混合物なのだ。

受け入れたり理解したりするのが難しい概念で、日常の経験から得た世界に関する直感的事実の中に対応するものはない。しかし量子の世界は独自の奇妙な法則に従う。シュレーディンガーの猫の例を思い出してほしい。猫は同時に生きても死んでもいるのだった。別の見方をすればシュレーディンガーの猫は生きている状態から死んでいる状態に、あるいはその逆に連続的に回転させられる。それと同じ量子のロジックで陽子も連続的に「回転」させて中性子に、あるいはその逆に変えることができる。

ハイゼンベルクが提唱した陽子と中性子を結びつける対称性を、「アイソスピン」対称性あるいは荷電スピン対称性という。アイソスピンは陽子と中性子で異なる値を取る「量子数」だ。陽

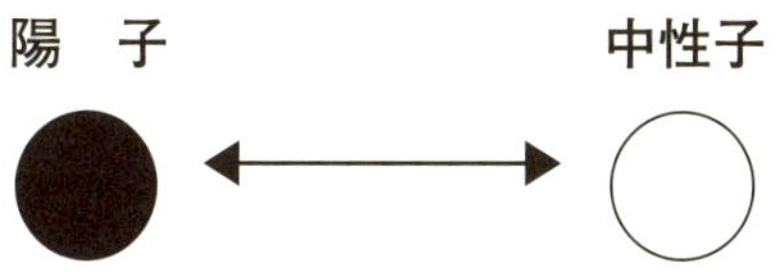

子のアイソスピンは$1/2$、中性子のアイソスピンは$-1/2$と定義される。

これはスピンを直接拡張した考え方だ。電子のスピンは$1/2$と定義されているのだった。しかし量子的振る舞いのために、ある瞬間における実際のスピンは$+1/2$と$-1/2$という二つのスピンの重ね合わせになっている。同じことがアイソスピンでも成り立つ。陽子のアイソスピンは$1/2$で中性子のアイソスピンは$-1/2$なので陽子と中性子を重ね合わせることができ、ある瞬間での実際のアイソスピンはこれら二つの数を組み合わせたものになる。その重ね合わせ状態は例えばアイソスピン$1/2$が三〇パーセントでアイソスピン$-1/2$が七〇パーセントなどとなる。上の図は陽子と中性子の重ね合わせを表わしたものだ。

似ている二種類の粒子を対称性によって結びつけるというこのハイゼンベルクのアイデアは、それから二〇年後、パリティの破れに関するＴ・Ｄ・リーとの共同研究の話で登場した中国系アメリカ人物理学者Ｃ・Ｎ・ヤンによって採り上げられた。それに先立つ一九五四年にヤンは、ブルックヘヴン国立研究所の同僚ロバート・Ｌ・ミルズとともに対称性に関する重要な研究をおこなっていた。二人の研究は理論物理学を一変させ、その影響は物理学だけでなく純粋数学の分野に今でも広がっている。

ヤン＝ミルズ理論はＬＨＣでの実験から得られるであろうほとんどの知識の理論

的根拠をなしている。この理論は現代物理学で最も強力な理論的ツールである、「ゲージ理論」と呼ばれる物理モデルの枠組みを形作る。ゲージ理論は、物理的状態が持つ対称性と前に採り上げた円の群のような連続群の性質とを結びつける（そのような群をリー群というのだった）。「ゲージ」という言葉は一九三〇年代にドイツ人数学者ヘルマン・ワイルによって考え出された。

一つ例を挙げよう。指にはめている結婚指輪を回転させても見た目は何も変わらない。結婚指輪の回転の対称性が円の回転の連続群によって「計測《ゲージ》」されていると言える。ここで、水晶玉を使う占い師のもとを訪れたとしよう。占い師は水晶玉を手に持って空中で回転させ、再びテーブルに置く（どんな回転も二通りの基本的な空間回転の組み合わせであり、それらは便宜上地球にたとえて「緯度方向」と「経度方向」に取ることができる）。水晶玉に何も印が付いていなければ、回転したかどうか見分けが付かないだろう。この場合の対称性（水晶玉をどう回転させたか分からないという事実）は、球の回転の連続群で「計測《ゲージ》」される。物理学では物理的空間でなく抽象的な数学的空間の中でそのような回転や変形が起こることが多いが、考え方はまったく同じだ。

チェン・ニン・ヤン（楊振寧、C・N・ヤンと呼ばれる）は一九二二年に中国の安徽省合肥で生まれた。父親のK・C・ヤンはシカゴ大学で数学の博士号を取ったのちに帰国して、北京の清華大学およびその後に昆明の西南連合大学で数学を教えた。父親は幼い息子が代数学に興味を持っていることに気づき、その分野の本を与えて興味を伸ばした。C・N・ヤンは対称性と群論の考え方、そして群の構造を使って結晶の回転やもっと抽象的な場面での回転といった自然界の深遠な対称性を解き明かせることに興味をそそられた。

一九四二年に大学を卒業したヤンは大学院で勉強を続け、物理学のさまざまな科目を取って場の理論や統計力学を学んだ。そして対称性の数学理論の中に自然の謎を暴く鍵を見て取った。第二次世界大戦後にヤンはアメリカにやって来て、父の母校であるシカゴ大学で物理学の博士号を取得した。

博士課程を修了したヤンは一九五三年から五四年までブルックヘヴン国立研究所で過ごした。そこでロバート・L・ミルズと出会い、二人は今ではヤン＝ミルズ理論と呼ばれているものを編み出す。ヤン＝ミルズ理論は群と対称性に基づいており、電磁気相互作用の理論を拡張したものだ。二人は陽子と中性子の間のアイソスピン対称性をモデル化することに成功した。それはきわめて困難な課題でそれまで多くの物理学者が挫折してきたが、それはアイソスピン対称性が「非アーベル的」だからだ。「アーベル的」とは、ガロアと同時代の人物でガロアと同じく対称性や群の考え方を研究した一九世紀のノルウェー人数学者ニールス・ヘンリック・アーベルから取った名前。ガロアと同じくアーベルも若くして世を去った。肺結核のために享年二七歳。彼の名前を取ったアーベル群とは、群の操作が「可換」である、つまり操作の順序を変えても最終結果が変わらないような群を指す。例えばシャツを着るという操作とズボンを穿くという操作は可換だ。どちらが先でもよく、最終的には服を着られる。しかしズボンを穿くという操作と下着を穿くという操作は非可換で、どちらを先にやるかで最終結果が大きく違ってくる。

ファインマン、シュウィンガー、朝永の量子電磁力学はアーベル的つまり可換だ。そこに関係する群は非アーベル（非可換）群よりも数学的に扱いやすい。しかし陽子と中性子の場合にはもっとずっと複雑になる。量子力学ではよくあることだが、粒子の相互作用を記述する基本的な演算子が著しく非可換なのだ。

量子力学全体は明らかに非可換な理論である。量子力学ではある変数を測定するとただちに別の変数の測定精度が影響を受ける（ハイゼンベルクの不確定性原理が作用する）ため、測定の順序が重要となる。粒子の位置を測定してから速度を測定すると、先に速度を測定して次に位置を測定したときと同じ結果は得られない。どちらの場合にも最初に測定した量は精度が良いが、二番目の方は精度が低いからだ。これら二つの測定操作は可換でない。したがって非可換な数学によって取り扱わなければならない。このように量子力学と場の量子論が非可換であるせいで、理論物理学における対称性の研究は進展していなかった――ヤンとミルズの画期的研究までは。ヤンとミルズはハイゼンベルクのアイソスピン対称性をモデル化するために、円の群とは異なるリー群を使った。抽象的な空間でもっと多くの種類の回転ができる特別な連続群だ。[*1] この群が陽子と中性子という二種類の存在を連続的に混合してくれる。

ヤン＝ミルズ理論はその後さまざまな理論的ケースに応用され成功を収めた。素粒子物理学の標準モデルの構造そのものを支えており、理論的検討によって、物理学の多くの状況でうまく通用するのはヤン＝ミルズのゲージ理論だけだということが示されている。陽子と中性子を形作るアップクォークとダウンクォーク、そしてもっと重く不安定な二つの世代を含むクォークの理論的発見にもこの理論は役立った。そこで使われたのはさらに高次のリー群で、陽子と中性子のアイソスピン混合のように二つの存在ではなく、三つの存在、つまりすべての陽子と中性子の中に存在する三つの隠れたクォークを連続的に混合する。

　クォークの理論的発見者の一人で歯に衣着せぬマレー・ゲルマンは一九二九年にニューヨークで生まれた。一五歳でイェール大学に入学してMITで物理学の博士号を取得した。

　一九六四年にゲルマンはクォークの存在の仮説を立てたが、同じ年にカルテックの大学院生ジョージ・ツワイクも独自に同じことを提唱した。ゲルマンはジェイムズ・ジョイスの小説『フィネガンズ・ウェイク』から取った「クォーク」（鳥の甲高い鳴き声）という名前を選び、一方ツワイクはそれを「エース」と名付けた。この中性子と陽子の構成部品にはリチャード・ファインマンも別の名前を付けた。ファインマンは核子（陽子と中性子）の構成「部品《パーツ》」ということでそれらを「パートン」と呼んだ。今なおクォーク（およびグルーオン）のことを「パートン」と呼んでいる人もいる。

　デイヴィッド・グロスと共同で編み出した理論（ヒュー・デイヴィッド・ポリッツァーも独自に定式化した）を使って、一九七三年にクォークの振る舞いを説明する上で重要な役割を果たすことになるフランク・ウィルチェック（三人は二〇〇四年にノーベル賞を受賞した）は、著書

『物質のすべては光』の中でパートンに関する面白い話を紹介している。その本によれば、誰かがハドロンの仮想上の構成要素をファインマンに倣って「パートン」と呼ぶたびにマレー・ゲルマンは激怒していたという。

あるときウィルチェックがゲルマンに「私はパートンモデルを発展させようとしている」と言った。「白状するが、ちょっと意地悪でわざとパートンという言葉を使った。ライバルの言葉にゲルマンがどういう反応を示すか興味があったのだ[*2]」。ウィルチェックの予想通りだった。

ゲルマンはいぶかしげに私を見た。「パートン？」。芝居がかって黙り込み、集中した表情を見せた。「パートン⁇　パートンとは何だ？」。そして再び黙りこみ考え込んでいるように見えたかと思うと、突然表情が明るくなった。「ああ、ディック・ファインマンが言っている『プットオン』〔悪ふざけやパロディーといった意味〕のことか！　その粒子は場の量子論に従わない。そんなものは存在しない。単なるクォークだよ。科学の言語をジョークで汚すファインマンを許してはならん[*3]」

ウィルチェック、グロス、ポリッツァーはのちにパートンすなわちクォークが場の量子論にどのように従うかを説明する――量子色力学の理論だ。

一九六〇年代にゲルマンは核子やメソンを含む粒子のグループであるハドロンの分類に取り組

んだ。ゲルマンとそれと独立にツワイクのおかげで今では、ハドロンは素粒子でなく、クォークからできていることが分かっている。核子（および他のバリオン）は三個のクォーク、メソンはクォークと反クォークのペアからできている（種類が異なるか量子混合であるため対消滅しない）。クォークの存在の仮説が立てられたのは、今ではクォークからできていると理解されている新粒子が次々と発見されたためだった。それらの興味深い新たな不安定粒子が、日常生活で見られる通常の物質の構造に光を当てた。宇宙に存在する通常の安定な物質はすべて驚くほど少数の素粒子からできていることが現在では分かっている。たった三つだ！　最も基本的なレベルでいうと我々が見ている物質宇宙は次の三種類の素粒子からできている。

アップクォーク
ダウンクォーク
電子

二種類のクォークは原子核の中の陽子と中性子を形作っている。陽子にはアップクォーク二個とダウンクォーク一個、中性子にはダウンクォーク二個とアップクォーク一個が含まれる。そして電子が原子核の周りを回って原子が完成する。しかしクォークは陽子と中性子の中にある二種類（アップとダウン）以外にも見つかっている。

一九四七年、物理学者の予想よりもはるかにゆっくり崩壊する新たなメソンが発見され、「ストレンジ」粒子と名付けられた。何十年かのちにゲルマンとツワイクがクォークの存在を仮定すると、このストレンジメソンには陽子と中性子を形作るアップとダウンに続く第三のクォークが含まれていると理解された。それはストレンジクォークと呼ばれている。

その後一九七〇年代に「チャーム」クォークと「ビューティー」（「ボトム」）クォークが発見され——奇抜な名前だ——標準モデルの素粒子の表が徐々に埋まっていった。チャームクォークの存在は、ブルックヘヴン国立研究所のサミュエル・ティンとSLACのバートン・リヒターが一九七四年に発見したメソンから推測された（二人は二年後にノーベル賞を共同受賞する）。ビューティークォークは一九七七年にフェルミ研究所の大規模実験で発見された。素粒子表のレプトン側にはタウが追加され、また前に述べたようにニュートリノが三種類ある。最後にとても重い「トップクォーク」の発見が一九九五年に、フェルミ研究所の科学者による大規模な国際共同研究により報告された。それによって既知のクォークの数は六となり（もちろんその他に六つの反クォークがある）、標準モデルのフェルミオン側は完成した。

電子の電荷が-1と定義されているのに対してクォークは「分数」電荷を持つ。アップクォークの電荷は$2/3$、ダウンクォークは$-1/3$。どういうことなのか見てみよう。陽子はアップクォーク二個とダウンクォーク一個からできているので、電荷は1（$\frac{2}{3}+\frac{2}{3}+(-\frac{1}{3})=1$）となって辻褄が合う（陽子の電荷は電子と正確に反対）。中性子はダウンクォーク二個とアップクォーク一個からできているので、電荷は０（$-\frac{1}{3}+(-\frac{1}{3})+\frac{2}{3}=0$）とやはり一致する。中性子は中性で電荷はない（ゼロ）。同じパターンが次の二つの世代にも成り立つ。チャームクォークの電荷は$\frac{2}{3}$でストレンジクォークは$-\frac{1}{3}$、トップクォークの電荷は$\frac{2}{3}$でボトムクォークは$-\frac{1}{3}$。このように電荷の量と符号は通常の物質のアップおよびダウンクォークとまったく同じパターンに従う。反粒子では符号がすべて逆転し、反陽子の電荷は-1で反中性子の電荷はゼロとなる。

　三つの世代のクォークの質量は大きく異なる。アップクォークの質量は電子（約〇・五ＭｅＶ）のおよそ四倍だが、最も重いトップクォークの質量はおよそ一七八ＧｅＶと、アップクォークの約九万倍、電子の約三六万倍で、金の原子核とだいたい等しい。[*4] ダウンクォークはアップクォークよりわずかに重く、それによってアップクォーク一個とダウンクォーク二個からなる中性子がアップクォーク二個とダウンクォーク一個の陽子より少しだけ重くなっている。ストレンジクォークの質量は約〇・一ＧｅＶで電子のおよそ二〇〇倍、チャームクォークは約一・二七ＧｅＶで電子の二〇〇〇倍以上、ボトムクォークは約四・二ＧｅＶで電子の八〇〇〇倍。これらの値のいくつかは理論物理学者によって予測された。

　メアリー・Ｋ・ゲイラードは一九三九年ニュージャージー州ニューブルンスウィック生まれ、一九六〇年にヴァージニア州のホリンズカレッジを卒業して一九六一年にコロンビア大学で物理学の修士号を取得した。続いてオルセーにあるパリ大学で科学の博士号を二つ取得し、その後フランス国立科学研究センター（ＣＮＲＳ）でポストに就いた。このセンターに所属中にＣＥＲＮ

で研究し、ジョン・エリスらと有名な「ペンギン論文」を共同執筆した。
ゲイラードはフェルミ研究所でも働き、一九八一年にカリフォルニア大学バークレー校で女性初の物理学教授となった。一九七三年にはベン・W・リーとともに未発見のチャームクォークの質量を予測した。予想質量はおよそ一・五GeVだった。発見後の研究でその質量は一・二七GeVと算出されている。レオン・レーダーマンのグループは同じクォークの質量をおよそ三GeVと予測していたが、ゲイラードとリーの予測値の方がはるかに近かった。[*5]

その後ゲイラードはM・S・カノウィッツやジョン・エリスとともにボトムクォークの質量を予測した。論文ではタウレプトンの質量（一・七七六GeV）の「2to《から》5」倍と予測していたが、ジョンの手書きの文字を編集者が読み誤って「to」を「60」と勘違いし、論文要旨ではタウの質量の二六〇五倍というとてつもない重さで掲載されてしまった。この間違いはのちに修正された。この予測値は現在の算出値である約四・二GeVに近いことが分かっている。[*6]

クォークは「閉じ込められて」いて、自然界に単体のクォークは決して見つからない。レプトンは「飛んで《leap》」いけるがクォークは留まっていなければならない。それはクォークが強い力という非常に奇妙なとてつもない力で互いに結びつけられているためだ。強い力は我々が日常生活で知っている重力や電磁気力とは大きく異なる。これら二つの力は距離が離れると弱くなるが、強い力は距離が離れるとともに強くなる。

ちょうど輪ゴム――とてつもなく強力な輪ゴム――がかかっているようなものだ。輪ゴムが緩んでいればクォークは輪ゴムに囲まれた空間の中で動き回れる。しかし互いに引き離そうとすると、輪ゴムが伸びて張力が強まりクォークどうしを近づけようとする。輪ゴムを長く伸ばせば伸ばすほど、戻そうとする輪ゴムの力は大きくなる。

　奇妙な現象だが、ゲルマンの研究から一〇年後にデイヴィッド・グロス、フランク・ウィルチェック、ヒュー・デイヴィッド・ポリッツァーの研究により数学的に証明された。その研究によって、単体のクォークを見るのは絶対に不可能であることが理論的に示された。

　グロス、ウィルチェック、ポリッツァーは一九七三年におこなったクォーク閉じ込めの研究により二〇〇四年にノーベル物理学賞を受賞した。三人の理論は量子色力学《クロモダイナミクス》と呼ばれているが、「クロモ」とはギリシャ語で色を意味する単語「クロマ」から来ている。クォークに作用する強い力を伝える質量のないボゾンをグルーオンといい、これは光子に似ているが「色」と呼ばれる力荷を運ぶ——実際の色とは何の関係もなく、単なる呼び名だ。クォークとグルーオンは三種類の「色荷」を交換するため、そこには三重の連続対称性が存在する。[*7]

　ＬＨＣの中で陽子が凄まじいエネルギーで衝突すると、さまざまなエネルギーレベルと質量の粒子が多数作られる。レプトンやボゾンなどの粒子は一個一個で検出される。しかしクォークはＬＨＣの検出器内部で、強い力で結びついた粒子の流れ、「ジェット」として観測される。それが衝突領域からスプレーのように吹き出す。観測されるジェットの数から、衝突で他に何が生成したかという情報が得られる。

何兆度もの温度だった初期宇宙では、クォークはクォーク＝グルーオン・プラズマの中に浮かんでいた。前に述べたように一部の粒子が電荷を持つ超高エネルギー流体の一種だ。この奇妙な物質状態がＬＨＣにおけるＡＬＩＣＥ共同研究のターゲットとなっている。

クォーク、グルーオン、ＡＬＩＣＥ実験

前に述べたようにＬＨＣの運転時間のうち約一〇パーセントでは、通常の陽子でなく極めて重い鉛の原子核を衝突させる。この実験の目的は、ビッグバン後に宇宙を満たしていたクォーク＝グルーオン・プラズマ、またの名を「クォークスープ」を再現することにある。理論によれば、クォークとグルーオンは太陽中心の温度の一〇万倍以上に相当するおよそ二兆度でこのプラズマを形成する。ビッグバンから一〇〇万分の数秒後にはその温度にあって、まだ物質はバリオンになっておらず陽子や中性子は出現していなかったと考えられている。

ＡＬＩＣＥ共同研究の物理学者たちは、原子核サイズの空間内にきわめて短時間だけクォーク＝グルーオン・プラズマを繰り返し作り出せるだろうと考えている。そしてそのプラズマを調べることで、これまで数学モデルによってしか理解されていなかったクォーク閉じ込めの実際のプロセスについて情報が得られるものと期待している。また、このプラズマが突然形成されて突然消滅するときに真空の性質に関する秘密が明かされるかもしれず、それを探りたいとも考えている。グルーオンが運ぶ強い力のもとで質量を持つ粒子が生成する過程についても知りたいと思っ

ている。また陽子と中性子がその構成要素であるクォークの一〇〇倍の質量を持つ理由を知りたがっている。そして理論的に導かれた閉じ込め過程の限界を試そうとしている。閉じ込めが破られるような状況はあるのだろうか？

プラズマはどのように振る舞うのか？　ビッグバン後に宇宙に存在していたクォークとグルーオンの原初のスープについてはまだ分かっていないが、大量の粒子が漂う他の形態の物質については多くのことが知られている。そのような流体の一つがボース＝アインシュタイン凝縮体と呼ばれるものだ。この特別な気体状の粒子集団では、量子力学の法則が不気味な特別な形で作用すると考えられている。こちらの実験は超高温でなく超低温の条件でおこなわれている。

量子力学の原理はすべての微小な系に当てはまることが知られている。回折や干渉といった波動の性質は光子、電子、陽子、中性子、原子核、原子といったあらゆる種類の微小粒子の振る舞いに現われる。これらの振る舞いは分子にも見られる——原子を六〇個含む大きなものにさえ。同じ構造のドームを設計したバックミンスター・フラーにちなんでバッキーボールと呼ばれているその分子が波動の性質を示すことが、ウィーン大学のアントン・ザイリンガー率いるチームによって見いだされている。*8　しかしサイズが大きくなるとどこかの時点で波動的な現象は起こらなくなる。我々の住むマクロの世界では「量子の魔法」は働かない。その例外がボース＝アインシュタイン凝縮体だ。

一九二五年にアインシュタインはボゾンの名前の由来となったインド人物理学者サチエンドラ

・ナート・ボースが導入した方法に基づいて、現在ボース＝アインシュタイン凝縮体と呼ばれている現象を予測した。フェルミオンと違って整数の半分でなく整数のスピンを持つ、ボゾンである原子の気体を絶対零度近くまで冷却すると、大部分の原子が最低量子状態に凝縮する。十分に冷やされてそれぞれの原子の波動関数の長さが原子間の距離ほどになると、原子の波動関数が「重なり合い」、気体は一様なマクロな系になる。互いに区別できない粒子からなる一種の量子スープだ。[*9]

一九九五年にコロラド大学ボールダー校と国立標準技術研究所のエリック・コーネルおよびカール・ウィーマンが、ルビジウム原子を使ってボース＝アインシュタイン凝縮体を作り出した。そのすぐ後にMITのヴォルフガング・ケターレのチームがナトリウムの気体を使って実験室でそのような状態を作った。温度をきわめて低いレベルまで下げると、すべての原子が一つの巨大な「物質波」に変わって突然ボース＝アインシュタイン凝縮体が出現した。とても劇的な転移で、ヴォルフガング・ケターレは次のように説明してくれた。「想像してほしい。あなたは熱い惑星に住んでいて、誰も氷や雪を見たことがない。あなたは懸命に研究し、冷蔵庫を設計して組み立てた。そしてその中に水を入れ、しばらくして扉を開けると、それまで誰も見たことのない奇妙で美しい新たな物質形態を突然見つけた。氷だ！」[*10]

ボース＝アインシュタイン凝縮体を作るときと同じようにフェルミオンを冷やすと、また異なる状態に至る。できるのは「フェルミの海」[*11]。フェルミオンはパウリの排他原理に従い、二個のフェルミオンが同じ量子状態を取ることはできない。第2章では排他原理のことを限定的な意味合いで、同じ軌道上の二個の電子は互いに逆向きのスピンを持っていなければならないと説明した。

パウリの排他原理は、会社が重役の車を駐車させるときのルールに似ている。モデルと色が同じBMWを駐車場の同じエリアに止めてはならない。5シリーズの青いBMWに乗っていてエリアAに止めたくても、そこにすでに別の5シリーズの青いBMWが止まっていたら駐車できない。どうしても止めたいなら車を青以外の赤などの色に塗るしかない。あるいは別のモデルに変えるしかない。素粒子であれ複合粒子であれ整数の半分のスピン（$\frac{1}{2}$や$1\frac{1}{2}$など）を持つフェルミオンはこの規則に従わなければならない。同じ場所にいたければ少なくとも一つの性質が違っている必要がある。

コロラド大学ボールダー校のデボラ・S・ジン、オーストリア・インスブルック大学のルディ・グリム、MITのヴォルフガング・ケターレはそれぞれ独自にフェルミオン気体の振る舞いを研究している。そのような気体を構成するフェルミオンは整数の半分のスピンを持つため、パウリの排他原理に従わなければならない。ケターレの実験ではフェルミオン気体を極低温に冷却した。するとフェルミオンは、パウリの排他原理の要請どおりパートナーと逆向きのスピンを取って「ペア」を作った。ペアの二つのメンバーのスピンの和は整数になるので、このペアはボゾンのように振る舞う。ここでスピン上向きと下向きのペアを作っていない原子の集団を使って実験をおこなった。すると驚くようなことが起こった。

一部の原子はそれぞれのメンバーが上向きと下向きのスピンを取るペアを作った――パウリの排他原理の指示通りに。それらの原子ペアは極低温チェンバーの中心に浮かぶ雲の中にあった。しかしパートナーを見つけられない原子はその雲の外側に追いやられていた。中心にあるペアの排他的なグループには留まれず、その周囲をうろついていた。このように原子は、ダンスの相手がおらず周りに立ってパートナーを探している男女のように振る舞った――ケターレはそう説明している。[*12] この考え方の重要性についてはこのあと見ることにする。


では、永遠に閉じ込められていて誰も単体で見ることのできない仮想上の粒子であるクォークが実際に存在することは、どうして分かるのだろうか？　閉じ込められているバリオンやメソンの外で目にすることは決してないが、ＭＩＴのジェローム・フリードマンとヘンリー・ケンドールそしてＳＬＡＣのリチャード・テイラー率いるチームの実験によってクォークは検出されている。

ジェローム・Ｉ・フリードマンは一九三〇年シカゴ生まれ、両親は一九一〇年代にロシアからアメリカへ移住してきた。母親は衣服メーカーで、父親はシンガー・ソーイングマシン社で働いていた。結婚から何年かして父親はミシンの修理と販売をおこなう小さな店を開いた。移住者の生活は厳しかったが、フリードマン夫妻は教育をほとんど受けていないながら、子供たちに勉強や読書、そして努力して教養を身につける心を植え付けた。家にはたくさんの本があり、両親は子供たちに学問に加え美術や音楽をやるよう促した。子供時代のジェロームは美術の才能があり、大学で美術を専攻したいと思うようになった。しかし美術の勉強に没頭していた高校時代にアインシュタインの本『相対性理論』を読んですっかり虜になってしまう。

フリードマンはシカゴ美術館付属学校の奨学生への誘いを受けていたが、誰もが驚いたことに代わりに物理学の勉強をすることに決めた。そして、伝説的なエンリコ・フェルミを先頭に優れた物理学教育をおこなっているということでシカゴ大学を志願した。美術の奨学金を断っていたフリードマンはシカゴ大学で勉強するための全額給与奨学金を獲得し、家族に負担をかけずに勉強できるようになった。

博士研究開始の要件をすべて満たしたフリードマンは勇気を振り絞ってフェルミに指導教官になってくれるよう頼んだ。すると驚いたことにその有名なイタリア人物理学者は好意的な返事をくれた。フリードマンは次のように振り返る。「宝くじに当たったたような気分だった。フェルミは切れ者でそれが恐ろしかった。誰もが認める天才だったが、自分の才能のせいで同僚や学生が恥をかくことがないよう気をつかっていた*[13]」

以前にフェルミは原子より小さな粒子に影響を及ぼす力を研究するための散乱実験をおこなっており、フリードマンは博士研究にその技術を使った。しかしフェルミはフリードマンの博士論文にサインする前にガンでこの世を去る。それが大きな問題を引き起こした。他の教授たちは自分が興味を持っているプロジェクトの研究でないと博士候補生としてサインできないということだった。ようやく教授の一人ジョン・マーシャルが「先に進めて書き上げろ。サインしてやる」と言ってフリードマンを救ってくれた。[*14]

当時シカゴ大学に完成したばかりのサイクロトロンでは刺激的な研究が数多くおこなわれていた。実験では陽子をターゲットに衝突させてパイオン（π中間子、パイメソンともいう）を生成させ、それを容器に入れた液体水素などさまざまなターゲットで散乱させていた。フリードマンはこのサイクロトロンを使って粒子の弾性散乱と非弾性散乱の影響を研究した（前に述べたように非弾性衝突ではエネルギーの一部が別の粒子へ移動してそれを変換させたり別の粒子を作ったりする一方、弾性散乱はビリヤードのボールの衝突に似ている）。

フリードマンはスタンフォード大学の高エネルギー物理学研究室のポストに就いたが、当時そこには小型の線形加速器があった。フリードマンは電子散乱の技術を習得して原子核で電子を跳ね返らせる実験をおこなった。彼はロバート・ホフスタッター率いるグループに所属しており、その中にヘンリー・ケンドールがいた。また別のグループで働くリチャード・テイラーとも出会った。この間にフリードマンは電子散乱の新たな技術を開発し、それが将来の研究に欠かせないものとなる。

一九六〇年にフリードマンはＭＩＴの物理学科のポストに就いた。ちょうどそのとき、ウォルフガング・パノフスキーがエネルギー二〇ＧｅＶのスタンフォード線形加速器センター（ＳＬＡ

C）を建設していた。フリードマンはMITから大陸を横断しながらそこで働きはじめた。SLACでフリードマン、ケンドール、テイラーは新たな研究グループを立ち上げ、陽子や中性子による電子の非弾性散乱の精確な実験をおこなって核子の「内側を覗き」、内部構造があるかどうかを見極める研究を始めた。

一九六七年から七五年までの間にフリードマンおよびMITとSLACの同僚たちは、クォークの存在の初の直接的証拠を見つけた。彼らはSLACの加速器を使い、核子の中を見るある種の「電子顕微鏡」実験をおこなった。そして核子の中に、ゲルマンとツワイクのクォーク理論から予測される分数電荷を持ったクォークを三個見つけた。フリードマンは言う。「クォークを探していたのではない。単に高エネルギーでの非弾性電子散乱を使って陽子や中性子の中を覗いていただけだ。誰もクォークは探していなかった」*15。彼ら物理学者は自分たちが見つけたものに驚かされ、陽子や中性子の中に観測したそれらの構成部品の特徴を測定しつづけた。

一九七二年には全体像が明らかとなった。クォークは実在したのだ！　「チームの成果だった。全員が重要な貢献を果たした。この発見ができたのは問題を正しく捉えたからだ」とフリードマンは強調する。この電子散乱の結果を、CERNのガルガメル泡箱でおこなわれた陽子や中性子によるニュートリノ散乱の結果と比較することで、陽子と中性子を構成する部品がクォークとして提案されているものと同じ分数電荷を持つことが明らかとなった。

ニュートリノは電荷ゼロなのでクォークで散乱されるときの角度はクォークの電荷によらないが、電子の散乱はクォークの電荷に影響を受ける。そのためニュートリノの散乱は電子散乱を評価する際の比較対照となり、クォークの電荷を決定する良い基準となった。そして理論と一致した。とても巧妙な方法だった。

SLACが高いエネルギーを提供してくれたおかげで、電子の波長を短くしてどんどん小さいものを探れるようになった。粒子は波動でもあることを思い出してほしい。エネルギーが上がると振動数——単位時間あたりの波動の振動回数——が大きくなって波長が短くなる。電子が核子の内部を探れるのは、X線——可視光より波長が短く振動数が高い光子——が人体の内部を見せてくれるのに似ている。しかし陽子や中性子の中を覗きこむSLACの「顕微鏡」の有効倍率は通常の光学顕微鏡の何十億倍にもなる。

「クォークが光子の中でとても素早く運動している様子を思い浮かべてほしい」とフリードマンは語ってくれた。私がフリードマンと会ったのはLHCで低エネルギー衝突がおこなわれていた二〇〇九年末、彼が他のノーベル賞受賞者らと自分たちの研究について講演したCERNから戻ってきたばかりの、晴れているが凍えるような一二月の午後に、ボストンのヨーロッパスタイルのカフェでコーヒーとクロワッサンをほおばりながらのことだった。「超高速運動している物体の写真を撮りたければどうする？」と微笑みながら訊いてきた。「超高速シャッターを使う？」と私。「そう！　でもそこには量子の原理があることを忘れないように」。ハイゼンベルクの不確定性原理によれば、時間間隔をきわめて小さくするには非弾性散乱で交換されるエネルギーをとても大きくしなければならない。「だから、適当な量のエネルギーがあれば核子の構成部品を見られると考えた。その量は二〇から四〇億電子ボルトだった」とフリードマンは説明してくれた。[*16] 二から四ＧｅＶのエネルギーによってクォークの姿を陽子や中性子の中の点として捉えることができたのだ。

「私の研究人生の目標は、自然を理解することと、この分野に貢献すること。どちらもある程度達成できてとても幸せだ」とフリードマンは言う。[*17] フリードマンらの研究によって、自然の終身刑受刑者クォークの存在が実験的に証明されたのだった。

宇宙が誕生から一秒に満たないとても若かった頃――ＬＨＣで調べられる時代――クォークはクォーク＝グルーオン・プラズマというもっと大きな囲いの中にいた（プラズマの中で自由に動き回れたため、ある意味閉じ込められていなかった）。グルーオンから逃げ出すことはできなかったが、エネルギーがとても高いためクォークとグルーオンはその中で自由に運動していた。その後温度が下がるとクォークは三つ一組になって陽子や中性子という小さなユニットの中に閉じ

クォーク		
第1世代	第2世代	第3世代
アップクォーク	チャームクォーク	トップクォーク
ダウンクォーク	ストレンジクォーク	ボトム（ビューティー）クォーク

込められた。クォークは短寿命のメソンの中にも見つかり、不安定なクォーク＝反クォーク対を作っている。「二人は良い連れ、三人は仲間割れ」ということわざがあるが、素粒子物理学の規則では「三人は良い連れ、二人では不満」となっているようだ。

陽子と中性子（核子）は原子核の中に存在する。核子どうしを結びつけているのは強い核力で、それが核子の中でクォークどうしも結びつけている。核子の中でクォークを結びつけている強い力の残り——クォークの超強力な閉じ込めの「おこぼれ」——が、原子核の中で核子どうしを結びつけていることになる。強い力による核子どうしの相互作用のメカニズムであるパイオンの交換機構は、一九三〇年代に日本人物理学者の湯川秀樹によって発見された。それによって核子どうしが結びつき、さらにその原子核の周りを電子が回ることで、原子全体の描像が完成する。

チャーム、ストレンジ、トップ、ボトムというもっと重いクォークからなる粒子は寿命が短い。通常の物質の構成要素ではないが、上層大気における宇宙線と原子核との衝突や加速器で作られる高エネルギー粒子だ。いずれにしても寿命はきわめて短い。

すべて合わせて考えると、クォークとレプトンという二つの粒子グループ

素粒子物理学の標準モデル

	フェルミオン			ボゾン
世　代	Ⅰ	Ⅱ	Ⅲ	
クォーク	アップ	チャーム	トップ	光　子
	ダウン	ストレンジ	ボトム	グルーオン
レプトン	電　子	ミューオン	タ　ウ	Z^0
	電子ニュートリノ	ミューニュートリノ	タウニュートリノ	W^+
				W^-
仮想上のスカラーボゾン[*18]**：**				ヒッグス

（あわせてフェルミオン）および力媒介粒子であるボゾンによって、素粒子物理学の「標準モデル」ができあがっている。ボゾンにはすでに登場した光子とグルーオンの他に、弱い力の作用を取り持つWボゾンとZボゾンが含まれる。すべての粒子を含む標準モデルを上の表に示した（すべての粒子の名前の頭に「反」を付けた同様の表がもう一枚ある）。

　この標準モデルにはビッグバン直後の宇宙に存在した対称性が反映されており、その一部が自発的に破れてその名残を今日の我々は見ている。標準モデルの統一的な対称性は三つのリー群の「積」として捉えられる。その三つのリー群とは、円の連続回転の群（電磁気相互作用をモデル化する）、二種類の存在（アップクォークとダウンクォーク、あるいは電子と電子ニュートリノ）を互いに連続的に「回転」させる群、および三種類の粒子（互いに異なる「色」を持つ核子中の三個のクォーク）を連続的に混合させる群だ。[*19] このモデルがどのように組み立てられたかについては後の章で述べることにする。

素粒子物理学の標準モデル全体で最後まで欠けているのが、未発見のヒッグスボゾンだ。この粒子は自分自身を含め質量のあるすべての粒子に質量を与えていると考えられている。ヒッグスの存在は、標準モデルおよび現代物理学全般の最大の成果の一つであるWボゾンとZボゾンの発見によって推測された。W^+、W^-（Wは「弱い」の略）、Z^0（ワインバーグにより命名された）という三種類のボゾンの存在を予測するグラショウ、ワインバーグ、サラームの理論では、これら三種類のボゾンに質量を与えるために、ヒッグス場とそれに伴うヒッグスボゾンが必要となる。

第９章ではこの謎めいたヒッグスボゾンとその存在を予測した理論について説明する。そして第10章ではヒッグスの存在を前提とした電磁気力と弱い力の統一について述べる。ＬＨＣでのヒッグスボゾン探しは標準モデルの重要な検証実験だ。ヒッグスが発見されれば宇宙の質量の源が見つかったことになり、標準モデルの有効性に対する重要な実験的証拠も得られる。そしてモデルは完成することになる。

第9章　ヒッグスを追う

二〇世紀の後半五〇年に物理学者たちは懸命に研究を重ね、素粒子物理学の標準モデル、すなわち宇宙の量子場設計図を構築していた。目標は素粒子の「周期表」を編み出し、すべてのレプトン、クォーク、ボゾンと重力を除く力が自然界の統一的描像にどのように当てはまるかを示すことだった。標準モデルの中に現代の重力理論であるアインシュタインの一般相対論を取り込むのはまだ到底望めない。しかし前に述べたように小さな粒子は重力にほとんど影響を受けないため、粒子の相互作用と現象をモデル化して予測することに標準モデルは成功している。

二〇世紀半ばにはこのモデルは完成からほど遠く、弱い力とボゾンについても強い力についてもまだ理解されていなかったが、そんななか質量に関するある強力な考え方が登場した。その理論によれば、ビッグバン直後には質量がなくエネルギーだけだった。そして一秒よりはるかに短い時間が経った頃に驚くようなことが起こった。自然の対称性が突然破れ、その対称性を破ったメカニズムが宇宙のすべての粒子に質量を与えたというのだ。[*1] 姿を現わしつつある標準モデルに関する研究により、この質量「創造」の考え方が対称性の概念と密接に結びついていることが明らかとなった。ビッグバン直後の宇宙に存在していた原初の対称性の破れが今日の自然界に見られるすべてのものに質量を与え、我々の存在を可能にした。科学と哲学の歴史上最も深遠な考え方の一つであることは間違いない。そしてさらに衝撃的なのが、その考え方をＬＨＣによって実験的に検証できることだ。

この驚くほど強力な考え方の全体像を見てみよう。一九二〇年代まで、宇宙に始まりがあったことは証明されていなかった。アインシュタインは、宇宙はただ「そこ」に存在するだけだと考えていた。他の銀河も宇宙の膨張も知られていなかった。やがて大型望遠鏡による他の銀河の発見やそれらの銀河の後退速度による宇宙の膨張の発見によって、宇宙には「始まり」、ビッグバンがあったことが示された。

ビッグバンによって宇宙は始まったが、では宇宙はどうやって質量を獲得したのだろうか？ 宇宙に存在するとてつもない質量――望遠鏡で見える範囲だけでも何千億もの銀河があってそのそれぞれに何千億という恒星が含まれている――がすべて一点に圧縮されていたと考えるよりも、質量でなく「純粋なエネルギー」がかつて小さい空間に詰め込まれていて、それが膨張して我々の宇宙を作ったと考える方がはるかにたやすい。

その考え方を直観的に進めていくと、原初のとてつもない爆発であるビッグバンからある程度経った頃に何らかの方法で質量が作られたと考えられる。しかし場の量子論の誕生まで、エネルギーから質量を「創造」する数学的方法はなかった。量子力学と特殊相対論を結びつけ、物質と反物質の概念および純粋なエネルギーからそれらが同時に作られるという考え方を導いた場の量子論では、実際には数学的な「演算子」を使って粒子の生成と消滅をおこなう。そのためこの理論は、質量を作り出せるという理論的考え方をもたらした。しかしどのようにして？

ビッグバン後に質量を作り出した具体的なメカニズムは、一九六〇年代に理論素粒子物理学を研究していたピーター・ヒッグスと数多くの物理学者の研究から導かれた。宇宙における質量創造の根底をなすその中心的な考え方は、対称性およびビッグバン直後の対称性の破れと関係していた。

ここまでの章でさまざまな種類の対称性を見てきた。物理学者は自然界における無傷の対称性に加え、「破れた」対称性を見つけることもできる。破れた対称性と対称性のない状態とでは違いがある。対称性がない場合には、「単に対称性がない」ということ以上何も言えない。しかしかつて対称性があってそれが何らかの方法で破れた場合、物理学者はそのもともとの対称性の名残をはっきりと見つけられる。

対称性の中には「自発的」に、つまり自然な方法で破れるものがある。例えば結晶は自然に形作られるが、これは自発的に破れた対称性の一例だ。結晶ができる前は三次元空間は完璧に対称的だが、結晶ができるとその中の原子の整列方向によってもともとの空間の対称性が破られる。

結晶1個1個は成長方向を選んで3次元空間の対称性を破る

結晶は作られるときに無限の可能性の中からある特定の空間方向を選ぶということだ。

　しかし自発的な対称性の破れを視覚的に最もよく表わした喩えが、いまは亡きパキスタン人理論物理学者アブドゥッ・サラームによって示されている。あなたはディナーパーティーに参加しているとしよう。ゲストたちは一台の円形テーブルを囲み肩を寄せ合って座っている。あなたの右側にも左側にもナプキンが置いてある。しかしゲストどうしが互いに近いため、テーブルの一周全体にわたってナプキン、人、ナプキン、人……という完璧な対称性が存在する。新聞のマナー講座を読んだことのないゲストたちは、どちら側のナプキンを手に取って使ったらいいか分からない。だから完璧な対称性を保ったまましばらくそのままで座っている。すると勇気のある一人の人が右か左どちらか一方のナプキンを取り上げる。例えば左を取ったとしよう。この瞬間に対称性は自発的に破れる。どのゲストにとっても選択肢はなくなり、周りの人に倣って左側のナプキンを取らざるをえなくなる。

破れた対称性があれば、かつてはっきり定まった対称性が存在していてそれが破れた様子を実際に「見る」ことができる。五本腕のヒトデは腕が一本取れていてもやはりヒトデで、そこにはかつて対称性があったことが見て取れる。もちろん完璧な対称性ではないが、それはどんな生物にも言える。我々の顔も完璧に対称的ではないし、新しいスーツを試着しているあなたを見ている奥さんに仕立屋がうれしそうに指摘するとおり、あなたの両腕も同じ長さではない。だが例えば腕の取れたヒトデのような破れた対称性と、非対称な石の破片とを比べてみたらどうだろうか？　石はもとからはっきりした対称性を持っていないだろう。粒子に質量を与えると考えられているヒッグスボゾンの存在を支える理論は、対称性とビッグバン直後の初期宇宙におけるその自発的破れに基づいている。

ＬＨＣの主目的の一つがヒッグス探しであることに合わせたかのように、このコライダーでの初のビーム試験から三週間後、ストックホルムのノーベル委員会は二〇〇八年のノーベル物理学賞の半分をシカゴ大学の日系アメリカ人物理学者の南部陽一郎に授与すると発表した（後の半分は破れた対称性の研究によりクォークが少なくとも三世代存在することを予測した二人の日本人物理学者、益川敏英と小林誠に均等に授与された）。一九五〇年代に南部が口火を切った破れた対称性の理論が、最終的にヒッグスボゾンの存在に関する仮説へとつながった。

南部は一九五九年までに、素粒子物理学における自発的な対称性の破れを数学的に記述する方法を定式化した。その考え方は、ある条件――通常は極低温――のもとで抵抗なしに電気を流す超伝導体に起こる現象との類推で導かれた（ＬＨＣにパワーを与える巨大電磁石も超伝導体だ）。

南部は研究の手掛かりを得るため、一九五七年にジョン・バーディーン、レオン・クーパー、ロバート・シュリーファー（ＢＣＳ）が書いた超伝導体における対称性の自発的破れに関する重要な論文を読んだ。超伝導体では温度が下がるとともに電子どうしの本来の反発力に弱い引力が打ち勝ち、その物質が超伝導状態になると自然の対称性（抽象的な数学的空間における対称性）が自発的に破れて電子対が形成される。それをクーパー対という。ヴォルフガング・ケターレによるフェルミオン気体の実験でも、気体を十分に冷却するとフェルミオンがペアを作り、ペアのそれぞれの原子が互いに逆向きのスピンを取るのだった。ここでも考え方は同じだ。

電子対が形成されるとその物質の電気抵抗はゼロになる。電気伝導が「超」状態になるためこれを「超伝導」という。しかしこのときもう一つ起こることがある。「エネルギーギャップ」が現われるのだ。エネルギーギャップとは、対を作る電子を励起するのに必要なエネルギーの閾値《いきち》のこと。温度が上がって物質が超伝導状態でなくなるとそのエネルギーはゼロになり、エネルギーギャップは消える。

超伝導状態では電子対がまるで一個の存在のようになる。ペアのメンバーは互いに逆向きのスピンを持ち、スピンは足し合わされるためペア全体のスピンが分数でなくなる。整数のスピンを持ったペアはボゾンとなり、適切な条件では全体で一個の存在、すなわちボース＝アインシュタイン凝縮体として振る舞う。比喩的に言えば電子がペアを作ることで「質量を持ち」、その重い粒子が互いに集まってもっと「凝集性」の存在を形作ることになる。

この現象にどのようなイメージを当てはめるかは別として、南部は超伝導体のエネルギーギャップが素粒子物理学の世界の質量のように振る舞うと理解した。そして数学を使ってその類似性を導いた。物質が超伝導体になるとクーパー対の形成によって自然の対称性が自発的に破れ、エネルギーギャップが出現する。それと同様に素粒子物理学では、ヒッグス場で対称性が自発的に破れると質量が生み出される。これら二つのプロセスは似ている。

南部がこの考え方を導いたのは、クーパー対の振る舞いを記述する方程式とその解を見て、それが素粒子物理学のディラック方程式とその解に驚くほど似ているのに気づいたためだった。超伝導体を記述する数式の各項と粒子の相互作用を記述する各項を一つ一つ対応づけたところ、二つの方程式は同等になったのだ！　そうして導かれた理論の中に、今日我々がヒッグスと呼んでいる粒子の存在が示されている。ヒッグスという名前は宇宙で粒子に質量を与える仮想上の粒子に対して付けられたもので、南部の後にスコットランド人物理学者ピーター・ヒッグスがおこなった研究や同じ頃に何人かが独自におこなった同様の研究に由来している。

宇宙がヒッグス場と呼ばれる場で満たされていると想像してほしい。宇宙がとても若かったとき、その場は完璧な対称性を持っていた。やがて宇宙の温度が下がると超伝導体と同じようにヒッグス場の対称性が自発的に破れ、もともと対称性が存在していた抽象的な数学的空間の中でその場が特別な「方向」を持つようになる。[*2] するとヒッグス場が「質量」を生みだして粒子に質量を与える。場は励起して波動を作るが、量子力学の粒子と波動の二重性により波動は粒子でもあるため、ヒッグス粒子が出てくるのだ！

このプロセスに対しては違う見方もできる。超伝導体を通過する光（あるいは、やはり光子からなるもっと波長の長い電磁気放射）は質量を持っているかのように振る舞う。そしてとても興味深い効果として光は減速する。重い物質粒子からできているかのように「のろのろ」と振る舞うのだ。南部は同じ考え方を使って粒子に質量を与えられると提唱した。

考え方としては、すべての粒子はビッグバンのとき質量ゼロの状態で生まれたが、空間そのものがすべてを包み込む巨大な超伝導体のようになった。この媒質の中で一部の粒子は質量を獲得したが、光子はそうはならなかった（皮肉なことに光子は実際の超伝導体を通過するときには質量を持っているかのように振る舞う）。では、宇宙空間全体に広がっていて粒子に質量を与えるその超伝導体のような媒質とは一体何だろうか？　それがヒッグス場と呼ばれるものだ。この場の作用は、あるボゾンつまり力媒介粒子によって伝えられる。それを我々はヒッグスボゾンと呼んでいる。

しかし南部はそこで研究をやめてしまった。宇宙のすべての粒子に質量を与える謎めいたメカニズムの説明を直接導けたかもしれないため（ニュートリノでは別のメカニズムが働いているかもしれない）、南部はそのことをとても後悔している。そしてのちに次のように言っている。

「後から考えれば、このゲージ場における質量生成の一般的メカニズムをもっと深く探究しなかったことに後悔している。……現在のヒッグスの記述にも……もっと関心を払っておくべきだった」*3

しかし思わぬ方向から深刻な問題が降ってかかり、それが南部を立ち往生させた。現在MITにいるイギリス人物理学者ジェフリー・ゴールドストーンが一九六二年にアブドゥッ・サラームとスティーヴン・ワインバーグの手助けを借りて、連続対称性が破れると質量を持たないボゾンが出現するという定理を証明した。したがって南部が考えたように確かに対称性を破ることで粒子の質量項を得ることはできるが、それには質量を持たない別の粒子がひとりでに生成するという代償が付きまとう。ゴールドストーンの定理――本来はゴールドストーン＝ワインバーグ＝サラームの定理と呼ばれるべき――によれば、もとの対称群から自由度が一つ失われるごとに質量のないボゾンが一つ出てくる。例えばもともとの数学的空間が四次元で、対称性の破れにより新たな数学的空間が二次元になったとしたら、質量のないボゾンが二個生成しなければならない。誰もそのような質量ゼロのボゾンなど見たことがなかったため、この定理は大きな問題を生んだ。

いったいどうやったらこの厄介なボゾンを取り除けるのか？　誰にもその答が分からなかったため、多くの専門家は質量生成の概念をモデル化するという重要な試みから手を引いてしまった。粒子が質量を持たないような素粒子物理学とは、どんなものだというのか？

その理論の重要なポイントを導いたのが、物性物理学を研究していたアメリカ人ノーベル賞受賞者フィリップ・W・アンダーソンだ。アンダーソンは一九二三年イリノイ州生まれ、父親はイリノイ大学アーバナ＝シャンペーン校の植物病理学の教授だった。アンダーソンは若い頃ハイキングやカヌーやキャンプに興じた。そして両親に物理学者の友人が数多くいたことで物理学の勉強を進めた。

父親がサバティカル休暇のあいだアンダーソンはヨーロッパで一年間過ごし、その経験から世界の広さと地球規模でアイデアがやりとりされていることを深く認識した。高校では優れた成績を収めてハーヴァード大学に入学し、ジョン・ヴァン・ヴレックのもとで物理学の博士号など全学位を取得した。そして物性物理学の道へ進み超伝導現象を研究することにした。

一九五七年、先ほど述べたバーディーン、クーパー、シュリーファーの理論が超伝導研究において重要なものとなった。その理論によってこの謎めいた現象が電子の振る舞いによって説明されたのだ。クーパー対が形成してフェルミオンでなくボゾンのように振る舞いエネルギーギャップが生じるが、現在ではそれが物理学における質量に対応づけられている。

場の理論では場の励起を実際の粒子と捉える。量子力学では波動は粒子で粒子は波動なのだった。したがって場のさざ波である励起は粒子に相当する。結晶格子や超伝導体の中で作用するそのような粒子を「フォノン」という。

方程式を悩ませる不必要で非物理的な無限大の解を取り除く手法として素粒子物理学で使われている繰り込み理論が、物性物理学でも使われた。そうして物性物理学と素粒子物理学は同じツールと同じ考え方を使う分野となった。アンダーソンは研究に関するインタビューの中でこう語った。「ＢＣＳ［バーディーン、クーパー、シュリーファー］理論の登場でついに場の理論が理解され、物性物理学でそれを効果的に使えるようになった[*4]」

アンダーソンが固体における破れた対称性を研究していたとき、例の悪名高いゴールドストーンの定理が登場する。場の理論から導かれたその結論によれば、物性物理学でも素粒子物理学と同じく対称性が破れると、つまり通常の物質が超伝導体になってクーパー対が形成されると、質量ゼロのボゾンが必ず出現する。

しかしアンダーソンは固体において対称性が破れてもそのような質量ゼロのボゾンは現われないと考え、ゴールドストーンの定理は適用されないと確信するようになる。そして他の物理学者が目を向けられなかったものに気づいた。一九六一年にアンダーソンはイギリスのケンブリッジ大学で一年を過ごした。同じく破れた対称性を研究する大勢の物理学者と話をしたが、彼らはゴールドストーンのボゾンが自分たちの理論の進展を妨げていることに落胆していた。「そこには何もない。ゴールドストーンのボゾンは存在しないんだ！」とアンダーソンが言うと、ある物理学者に「そう思うなら論文を書くべきだ」と返された[*5]。アンダーソンはゴールドストーンの定理が成り立たず質量ゼロのボゾンが存在しない理由を説明する論文を書き、一九六二年にある学術雑誌に送った。

その論文は一九六三年に出版された。アンダーソンによれば、ピーター・ヒッグスはその論文を読んで、ゴールドストーンの定理を反証する一九六四年の論文を書いたのだという（その論文にも一九六六年に発表されたのちの論文にもアンダーソンの論文は参考文献として挙げられていない）。アンダーソンは次のように言う。「彼［ピーター・ヒッグス］は正直な男で、私の研究を引き合いに出している。正直に話してくれている」[*6]

南部の研究との関係については、「南部はパイオンをゴールドストーンのボゾンに含めた。しかし超伝導体の中で電磁場がどのように作用するか理解していなかった。そこではBCS機構が働く。相対論的不変量は存在しない」[*7]。BCS理論は非相対論的だ（特殊相対論を使っていない）。極低温の超伝導体の中では高速で動くものは何もないため、光の速さに近いスピードについて考える必要がなく相対論もいらない。ゴールドストーン＝ワインバーグ＝サラームの定理が物性物理学に当てはまらないことをアンダーソンが示せたのは、そのためだった。

超伝導体ではその定理が当てはまらないことを示して突破口を開いたアンダーソンは、そのすぐ後にソ連での講演に招待された。冷戦の雪解け期の一九五八年のことで、ソ連の物理学者はアンダーソンの話を聞きたがっていた。有名なロシア人物理学者レフ・ランダウ率いるグループはとくに会いたがった。ドゥブナの秘密の加速器施設に勤めるグループも興味を持っていたが、ソ連はそこへの訪問の許可を出さなかった。一九五八年一二月、日の短い凍える冬にアンダーソンはモスクワに到着した。「長い昼食を取ると外は暗くなっていた」[*8]

ハリコフにあるランダウの研究所でアンダーソンが発表をすると、標準の講演時間を超過した。

ランダウは講演者に一時間以上話をさせないことで有名だった。しかしロシア人物理学者たちは対称性の破れとゴールドストーン＝ワインバーグ＝サラームの定理が成り立たないことに関するアンダーソンの研究にとても興味を持ち、ランダウはアンダーソンに例外的に一時間を大幅に超えて話をさせた。

アンダーソンは最終的にドゥブナのグループを訪問する許可をもらったが、ＫＧＢの情報員にあちこちで尾行されたらしい。高官らと一緒に加速器を視察していたとき、アンダーソンはある人物に「おい……急いで！」とささやかれた。その人物の後を付いていくと、誰もいない講堂で、ずっと会おうとしていた彼の研究に興味を持つ物理学者の一人に出会った。二〇分ほど会話を交わした頃、「明らかにＫＧＢの情報員」である三人の男がやってきてアンダーソンを部屋から追い出し、もとのグループのところへ連れ戻した。*9

ロシア人物理学者はアンダーソンの研究がとても重要であると考え、その先駆的な業績を高く評価した。しかし西側では物性物理学と素粒子物理学の分野に新たなアイデアを受け入れる準備ができていなかったため、アンダーソンの考えは大きな抵抗を受けた。さらにソ連と西側との関係がオープンでなかったため、二つの政治ブロックに属する科学者の間で情報がほとんどやりとりされていなかった。物性物理学に関するアンダーソンの研究は、西側では素粒子物理学者たちから相応の注目を浴びなかった。しかしヨーロッパやアメリカの物理学者たちも独自に、ゴールドストーン＝ワインバーグ＝サラームの定理が素粒子物理学にもたらす問題に目を向けはじめた。

そして素粒子物理学では粒子が超高速で運動するため量子力学と特殊相対論の両方に基づく場の量子論が使われているにもかかわらず、この定理による災難を避ける方法が見つかった。

ピーター・ヒッグスはエディンバラ大学――研究人生の大半を過ごし現在は名誉教授――で講師の職に就いて間もない一九六一年に、この問題に取り組みはじめた。この地元スコットランドに戻ってくる前には、キングスカレッジ・ロンドンで分子の振動スペクトルに関する学位論文を書いて博士号を取得した。ヒッグスはそれから六年間エディンバラとインペリアルカレッジ・ロンドンのアブドゥッ・サラーム率いる理論グループのところを行き来し、ユニヴァーシティーカレッジ・ロンドンの職にもついていた。

一九六〇年一〇月にエディンバラで終身職に就いたとき、ヒッグスは進むべき研究の道を見つけられないでいた。そのとき南部陽一郎の驚くべき論文を読み、世界中の多くの物理学者と同じく奮い立たされた。そして連続対称性が自発的に破れても質量ゼロのゴールドストーン・ボゾンが生成しないことをゲージ理論を使って数学的に証明した。

その一カ月前の一九六四年六月二六日、ブリュッセル自由大学の二人のベルギー人物理学者F・アングレアとR・ブルーが同じ問題に対する同様の答を提案した論文が、雑誌『フィジカル・レヴュー・レターズ』に届けられた。そして同じ年の一〇月一二日にも同じ成果を示したまた別の論文が同じ雑誌に届いた。論文の著者はインペリアルカレッジ・ロンドンのG・S・グラルニク、C・R・ヘイゲン、T・W・B・キッブルだった。[*10] 五人とも、ゲージ理論の考え方を使えばゴールドストーン＝ワインバーグ＝サラームの定理を回避できることを数学的に証明していた。ゴールドストーン＝ワインバーグ＝サラームの定理が物性物理学と同じく素粒子物理学にも通用しないのは、突き詰めるとゲージ理論が局所的な（異なる場所で異なるように定義できる）連続対称性を使っているためだ。[*11] そのため標準モデルでは、ビッグバン直後に宇宙が冷えて場の対称性が破れると、あるボゾンが自分自身と別の粒子に質量を与えることができる。

ピーター・ヒッグスは一九六四年の論文の続編を二年後に発表し、その中で粒子に質量を与えるメカニズムを説明した。ヒッグスは次のように言う。「最初の論文では、その種の理論に障害はないと言っただけだった。当然やるべきは最も単純なゲージ理論である電磁力学について試し、その対称性を破って実際に何が起こるかを調べることだった」。[*12] そのゲージ対称性を破る理論実験をおこなったヒッグスは、現在ヒッグスボゾンと呼ばれているものを発見した。

ヒッグスの二篇目の論文は雑誌『フィジックス・レターズ』に却下された。編集部は、この論文には物理学と実際の関連性がないという印象を受けた。そこでヒッグスは論文の最後に、この論文に記されている質量生成メカニズムは強い相互作用――原子核を一つにまとめる力の作用（当時クォークは知られていなかった）――にも通用するかもしれないとほのめかす段落を追加して再投稿した。すると論文の掲載が認められた。「いわゆるヒッグスボゾンに私の名前が付いているのはきっとこの段落のせいだろう」とヒッグスは推測している。[*13]

ヒッグスはアンダーソンも自分たちと同じ結果を出せていたはずだと感じているようで、次のように言っている。「アンダーソンは基本的に私がやったのと同じ二つのことをやるべきだった。ゴールドストーンの定理の欠陥を示すことと、その単純な相対論的モデルを作ることだ。しかし私はいわゆるヒッグスメカニズムについて講演するときには必ず、正しい結果を出しながら誰にも理解されなかったアンダーソンの話から始めている」[*14]。A・ジーが書いた場の量子論に関する評判の良い教科書には「アンダーソン＝ヒッグスメカニズム」というタイトルの章がある[*15]。

政治家はヒッグスやヒッグスメカニズムをなかなか理解できず、CERNにLHCを建設するといった科学プロジェクトへの政府予算支出を認める一方で、テキサス州ウォクサハチー近郊に超伝導スーパーコライダー（SSC）を建設するアメリカのプロジェクトは中止させた。ウォクサハチー近郊にすでにトンネルの一部が掘られていた一九九三年に連邦議会は、このプロジェクトに必要な一一〇億ドルの予算をカットした。そのため全エネルギーの低いCERNのLHCが今では、新たな物理を探る唯一の先進的な加速器となっている。

一九九三年にイギリスの科学担当大臣ウィリアム・ウォルドグレーヴは加速器研究を支援するために、ヒッグスが何であるかを理解しようと、物理学者たちに一枚の紙の表側だけで説明してほしいと持ちかけた。そして最も優れた——自分が理解できた——説明をした物理学者に賞品として高価なシャンパンを贈ることにした[*16]。

物理学者たちはいろいろ面白い比喩を使ってヒッグスメカニズムを説明した。賞を獲得したのは次のような説明だった。混み合ったカクテルパーティーの場に一人の有名なスターが歩いて入っていくと、すぐに人に囲まれて歩みが遅くなった。こうして粒子（スター）は「質量」を獲得するが、魅力のない人は邪魔されずに部屋を歩いていけるので、歩みを遅くする「質量」は与えられない。ヒッグスメカニズムで質量を獲得しない光子はこの魅力のない人に似ている。光子は駆け抜けていけるが、質量を持った粒子は動きを妨げられる。

ここで、部屋には誰も入ってこないけれど噂だけが突然広まったと想像してほしい。噂が部屋全体に広がったときの人々の群がり具合が、ヒッグス粒子自体が（ヒッグス場すなわち部屋の群衆を通じて）自らに質量を与える様子に相当する。

ミュンヘン出身の博士研究員ミハエル・ヴィックはもっと良い比喩を考えついた。「プールに飛び込んだときのことを考えてほしい。水面に身体が当たったとき自分の質量を感じる」[*17]。ジョン・エリスはもう一つヒッグスメカニズムの良い喩えを教えてくれた。「ヒッグス場は雪原に似ている。雪原を歩いて横切っているところを思い浮かべてほしい。もちろん自分の『質量』を感じる——足にかかる雪の抵抗を感じる。そこで雪が融けたとしよう——足に『質量』を感じることはなくなって簡単に歩けるようになる」[*18]。この例における雪のない野原がビッグバン直後の完璧な対称性を持つ宇宙だ。そこから温度が下がると「雪」が姿を現わしてヒッグス場の対称性が自発的に破れ、粒子に質量が与えられるというわけだ。

ピーター・ヒッグスはＬＨＣの実験によって「自分の」粒子が発見されるだろうと期待している。一方スティーヴン・ホーキングはヒッグスボゾンは見つからないだろうと考えていて、発見されない方に金を賭けているという。当然ホーキングはＬＨＣにおけるもう一つの大発見を期待している。ごく短時間出現し、ホーキングが理論化したブラックホールの蒸発の法則に従って蒸発する微小ブラックホールの発見だ。死んだ恒星である重いブラックホールが蒸発するにはとてつもなく長い時間がかかるが、微小なブラックホールでは一秒よりはるかに短い時間しかかからない。彼ら二人の物理学者はＣＥＲＮでおこなわれるＬＨＣ実験に対して正反対の期待と予想を抱いている。

二人の間に緊張が生まれたのは数年前のことだった。実験物理学者が何を発見して何を発見しないかに関して好んで賭けをすることで知られている理論物理学者のホーキングは、ＬＨＣの前身ＬＥＰでヒッグス粒子が見つからない方に賭けていた。ピーター・ヒッグスはその賭けに気分を害していたらしく、ＬＥＰが閉鎖されてホーキングが賭けに勝ったときは心穏やかでなかったに違いない。

二〇〇二年九月初旬にヒッグスは物理学者たちとともに、エディンバラのロイヤルマイル通りから少し入ったところにあるレストランである祝賀夕食会を楽しんでいた。ポール・ディラックの研究をもとにした劇の初日を祝ってイギリス素粒子物理学天文学研究評議会が主催した会だった。イギリスの新聞『インディペンデント』はそのパーティーで起こったとされる出来事を次のように伝えている。

……ケンブリッジ大学のルーカス記念数学教授スティーヴン・ホーキングは昨日、人々からすぐに信頼を得られるのは有名人の地位にあるからだと非難された。非難したのは現役を引退した穏和な科学者で、読者の予想と違い、世界最高の頭脳ともてはやされる人物に闘いを挑む扇動者ではない。ピーター・ヒッグス教授は腰が低く、自分にちなんで名付けられた素粒子をその名前――ヒッグスボゾン――で呼ぶのを公《おおやけ》に拒み、もっと個性のない通称、スカラーボゾンと呼ぶことを好んでいる。[*19]

「スカラー」とは、ヒッグスに伴う場が空間全体にわたって一つの数として表現されることを意味する（それに対して「ベクトル」は大きさと方向を持ち、数の組で表わされる）。ヒッグスボゾンがスピンゼロの粒子であるのはこの性質と関係がある。それに対して電磁気のボゾンである光子はスピン一。第10章で述べる弱い相互作用の二つのWボゾンとZボゾンもスピン一。グルーオンもそうだ。

夕食会でピーター・ヒッグスは次のように言ったと思われる。「彼［ホーキング］を議論に引き込むのは難しいので、他の人と違って一方的に意見を言っただけで済まされている。有名人という地位のおかげで、他の人と違ってすぐに信用される」[*20]。このヒッグスの言葉に関する話がやはりイギリスの新聞『スコッツマン』で報道されると『インディペンデント』紙を含め他の新聞もそれを伝え、ヒッグスは即座にホーキングに謝罪の手紙を書いた。ホーキングの返事には自分は非難されていないと書かれていたが、それに続いて、やはりのちの実験でも――LHCでも――ヒッグスボゾンは見つからないと信じていると付け加えられていた。[*21]

ヒッグスがその発言をしたレストランに居合わせたある物理学者は、ホーキングと、その夕食会で讃えられたポール・ディラックを引き合いに出して次のように言っている。「ポール・ディラックは物理学においてホーキングよりはるかに大きい貢献を果たしたが、人々はディラックのことなど聞いたこともない」。別の人はこう言っている。「ホーキングを非難するのはダイアナ妃を非難するようなものだ。人前では決してやらない[*22]」

第10章　赤いカマロの中でヒッグスが現われる（そして三つのボゾンが生まれる）

ヒッグス粒子の考え方に対する真の検証実験、その強力なメカニズムの真の活用、そしてヒッグスボゾンが意味を持つことの真の理論的証明は、ピーター・ヒッグスなど質量ゼロのボゾンの呪いを回避するアイデアを導いた物理学者がもたらしたものではない。皮肉なことに、もともとゴールドストーンがその迷惑な定理を証明する上で力を貸した、まさにその聡明な物理学者の二人組、スティーヴン・ワインバーグとアブドゥッ・サラームによる。

ピーター・ヒッグスの二篇の論文、アングレアとブルーの論文、そしてグラルニク、ヘイゲン、キッブルの論文はいずれも、ゲージ理論がゴールドストーンの定理の例外であることを示すものだった。彼らが示したのは、ゲージ理論の枠組みではある特定のリー群が自発的な対称性の破れを起こし、物理的でない質量ゼロのボゾンの生成を伴わずに理論的に質量を生み出すということだった。しかし彼ら理論学者の誰一人として、自然界で対称性が破られる——そして質量を持つ粒子の生成を導く——リー群を実際に提示することはなかった。自然が質量を作るために選んだ実際のメカニズムは、スティーヴン・ワインバーグ、アブドゥッ・サラーム、シェルドン・グラショウの研究によって特定された。その共同研究によって宇宙の質量を作り出した正確なプロセスが明らかになっただけでなく、もう一つ大きな成果が示された。自然界の四つの力のうちの二つ、電磁気力と弱い力の統一だ。その偉業は現代物理学の最大の勝利の一つと言える。

ハーヴァード大学で教鞭を取っていたジュリアン・シュウィンガーは大学院生に人気があり、一度に一〇人以上の博士候補の指導をすることも多く、一人一人に割ける時間は限られていた。しかし洞察に満ちた助言のおかげで学生たちは優れた研究をおこない、その多くがそれぞれの分野でトップを走っている。その最右翼がシェルドン・L・グラショウだ。

対称性とゲージ理論に関するヤンとミルズの論文が世に出て三年後の一九五七年に、シュウィンガーは、粒子と場の相互作用に関する自らの数学的見方を概説した独創性に富む論文を雑誌『アヌルズ・オヴ・フィジックス』で発表した。ゲージ不変性（リー群でモデル化できる性質を持った自然の連続対称性）が電磁気に通用し、またヤンとミルズが示したようにアイソスピンという非アーベル的な状況でもそれが成り立つのであれば、自然のそれ以外の力もゲージ原理を使ってモデル化できるのではないか、そう物理学者たちは考えはじめた。シュウィンガーはフェルミオンとボゾン両方の理論的振る舞いを研究し、ベータ過程を仲介する、つまり（前に述べたプロセスによって）弱い核力を作用させて中性子から電子と反ニュートリノを放出させる新粒子が存在するという仮説を立てるに至った。

しかしシュウィンガーの新粒子は容易には見つからなかった。必要なエネルギーが当時到達不可能だったからだけでなく、実はその仮想上の粒子が（弱い相互作用の種類に応じて）三つ――正の電荷を持つものが一つ、負の電荷を持つものが一つ、中性のものが一つ――もあったからだ。その論文でシュウィンガーが提唱したもう一つの事柄が――理解しがたいため当時の読者には気づかれなかったかもしれないが――電磁気相互作用と弱い相互作用はかつて一つだった物理的力の作用が示す二つの異なる姿かもしれないということだった。

シュウィンガーのこの先見的なアイデアをもっとずっとはっきりと理解したのが、彼のハーヴァードの学生シェルドン（「シェリー」）・グラショウだった。二〇〇九年五月にボストン大学のオフィスで話をしたとき、グラショウは次のように語ってくれた。「シュウィンガーは、弱い相互作用と電磁気相互作用は似ていると言った。どちらもベクトル的でどちらも普遍的だと」[*1]。「ベクトル的」とはスピン一のベクトルボゾンが伝達するという意味。「普遍的」とはさまざまな種類の系に適用されるという意味。シュウィンガーの多忙さと指導学生の多さを考えればそれで十分だった。それまで異なる存在だと捉えられていた二つの力の類似性をグラショウは調べはじめた。

シェルドン・グラショウは一九三二年マンハッタン生まれ。一八歳と一四歳年上の兄がいた。両親は二〇世紀初め頃に、コサックによるユダヤ人迫害から逃れるためロシアのバブルイスクからアメリカへ移住した。父親は懸命に働いてニューヨークで配管工事の会社を成功させた。両親とも教育の価値を信じていて、シェリーの兄はそれぞれ歯科医と内科医になった。しかし一番年下の息子はガリレオの落下物体の法則に興味を持ち、また自宅の地下室でかなり危険な化学実験をやった。シェリー・グラショウは名高いブロンクス科学高等学校へ進んだが、この高校はグラショウの同級生で同僚のノーベル賞受賞者スティーヴン・ワインバーグを含め数々の著名な科学者を輩出している。

グラショウもワインバーグもコーネル大学で物理学の勉強を続け、さまざまな考え方に満ちた刺激的な環境の中で他の賢い若手科学者や意気盛んな教授を知った。卒業したグラショウは一九五四年にハーヴァード大学の博士課程に入学してシュウィンガーとの研究を始めた。

グラショウは弱い力と電磁気力を同じ統一理論に組み込むべきというシュウィンガーのアイデアに重点を置いて、素粒子の崩壊におけるベクトルメソンに関する博士論文を書いた。一九五八年にペンシルヴァニア大学のシドニー・ブラッドマンは、ヤンとミルズが道を開いた弱い相互作用のプロセスのモデル化にある特定のリー群が役に立つかもしれないと提唱した。[*2] その考えは正しく、弱い力は確かにあるリー群のゲージ構造に従っていたが、ブラッドマンは弱い力と電磁気力を組み合わせてモデル化しようとはしなかった。同じく一九五八年、その論文が発表されたのちに博士論文を書き上げたグラショウはシュウィンガーとともに、電磁気力と弱い力を実際に統一しようとする論文に取り組みはじめた。しかし「何ということか一方が原稿の第一稿をなくし、一巻の終わりとなった[*3]」

グラショウは国立科学財団の博士研究員になることが決まっていて、モスクワのレーベデフ物理学研究所で研究をする予定を立てていた。この博士研究員のポストに就くために、研究所のロシア人科学者からもハーヴァード大学の物理学者からも強い支持を取り付けていた。ロシア人研究者は素粒子物理学に興味を持っており、とくに共産主義体制によってソ連への情報の出入りが厳しく規制されて以降はずっとアメリカの同業者たちが何をやっているかを知りたがっていた。情報を交換してこの分野の進展を報告する有効な方法はロシア人とアメリカ人の科学者が相まみえることだけだと思われていた。

グラショウはソ連のビザの発給をヨーロッパで待つことにし、一九五八年九月にイギリスへ行ってその足でコペンハーゲンに向かい、ニールス・ボーアが世界中から自分の研究所に集めた物理学者の何人かと一緒に研究できればと考えた。「ボーア研究所は素晴らしい場所だった」とグラショウは自らの経験について語る中で言っている[*4]。

グラショウはコペンハーゲンでニールス・ボーアと昼食をともにすることが多かったが、ボーアはところ構わずパイプをくわえていたという。また研究所の知的刺激についても記憶している。ヨーロッパ滞在中には設立からわずか数年後のＣＥＲＮも訪れた。「現在ＣＥＲＮで見られる大きな建物群はすでにあったが、私には今は事務官だけが使っている居心地が良く広々とした建物のオフィスがあてがわれた[*5]」。新しいＣＥＲＮと古いコペンハーゲンの研究所との間には強い結びつきがあった。どちらも多くの国の科学者の間に密接な協力関係を築くための国際研究機関として設立されていた。新たなアイデアが導かれ、拡張され、探究されるそのような刺激的な研究所ではそれが一つの強みとなる。どちらの研究機関も、名を挙げようとする若い物理学者にとって垂涎のチャンスを与えていた。

パリに立ち寄ったグラショウはすでに有名になっていたマレー・ゲルマンと会って指導を仰いだ。二人はそれから長年にわたり物理学の問題に対して共同で取り組むこととなる。グラショウはヨーロッパから戻った後、全米を飛び回ってゲルマンの研究について講演したくらいだ。

電磁気力と弱い力を一つのゲージモデルへ統一する上でシェリー・グラショウが大きな貢献を果たしたのは、一九五八年から六〇年にかけてコペンハーゲンのボーア研究所やＣＥＲＮに滞在していたときのことだった――ソ連のビザを待っていたが結局発給されなかった。「弱い相互作用の部分対称性」と題したグラショウの論文は一九六〇年九月に掲載が認められて一九六一年に雑誌『ニュークリア・フィジックス』で発表された。[*6] この研究によりグラショウはワインバーグやサラームとともにノーベル賞を受賞することになる。

ヨーロッパ滞在中には楽しい生活を満喫した。スキー、ハイキング、パーティーに興じ、一九八八年出版の自伝によれば「ときにはガールフレンドと、ときには一人で」ヨーロッパじゅうを旅した。[*7] コペンハーゲンではあるとき、スウェーデンに住む若い女性から名前と電話番号の書いた紙をそっと渡された。電話をしてフェリーで彼女の住む町へ行ってみると、彼女は一六歳の高校生でボーイフレンドと別れたばかりで、シェリーに一緒にパーティーへ行ってもらって元ボーイフレンドを嫉妬させたいとのことだった。グラショウはそのふられた男と殴り合い直前までいったが、すぐに、コペンハーゲンで続けていた知的に大胆な、しかし危険は少ない研究へと戻っていった。

弱い相互作用と電磁気相互作用を統一するグラショウのモデルは大きな前進だったが、それら二つの力を結びつけるにはもっと多くの研究が必要だった。その仮説上のゲージボゾンが弱い相互作用を仲介するメカニズムは分かっておらず、それらのボゾン自体の性質も謎であり、統一のプロセスもよく理解されていなかった。

そんな中、ヒッグス、アングレアとブルー、グラルニクとヘイゲンとキッブルの論文がすべて一九六四年という同じ年に世に出た。それらの研究結果から、自然の対称性の破れによって粒子に質量が与えられるという、今ではヒッグスメカニズムと呼ばれているしくみの存在が浮かび上がってきた。しかしそれら三論文の主眼は、質量ゼロのゴールドストーンのボゾンを作らずにどうやって対称性を破れるかを示すことだった。ヒッグスの一九六四年の論文には質量さえ直接は扱われておらず、「質量ゼロのボゾン」という表現の一部としてしか登場しない。アングレアとブルーの論文、グラルニクとヘイゲンとキッブルの論文、そして一九六六年発表のヒッグスの二篇目の論文では、質量を持つゲージボゾンに触れられている。しかしそれ以上の記述はなかった。

自然界で質量が獲得されるしくみを扱う理論にとって最も重要な進展だったのは、弱い相互作用を仲介するゲージボゾンが質量を持っていると理論的に明らかとなったことだ——電磁気相互作用のボゾンである光子と違って質量ゼロではなかった。しかしピーター・ヒッグスも、対称性の破れに関して同じ結論に達した他の物理学者も、次の大きな一歩を踏み出してそれらのボゾンに質量を与える実際のメカニズムを示すことはできなかった。強力なヒッグスメカニズムのもとで弱い相互作用と電磁気相互作用を実際に統一させ、弱い力のボゾンに質量を与えるゲージ理論を定式化する洞察力を発揮したのは、現代最高の理論物理学者の二人、スティーヴン・ワインバーグと故アブドゥッ・サラームだった。

スティーヴン・ワインバーグは一九三三年にニューヨークで生まれ、シェリー・グラショウなど二〇世紀に重要な研究をおこなった多くの一流物理学者と同じく、子供に最高の教育を施して勉強好きになるよう仕向けることに専念したユダヤ人の両親のもとで育った。ワインバーグは幼い頃から自分が将来何をやりたいか分かっていた。自伝によれば父親にいつも科学に興味を持つよう促され、「一五歳か一六歳には理論物理学に興味を集中させていた」という。*8

一九五〇年にブロンクス科学高等学校を卒業したワインバーグはコーネル大学で物理学の勉強を続け、一九五四年に卒業した。そして同じ年にコーネルの学部生と結婚した。その相手ルイーズ・ワインバーグは今ではテキサス州の名うての弁護士で法学の教授でもある。スティーヴンはすぐには大学院へ進まずにコペンハーゲンへ渡り、普通はすでに博士号を取得して研究の道筋を固めたもっと年上のエリート物理学者がたどる道を若くして進んだ。まだ学士の学位しか持っていなかったが、最先端の科学で人より先にスタートを切りたかったのだ。そこでボーア研究所で学べるようフルブライト奨学生に応募したが、奨学生を選ぶフルブライト委員会の顧問を務めるボーアに反対票を投じられた。テキサス大学オースティン校の物理学科のオフィスでワインバーグは次のように説明してくれた。「ボーアは私個人に反対したのではない。デンマーク語が分からない外国人学生にとって研究所に来ても得るものはないと考えていただけだ。研究所で開かれる学会は英語でおこなわれていたが、講義はふつうデンマーク語で進められていた」[*9]

しかしスティーヴン・ワインバーグは、言葉の問題にひるむような人物ではなかった。ワインバーグはボーアが拒否したのを知らされる前に同じ目的で国立科学財団（ＮＳＦ）の奨学生にも応募したが、ＮＳＦはボーアに意見を求めはしなかったらしい。コペンハーゲンにやって来たワインバーグ夫妻はボーアに温かく出迎えられ、ボーアと格式張った夕食を楽しんだ。「妻はボーアの隣に座ったけれど、ほとんどデンマーク語でつぶやかれるだけだったので、言っていることがほとんど理解できなかった」[*10]

ボーアの国際的な研究所の知的環境の中でワインバーグは、ヴェルナー・ハイゼンベルクやポール・ディラックといった伝説的な物理学者と出会ったが、残念ながらあまりためにはならなかった。「ハイゼンベルクは自分の研究ばかり気にして、若い連中のやっていることには興味を示さなかった」とワインバーグは残念そうに言う[*11]。現代素粒子物理学の枠組みである相対論的な場の量子論を打ち立てたディラックもまた、野心を抱く若い物理学者を手助けするような性格ではなかった。
しかしもっと若い仲間にワインバーグは大いに助けられ、デイヴィッド・フリッシュとグンナー・ケーレンは博士課程入学前のワインバーグが実際に物理学の研究をするのを手助けしてくれた。コペンハーゲンで一年を過ごしたワインバーグ夫妻はアメリカへ戻り、スティーヴンはプリンストン大学の博士課程に進んで一九五七年に博士号を取得した。それから一〇年後の一九六七年秋、MITの客員教員として働きつつ、よちよち歩きの娘の父親として日々の生活を送っていたスティーヴン・ワインバーグは大発見を成し遂げる。それは自宅からオフィスへ車を走らせているときのことだった。
そのときワインバーグは強い核力の性質を理解するという興味深い問題に何カ月も取り組んでいた。さまざまなリー群とそれらがアップクォークとダウンクォークにどのように作用するか——原子核の中での強い相互作用の色の対称性に対して、「フレーバー」の対称性という——に注目し、その対称性がどのように破れるかを調べていた。すると、局所的であると同時に大域的でもある——空間内のどこでも定義されるが場所によって異なる値を取ることも許される——対称性を見つけたのではないかと気づいた。その性質があればこの対称性はきわめて強力になる。もしそうならばヤン＝ミルズのゲージ理論の理論的要請を満たすことができる。ワインバーグは可能性のある二種類のリー群を調べたがどちらも正しくないことが分かり、行き詰まっていた。[*12]
そんなある日、赤いカマロを走らせてMITへ向かっていると、その考え方が別の問題を理解するのに有効だと気づいた。弱い相互作用の問題だ。自分が編み出した方法論によって強い核力でなく弱い核力の振る舞いを説明できるとワインバーグは悟った。彼は間違っていなかった。間違った問題に取り組んでいただけだったのだ！

ひらめきを得たワインバーグはふさわしいリー群を見つけ、その群を使えば弱い力と電磁気力を統一できることに気づいた（それ以前のグラショウの研究とは完全に独立におこなわれた）。さらにその発見した対称性が自発的に破れ、電磁気学で使われている円の対称性である小さなリー群が出てくることも分かった。[13]

相手にしていたのは局所的な対称性を持つヤン＝ミルズのゲージ理論だったため、そこからは一種類の質量ゼロのボゾン――ゴールドストーンの悪名高いボゾンでなく電磁気理論の通常の光子――と三種類の質量を持つボゾンが魔法のように導かれることが分かった。それらの質量を持つボゾンは電荷を持つ重い粒子W^+とW^-および中性のボゾンで、その最後のものをワインバーグはZ^0と命名した。これら三種類のボゾンはすべてヒッグスメカニズムによって質量を獲得した。

バートン・ツヴィーバックの説明によれば、ヒッグス場はもともと四つの成分を持っていたという。[14]その対称性が自発的に破れると「二種類のWと一種類のZが互いに食い合って質量を獲得し、ヒッグスだけが未発見のまま残されたのだ！」[15]

こうして電弱理論が完成し、その各パーツもすべて正しい位置に収まった。ワインバーグはそれらのベクトルゲージボゾンの質量も見積もった。その後の実験によって、電荷を持つ二種類の

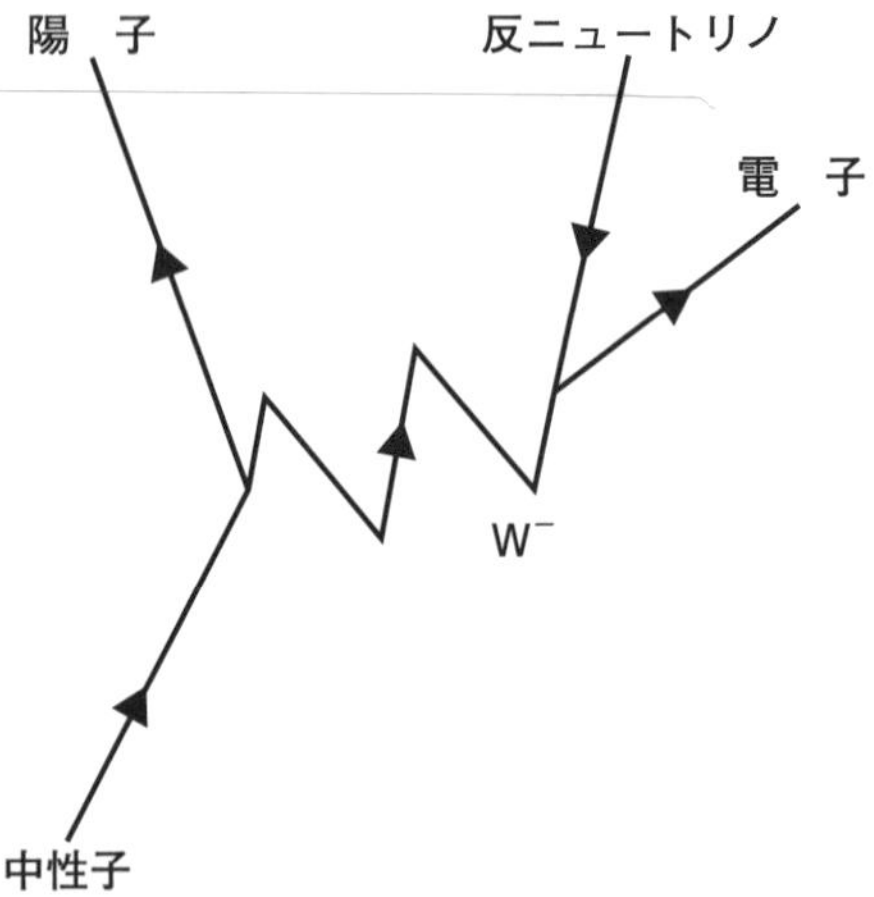

スティーヴン・ワインバーグが研究したベータ崩壊プロセス（反ニュートリノの矢印が逆を向いているのは、反粒子を時間をさかのぼる粒子として捉えているため）

W粒子はおよそ八〇GeV、中性のZ粒子は九一GeVであることが示された。

きわめて複雑な物理的状況に目を向けてそれに当てはまる正確な対称性を見つけ、それをモデル化できるリー群を特定するというこのプロセスに、私は魅了された。スティーヴン・ワインバーグにどうやってそれを成し遂げたのか訊いてみた。すると、「推測をして、その推測が正しいかどうか見極めるだけだ」という答だった。[*16] 彼は精巧な彫刻が施された杖を使ってオフィスの反対側にある黒板のところへ歩いていき、ベータ崩壊のファインマンダイヤグラムを書いた。「中性子のベータ崩壊で出てくる電子と反ニュートリノに着目した。そしてそれら二つのレプトンを結びつける何らかのゲージ理論があるはずだと考えた」。そのモデルはクォークにも通用するはずだったが、ワインバーグは電子と反ニュートリノに焦点を定め、『フィジカル・レヴュー・レターズ』に掲載された今では有名な論文に「レプトンのモデル」というタイトルを付けた。[*17] ベータ崩壊プロセスのファインマンダイヤグラムを前ページの図に示してある。

この論文はわずか二ページ半（参考文献と謝辞を含め）という長さだが、これまでに書かれた物理学の論文の中で最も重要なものの一つだ。このワインバーグの論文は何年間もほとんど無視され、その後ようやく物理学者たちはその重要性に気づいた。ワインバーグは、自然によって自発的に破れる実際のゲージ対称性を特定し、ヒッグスメカニズムを使って光子は質量ゼロに保ったまま三種類の弱い力のボゾンに質量を与えた。そうしてこれら三種類の力媒介粒子だけでなく質量を持つすべての粒子（おそらくニュートリノは除かれる）の質量を作り出し、この原初の対称性が破れるとともに弱い力と電磁気力を分かち、宇宙の極めて初期に存在した一つの統一力をバラバラにした。さらにワインバーグは三種類の弱い力のボゾンの質量も見積もった。これをすべて二ページ半でおこなったのだ！　論文「レプトンのモデル」は史上最も中身の濃い論文の一つであるに違いない。ワインバーグの理論はＣＥＲＮにおいて最も劇的な形で実験により証明されることになる。

アブドゥッ・サラームは、現在はパキスタンに属するが一九二六年当時はインドの一部だった農業地帯のジャンで生まれた。父親はその地区の教育担当官だった。アブドゥッはきわめて出来の良い学生で、一四歳のときにはパンジャブ大学の入学試験でそれまで誰も取ったことのない好成績を収めた。そのおかげで奨学金を与えられ、一九四六年に修士号を取得して卒業した。続いてイギリス・ケンブリッジ大学のセントジョーンズカレッジで数学と物理を学ぶための奨学金をもらった。そこでの優れた研究により、博士号取得前における物理学に対する傑出した貢献を讃えるスミス賞を授与された。[*18]

次にサラームはケンブリッジで理論物理学の博士号取得を目指した。量子電磁力学に関する博士論文は一九五一年に発表された。同じ年にサラームはインドから混乱のなか分離独立してパキスタンとなっていた母国へ戻り、ラホーレのガヴァメントカレッジで数学を教えはじめた。そして一九五二年にはパンジャブ大学数学科の学科長となった。しかし一九五四年にケンブリッジで講師のポストに就いた。

何年か後にサラームはイタリアのトリエステへ行き、アブドゥッ・サラーム国際理論物理学センター（ＩＣＴＰ）を立ち上げた。一九九六年のサラームの死後も存在しているＩＣＴＰは、世界中から理論物理学者を集めて滞在中に切磋琢磨してもらう研究機関だ。

サラームはヴォルフガング・パウリと親しかった。一九五六年にシアトルで開かれたある学会に出席した帰り、サラームは軍人やその泣き叫ぶ子供たちでいっぱいのアメリカ空軍輸送機でロンドンへ戻った。長いフライトでは眠ることもできず、ニュートリノが関係する対称性の破れの理論を頭の中で導いた。そのときのことをサラームは次のように描写している。

次に行けるのはどこだろうかと考え、ニュートリノの父パウリがいるチューリヒに近いジュネーヴのCERNに決めた。当時のCERNはジュネーヴ空港からすぐのところに建つ木造の山小屋にあった。友人のプレントキとデスパーニャがいた他、山小屋のガスコンロではCERNお決まりの食事――リブロースステーキのクリームがけ――が調理されていた。[*19] 山小屋にはその日にチューリヒのパウリのもとを訪れる予定のMITのヴィラーズ教授もいた。私は教授に自分の論文を託した。翌日戻ってきた教授は、神託所からのメッセージを伝えてくれた。「我が友人サラームによろしく。それから何かもっとましなことを考えるよう言ってくれ、と[*20]」

自然の力の統一に関する自分のアイデアがパウリにむげもなく斥けられたことに、サラームは面食らった。しかし、このパウリの反応は重力と電磁気力を統一しようとしたアインシュタインの試みに対する嫌悪感が尾を引いているからだと、自分に言い聞かせた。パウリはかつて、これらの二つの力は「結びつきようがない――神が真っ二つに切り裂いたからだ」と言ったことがあった。[*21] しかしその八年後、ゴールドストーンの定理を回避する方法として提唱されていたヒッグスメカニズムを、ワインバーグとサラームは電磁気力と弱い力を統一させる方法として捉えた。一九六八年にサラームは独自の電弱統一理論を論文「弱い相互作用と電磁気相互作用」に書き上げ、局所的ゲージ対称性の破れによってゴールドストーンの定理の問題を回避する方法、ゲージボゾンの質量を導く方法、電弱統一が起こる方法を示した。

サラームはノーベル賞受賞講演の席で、「ヒッグスメカニズム」を導いてゲージボゾンとその他の粒子に質量が与えられることを示した何人もの物理学者の貢献に対して感謝の言葉を語った。

スピンゼロの場を使った自発的な対称性の破れによってベクトルメソンに質量が生じるしくみを示すとともに、ゴールドストーンを打ち負かした、一九六三年から始まるアンダーソン、ヒッグス、ブルーおよびアングレア、グラルニク、ヘイゲン、キッブルの今では有名な貢献について長々と語ることはしません。いわゆるヒッグスメカニズムです。電弱理論に至る最後の一歩を踏んだのがワインバーグと私自身（そして私にヒッグス現象のことを教えてくれたインペリアルカレッジのキッブル）です。[*22]

サラームはパキスタンとの結びつきを生涯失わなかった。そしてパキスタン人とイギリス人、二人の妻を同時に持っていた。パキスタン人の妻ハフィーザとは親の決めた縁談で結婚して息子一人と娘三人をもうけた。その後ある若い女性と恋に落ちたが結婚は叶いようもなく、その絶望がイギリスへの移住を決断させたと言われている。そしてイギリスでオックスフォード大学教授のデーム・ルイーズ・ジョンソンと結婚して息子と娘を一人ずつもうけた。

サラームは重婚状態を八年間秘密にしていたようだが、一度だけある友人に「実は二番目の妻がいるんだ」と打ち明けたことがある。デーム・ルイーズは夫の死から何年か後に新聞の取材に対して次のように語っている。「出会ったときには、夫はすでに有名な科学者でした。夫の研究のことは知っていて物理の本も読んでいたので、その才能にはとても心打たれました。……夫には他にも私たちを近づける何かがありました。イギリス統治時代に育ったので、イギリス文学、とくにロマン派にかなり精通していました。その伝統が夫には少し乗り移っていたのです[*23]」

一九七九年のノーベル賞授賞式ではサラームの妻が二人ともストックホルムへやって来た。スウェーデンの当局者はかつてない儀礼上の問題に頭を抱えた。スウェーデン国王はどうやって一人のノーベル賞受賞者の二人の妻を迎えたらいいのだろうか？　文化的風習の衝突がパキスタンとスウェーデンの外交問題に発展しかねないと心配する人もいた。結局ある解決法が見つかった。二人の妻を完全に隔てて決して近づけず、レセプションホールの反対端に座らせる[*24]。この異例の状況に対して当局者が機転の利いた対応をおこなったおかげで平和は保たれ、外交問題が浮上することもなかった[*25]。しかし授賞式の観客は二人の妻がいる両端から視線を外さなかった。式が終わると二人は別々の祝賀パーティーを開いた。

サラームは何事についても不遜で型破りの態度を取ったと評されていて、「そのような人生の謳歌とアシカの吠える声に似た笑い声は、インペリアルカレッジの理論グループの廊下じゅうに響き渡るくらいだった[*26]」。人を脅すような性格だったと言う人もいる。いつも課題を与えて追い詰めようとする厳しい教授から、学生たちは当然逃れようとしていた[*27]。

しかし、ワインバーグ＝サラーム理論が実際に通用するかどうかはどうして分かったのだろうか？　ワインバーグ＝サラーム理論が繰り込み可能であること、つまり物理学のいくつものモデルを悩ませている無意味な無限大の解が生じるという問題から逃れられることを証明したのは、ヘーラルト・トホーフトだった。

ヘーラルト・トホーフトはオランダのデン・ヘルダーで、国の科学のエリートに属する一家に生まれた。大伯父のフリッツ・ゼルニケは新型顕微鏡の発明を可能にした科学研究によりノーベル賞を受賞した。そしてそれを使って生きた細胞の像を見る方法を生物学者に示した。ゼルニケの妹すなわちトホーフトの祖母は、やはり有名な科学者で指導教授だったピーテル・ニコラース・ファン・カンペンと結婚した。その息子すなわちヘーラルト・トホーフトの叔父は、ユトレヒト大学の理論物理学教授で甥の師となるニコラース・ホットフリート・ファン・カンペン。小学校で大きくなったら何になりたいかと訊かれたヘーラルトは「何でも知っている人になりたい」と答えた。まだ「教授」という言葉を知らなかったが、それが偉大な人だということは知っていた。[*28]

トホーフトの通う高校の物理の教師は自分と同僚の書いた教科書を使っていた。ヘーラルト・トホーフトはその物理的内容に間違いを見つけ、有名な叔父ファン・カンペン教授の助けを借りて教師に間違いを示した。結果として「そのページはその後の版で姿を消した」[*29]

トホーフトは叔父の指導のもとユトレヒト大学で理論物理学を学んだ。そこで素粒子物理学の若い教授マルティヌス（「ティニ」）・ヴェルトマンの影響を受けた。トホーフトの際立った成績は家族の名声によるものではないかと疑ったティニは、指導しているその新入生の才能を試したいと思った。[*30] そこで非アーベルゲージ理論に関するヤンとミルズの論文を与えてみた。その数学、物理学的考え方、方程式、導出にはどんなに研鑽を積んだ博士課程の学生でも頭を抱えるため、学部生に歯が立つような代物ではなかった。しかし教授が驚いたことに、エリート科学一家出身のその新入生は論文に夢中になって完全に理解してしまった。二人はヤン＝ミルズについて真剣に議論するようになった。

ヘーラルト・トホーフトはヤンとミルズの論文が「素晴らしいものだ」と知った。美しく意味深長で唯一無二だった。しかし無用の長物だった。ヴェルトマンはトホーフトに「この論文が記述している粒子は自然界に存在しないが、何か修正された形式であれば実在する粒子を記述するようになるかもしれない」と言った。[*31] 修正された形式とはどんなものか？　ヘーラルトは自問した。「いわゆるゴールドストーンの定理に関して大きな混乱があった。抽象数学に頼りすぎて細かい部分を見ていない一つの例だった」とトホーフトは説明する。[*32] 二〇〇九年五月のインタビューでは、ゴールドストーンの定理から出てくる質量ゼロのボゾンなど存在しないと信じていた、と語っている。[*33]

一九六九年にヴェルトマンのもとで博士課程に進んだヘーラルト・トホーフトに教授は、博士研究で取り組む問題を選ばせた。しかし何より興味を惹いたのは、ヤン＝ミルズ・モデルの繰り込みというきわめて難しい問題だった。一九七〇年にトホーフトは、コルシカ島のカルジェーズ――フランスのどこよりも平均して日の光が強いことで選ばれた――で開かれる理論物理学のサマースクールに参加した。トップクラスの理論物理学者が集まるその場でトホーフトは、ヤン＝ミルズのゲージ理論を繰り込み可能にして無限大を完全に排除し、モデルが完全に物理的な意味を持つようにするという問題について最初の進展を成し遂げた。[*34]

その後ヴェルトマンとトホーフトはこのゲージ理論を意味のあるものにすべく一緒に取り組んだ。ヴェルトマンは、理論物理学では当時目新しかった、コンピュータを使って大半の計算をするという方法を信頼した。そしてコンピュータセンターにある、カードの束を入力とする巨大コンピュータに向かった（直接データを入力するキーボードが発明される前だった）。

最終的にヴェルトマンとトホーフトはヤン＝ミルズのゲージ理論が繰り込み可能であることを示すのに成功した。理論素粒子物理学におけるとてつもないブレークスルーで、二人は一九九九年にノーベル賞を共同受賞する。やはりノーベル賞受賞者のアブドゥッ・サラームはアメリカ人素粒子物理学者の故シドニー・コールマンの言葉を引用して「トホーフトの研究がワインバーグ＝サラームのカエルを魔法にかけて王子に変えた」と言っている。[*35]しかしその理論を確固たるものにするには強力な実験的証明が必要だった。それはまもなくしてＣＥＲＮでの仰天の発見によってもたらされる。

一九七三年にアンドレ・ラギャリーグがワインバーグの理論を支持する初の証拠を発見した。

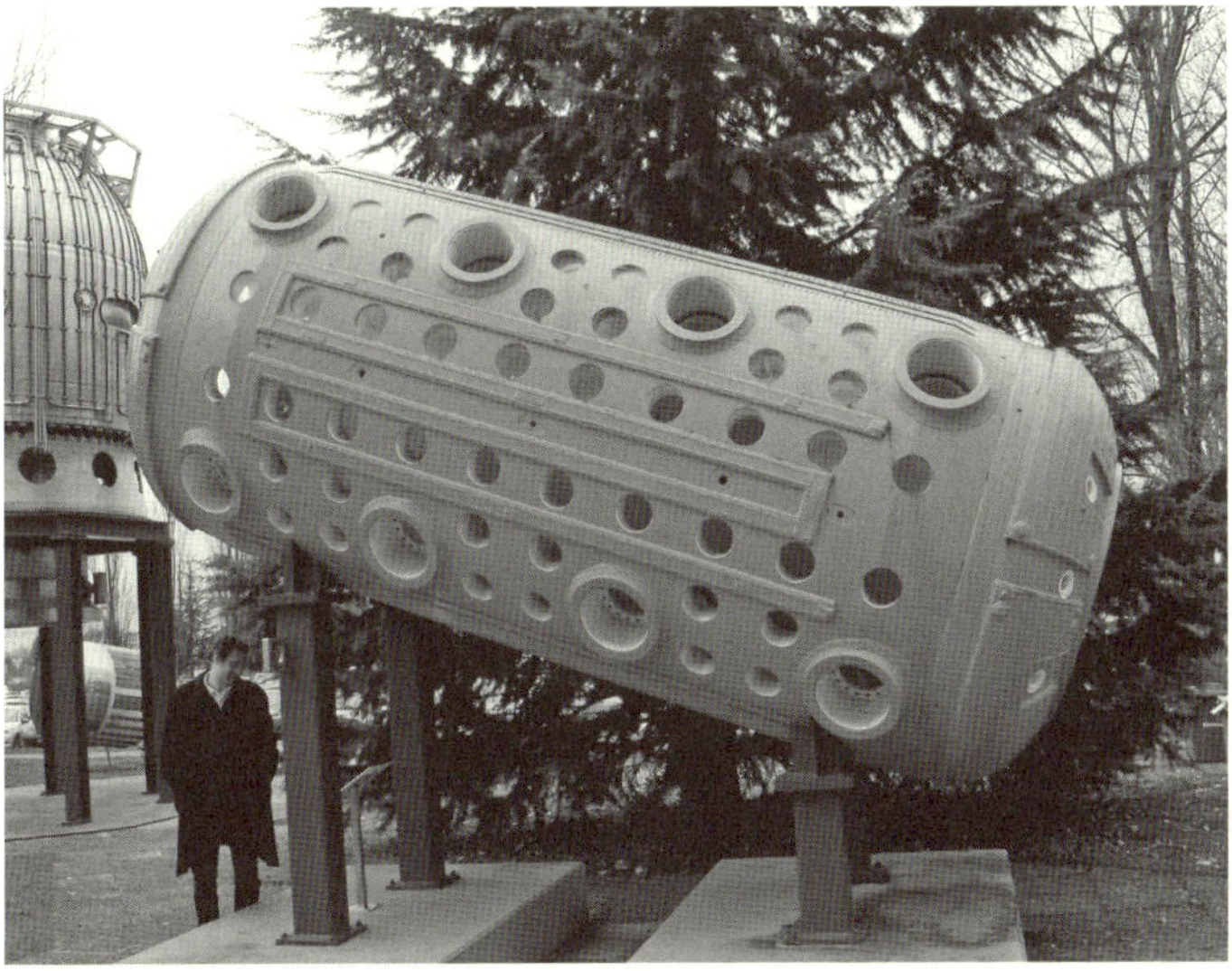

CERNに展示されている有名なガルガメル泡箱とパオロ・ペターニャ。その後ろは大型ヨーロッパ泡箱

ＣＥＲＮは、パリ南西のサクレーにあるフランスの原子核研究センターに、ＣＥＲＮの加速器でおこなうさまざまな実験で使える強力な泡箱の製作を依頼していた。技術者たちは、小さな調査用潜水艦ほどのサイズで見た目もそれにそっくり、オレンジ色に塗られた鋼鉄製のボディーにたくさんの丸窓の開いた大型泡箱を作った。そして、一六世紀のフランス人作家フランソワ・ラブレーの風刺小説『ガルガンチュワとパンタグリュエル』に登場する食いしん坊の巨人ガルガンチュワの母親にちなんで、ガルガメルと命名した。この泡箱はまさに巨大《ガーガンチュアン》で、重さ二五トン、稼働中は一八トンのフロンかプロパンで満たされる。

　ＣＥＲＮはガルガメルを使って一九七〇年代前半から開始する実験のリストを作っ

た。一九七二年五月の会合の席、ある科学者の委員会が研究所の上層部に、泡箱を使った実験のリストで第八位という優先順位の低いある実験をおこなわせてほしいと説得した。存在が疑わしい「中性カレント」を探す実験だ。日常生活でいう電流《カレント》とは、電線などの媒体中を荷電粒子が流れることを指す。それは電磁気力に支配された相互作用だ。中性カレントは、弱い力の作用によって作られた中性粒子、つまり電荷を持たない粒子の流れということになる。当時そのようなカレントが存在すると考える人はほとんどいなかった。しかしワインバーグの中性ボゾンZ^0は、もし実際に自然界に存在するとしたらそのような中性カレントを仲介する。

アンドレ・ラギャリーグとCERNの同僚たちはただちに準備に取りかかり、ニュートリノと反ニュートリノの非常に強力なビームを加速器から交互に放出させてガルガメル泡箱の内部に集束させた。前に述べたようにニュートリノは物質とほとんど相互作用したがらないが、加速器からやってくる粒子がきわめて多かったために時折ニュートリノか反ニュートリノがガルガメルの中の液体と相互作用し、泡の連なりを後に残してそれにより記録された。その中にはニュートリノが姿を変えずに生き残るものもあった。それが中性カレントの証となり、ワインバーグのZボゾンの存在を示す間接的証拠を与えた。

しかしそのボゾンはどこにあるのだろうか？　誰かが実際に見つけなければならなかった。ワインバーグが予測した中性ボゾンZ^0および電荷を持つ二種類のボゾンW^+とW^-は、CERNの当時新型だったSPS加速器における陽子＝反陽子衝突を使い、イタリア人物理学者カルロ・ルッビア率いるチームとオランダ人物理学者シモン・ファン・デル・メールの重要な取り組みによって発見された。Ｗボゾンは関係する相互作用の種類に応じてプラス一またはマイナス一の電荷を持つ（電子と反ニュートリノが生成するベータ崩壊プロセスはW^-ボゾンによって、陽電子とニュートリノが生成する「逆」タイプのベータ崩壊プロセスはW^+ボゾンによって仲介される）。W^+とW^-は互いに反粒子の関係にある。どちらのＷボゾンもきわめて重く――だからこそ検出が難しい――質量はおよそ八〇ＧｅＶ。弱い相互作用の三番目のボゾンZ^0は電荷ゼロ（自分が自分の反粒子）のため電荷の変化を伴わない反応を仲介し、さらに重い九一ＧｅＶの質量を持つ（ワインバーグは八〇ＧｅＶ以上と見積もっていた）。陽子の一〇〇倍の重さだ。

このためＷとＺ探しはかなりの難題だった。成功に至ったのは、ＣＥＲＮで一三五人の科学者が二グループ――一方をルッビアが率いた――に分かれて昼夜を問わず相当の努力を払ったためだ。科学者たちは膨大な量のデータを解析した。電荷を持つＷボゾン（寿命わずか3×10^{-25}秒で崩壊する）は一九八三年一月に、中性ボゾンZ^0（やはり3×10^{-25}秒で別の粒子へ崩壊する）はその四カ月後の一九八三年五月に発見された。ノーベル委員会は無駄な時間を費やさず、例外的な措置として翌年にルッビアとファン・デル・メールにノーベル賞を授与した。

現在のＬＨＣで必要となるデータ解析量は、弱い相互作用のボゾンの存在を証明するのに必要だった相当量の計算よりもはるかに大量だが、ここ二〇年でコンピュータ技術は長足の進歩を遂げている。それでもＬＨＣには、ワールドワイドウェブを通じてグリッド状につながり世界中で分散コンピューティングをおこなう、何千台ものコンピュータが関わっている。

ルッビアのチームともう一つのチームがSPSの中で起こした最初の一〇億回の衝突からは、合計六個のW粒子が発見された。さらに一〇億回の衝突の解析であと五個のW粒子が見つかった。[*36] 現在までに大型加速器での粒子衝突の解析により数万個のWボゾンと数百万個のZボゾンが見つかっている。弱い力の作用を仲介する三種類のボゾンがCERNで発見されたことにより、ワインバーグ、サラーム、グラショウの電弱統一理論の強力な証明が得られた。またそれによって物理学者は、電弱相互作用が一角を占める標準モデル全体に対する信頼を深めた。そして現在では、三種類の弱い相互作用のボゾンやそれ以外の粒子に質量を与える謎の粒子、ヒッグスを見つけることが何よりも重要だと考えるようになっている。

素粒子物理学の標準モデルは重力の効果を含んでいないが、それでも数多くの新現象を正確に予測するとともに膨大な既知の現象を説明してくれるため、現代科学で最も成功している理論の一つだと広く認められており、多くの物理学者は物理学最高のモデルと見なしている。標準モデルは、粒子がグループ内およびグループ間でどのような関係にあるのか、そして電磁気力、弱い力、強い力という自然界の力が力媒介ボゾンという特別な粒子を通じてどのように粒子に作用するのかを教えてくれる。しかしすでに述べたように標準モデルでもすべてが説明できるわけではない。重力の効果に加えて粒子の質量も説明できず、また初期宇宙における三つの力の完璧な統一を達成することもできない。

時間をさかのぼって標準モデルをビッグバン直後まで外挿すると、このモデルの三つの力は一点で一致しない。しかしビッグバンによる超高エネルギーの領域では三つは統一されなければならないと物理学者は考えている。最後に標準モデルは宇宙最大の謎であるダークマターやダークエネルギーの存在も説明してくれない。

しかし標準モデルは現在のところ素粒子物理学において最も優れたモデルであり、グラショウ、ワインバーグ、サラームによる四つの力のうち二つの「統一」は現代科学の大きな進歩である。その二つの力、電磁気力と弱い力は表面的にはとても違って見える。一方は電子に作用し、我々が光子と呼ぶ質量ゼロのボゾンで仲介される。そして遠距離でも働く。磁石は離れた場所の物体に影響を与え、雷は大気圏上空から地上の一点に落ちる。もう一方の力である弱い力は原子核の内部というとても短距離で作用する。そしてその力は二種類のWおよびZというとても重いボゾンにより仲介される。それでもこれら二つの力は理論的に深いところで似ており、そこから彼ら三人のノーベル賞物理学者は、電磁気力と弱い力は初期宇宙において対称性が破れた一つの統一力の持つ二つの顔だと考え、最終的にそれを証明した。

このいわゆる電弱統一によって物理学者たちは、最終理論によって自然の四つの力すべてを統一できるかもしれないという新たな希望を持った。さらに四つの力の強さを外挿してビッグバンへ時をさかのぼっていくと、ビッグバン直後の高エネルギーにおいて一点で交わろうという「意志」は見られるものの、決して一点では交わらない。そのため一部の物理学者は、きっと標準モデルは物理学の最終理論ではなく、四つの力をもっと良く一致させてビッグバン直後の時代に統一させてくれる別の理論を探すべきだと考えるようになった。その目標達成への期待が最も大きい二つの理論について第11章と第12章で述べる。第11章では標準モデルを超え、科学の最前線にあるそうした突飛で未検証のモデルに光を当てて深い理解をもたらすと思われる現象として、LHCで見つかるであろういくつかのものについて見ていく。

第11章　ダークマター、ダークエネルギー、宇宙の運命

アインシュタインの一般相対論は、完璧な物理理論の模範だと広く見なされている。アインシュタインの方程式を物理学者は、美しい、あるいはエレガントと評する。それはどういう意味なのか？

アインシュタインの理論は、きわめて複雑な時空の現実を、最小限のパラメータを使った驚くほど簡潔な方程式によって記述する。そのためこの理論は、最も単純な理論が正しいに違いないという、オッカムのカミソリと呼ばれる原理にかなっている。あるいはアインシュタインの有名な言葉のように、「理論はできるだけ単純でなければならないが、単純すぎてはならない」

また、空間と時間にどのような座標系を使っても物理法則は変わらないとする、何よりも重要で強力な空間の対称性——一般共変性という——が存在する。例えば理想上の都市の三四番通り二番街から一九番通り四番街までの距離は、通りの番号の付け方に左右されない（交差点は直角

で道路は等間隔に並んでいるとする）。この対称性がアインシュタインのモデルの根底にあり、そのためにこの理論はエレガントになっている。物理法則を説明するには欠かせない対称性だ。アインシュタインによってエレガントという考え方は物理学で独自の立場を獲得している。美的に満足できる方程式を導くからだけでなく、自然を説明する上でエレガントであることが有効だと思われるためだ。満足できる方程式は正しいことが多い。自然は美を好むのだ。

次に優れた物理モデルである、やはり対称性の考え方に基づいた標準モデルによって物理学者は、数学的にも美的にも満足できるさらなるモデルを探そうと勇気づけられ、そのようなモデルは自然を正しく記述してくれるはずだと信じている。しかし自然は必ず、こうした原理に従うのだろうか？　この章と次の章では、美しく刺激的で愉快に考察し追究できる、比較的新しい物理理論をいくつか見ていく――ほとんどが二〇世紀の後半三分の一に導かれた（おおもとをたどると二〇世紀前半にさかのぼる）。しかしいずれの理論に関しても実験による裏付けの証拠はまだ一つも見つかっていない。

その一方で、さまざまな試みによってもまだ説明できていない「物理現象」もいくつか存在する。そのためそのエレガントなモデルをこれらのまだ説明できていない現象と一致させようとする必要性が大いにあり、物理学者はそれらの謎のうち少なくともいくつかが美しい新理論によって解明されるかもしれないと期待している。それらのモデルのいくつかにとって、その究極のテストはＬＨＣの取り組みにかかっているかもしれない。

　宇宙が膨張していることは一九二〇年代から分かっている。しかしその膨張のスピードが時間とともにどのように変化しているかについてはあまり分かっていなかった。かつて多くの物理学者は次のように考えていた。重力は空間を限りなく広がっていくため、ビッグバンにより引き起こされた膨張は宇宙に存在するすべての物質どうしの引力によってやがて減速し、遠い未来に宇宙は再び収縮するだろう。そしておそらく次のビッグバンが起こり、誕生、死、復活というサイクルが永遠に繰り返されていくだろうと。

　ところが一九九八年、このような希望に満ちた自然観と自己再生の可能性は粉々に打ち砕かれた。バークレーのソール・パールミュッターとハーヴァードのロバート・カーシュナーがそれぞれ率いる二つの天文学者チームが互いに独自に、遠くの銀河の後退速度の研究による驚くべき発見について発表した。宇宙の膨張は減速しておらず逆に加速していたのだ。したがって、その加速を上回る魔法の力が邪魔をしない限り宇宙は永遠に膨張することになる。最終的に遠い未来には宇宙はとてつもなく希薄になり、すべての恒星が核燃料を燃やし尽くせば死に至るだろう。

　この発見は科学界で大ニュースとなった——誰も予想していなかったからだ。この加速膨張を引き起こす数学的な引き金は、もともと一九一七年にアインシュタインが宇宙のモデルに使って以来長いあいだ見捨てられてきた、宇宙定数あるいはラムダと呼ばれるものだと特定された。アインシュタインがモデル化した宇宙は膨張あるいは収縮をしたがったが、当時の天文学者は宇宙は静的だと言っていた。そこでアインシュタインは方程式にラムダ（記号として使ったギリシャ文字）と名付けた項を付け加えて宇宙の膨張収縮を防いだ――そして宇宙の膨張を理論的に予測する機会を失った。

一九二九年にヴェスト・スライファー、エドウィン・ハッブル、ミルトン・ヒューメイソンが宇宙の膨張を発見したことを知ったアインシュタインは、怒り混じりにラムダを投げ捨ててこう叫んだ。「宇宙定数とはおさらばだ！」。皮肉なことに、アインシュタインの方程式のラムダに似た項を使い、宇宙の膨張を抑えるのでなく実際に加速させれば、加速宇宙をモデル化できる。ラムダを使ってモデル化するかどうかにかかわらず、科学者は宇宙の膨張を加速させている力を特定できなかった。そのため、空間全体に広がる未知の謎めいた何らかのエネルギーが存在しており、その影のようなパワーが時空の枠組みそのものを常に「押し広げ」、重力に逆らって空間を外側に押しつづけているという結論に達せざるをえなかった。宇宙の膨張を加速させるという作用以外に見ることも感じることもできない奇妙なたぐいの力だ。この見えないエネルギーは「ダークエネルギー」と呼ばれている。

ダークエネルギーの発見は、宇宙に関するもう一つの謎、カルテックのスイス系アメリカ人天文学者フリッツ・ツヴィッキーが一九三三年に発見して以来科学者たちを悩ませつづけている謎を人々に思い出させた。ツヴィッキーは、銀河がその中の恒星に、あるいは銀河団がその中の銀河に及ぼす重力を慎重に調べ、それだけでは辻褄が合わないという結論に達した。すべての恒星や塵に基づいて見積もった銀河の質量では、その銀河がバラバラにならないようつなぎ止めるのに必要な分に到底足りなかったのだ！　そこでツヴィッキーは、宇宙には我々の望遠鏡で見えるよりはるかに多くの質量が存在するはずだと結論した。この謎めいた行方不明の質量は今では「ダークマター」と呼ばれている。

それから何十年か、どんどん巨大化する望遠鏡とやはり進歩著しい解析手法を使って天文学的研究がいくつもおこなわれてきたが、ツヴィッキーが見つけた、目に見える全質量と銀河の集団的な引力から推測した全質量との食い違いを解消することはできていない。宇宙の行方不明の物質はいったいどこにあるのだろうか？　ダークマターはいまのところ通常の物質に及ぼす強い重力効果によってしか検出されていない。通常の物質と違って電磁気的には相互作用しないらしい。見ることも感じることもできないが、恒星や銀河をつなぎ止めるのに必要な重力の辻褄を合わせるには欠かせないため、どこかに存在することは分かっている。

現在では宇宙の全質量＝エネルギー（アインシュタインの式によれば二つは同等なのだった）の九六パーセントが目に見えないと考えられている。七三パーセントがダークエネルギーで二三パーセントがダークマター、残り四パーセントの質量＝エネルギーのほとんどがガスや塵だ。観測可能な宇宙に存在する全質量＝エネルギーのうちたった〇・四パーセントが光を発する恒星の形を取っている。[*1] ダークマターは宇宙のすべての「物質」の八五パーセントをも占めていることになる。

計算により、その行方不明の物質はブラックホールの中に隠れていることもないし、大量に存在して他の物質とほとんど相互作用しないニュートリノでも説明できないことが分かっている。それらの全質量を足し合わせても行方不明の分には到底及ばない。我々の宇宙で行方不明になっている膨大な質量の性質についてはいまのところ何も分かっていない。

宇宙のエネルギー＝質量に関するこれらの二つの謎——ダークマターとダークエネルギー——はその性質を解き明かそうという試みをすべて斥けており、科学者にとってその重要性はどんどん増している。そこで宇宙の四分の一近くを形作るダークマターの候補を見つけ、またダークエネルギーを説明しようという研究が本格的に進められている。天文学者や天体物理学者や宇宙論学者は極大の領域でこれら二つの大問題を解決しようとして挫折したため、極小の世界の専門家である素粒子物理学者にそれらの謎を解く手助けを求めた。素粒子物理学者はその挑戦に応え、標準モデルを超える物理学の探求に乗り出した。

ダークマター候補を探す中で物理学者はさまざまな可能性を思いついたが、その一つが我々の周りの物理世界では見られない奇妙な想像上の粒子、「エキゾチック物質」だ。物理学者が思いついた候補の中にはあまりに謎めいたものもあり、それらは「ダーク」の「D」や「未知」の意味の「X」、あるいはQボール（物質の小さな塊）、アクシオン、サクシオンといった名前で呼ばれている。いまのところこれらのエキゾチックな存在は想像の産物でしかない。しかしLHCでの発見によりそれらの奇妙な物質のいずれかが特定されれば、宇宙の構造に対する我々の見方は間違いなく変わるだろう。

ダークマターを相互作用によって見ることができると提唱している科学者もいる。ダークマター粒子がダークマター反粒子と出会うと消滅し、そのエネルギーを検出できるというのだ。前に述べたように二〇〇六年にヨーロッパの科学者の共同体が打ち上げたPAMELA（反物質物質探索および軽原子核天体物理学のためのペイロード）衛星は宇宙から反物質を探している。この衛星はまた、まさにその種の相互作用、ダークマター粒子とダークマター反粒子の対消滅の証拠も探している。

ミシガン大学の一流の素粒子物理学者ゴードン・ケインによれば、PAMELAの最近のデータはそのような対消滅プロセスと辻褄が合っており、ダークマターの存在を裏付ける第二の証拠になるかもしれないという。[*2]

ヒッグスの発見以外にLHCで最も期待が持たれている結果として、標準モデルの対称性を拡張したある種の理論により存在が予測されている一群の新粒子が発見され、宇宙の行方不明の物質が特定できるかもしれない。

クォークグループの中での対称性からは量子色力学が導かれて新粒子が予測され、レプトンの対称性からはワインバーグ＝サラーム＝グラショウの電弱統一理論が導かれた。そして三種類の対称性を組み合わせることで標準モデルができあがった。このように自然の対称性の考え方が大成功を収めてきたのを受けて多くの科学者は、同じアイデアをさらに拡張できないだろうかと考えている。とりわけ標準モデルの対称性を拡張してもっと多くの粒子を直接結びつけ、新粒子の存在を予測できないだろうか？
素粒子のグループ分けを見てみよう。

クォーク　　レプトン

ボゾン

物理学者は標準モデルを拡張する方向性として二通りを考えている。一つはクォークとレプトンの両方を結びつける対称性を探すという試み、もう一つはすべてのフェルミオン——クォークおよびレプトン——とボゾンを結びつける対称性を探すという試みだ。

アブドゥッ・サラームと同僚のジョゲシュ・パティは一九七四年に、クォークの色荷を通常の三色でなく四色に拡張すれば四番目の色によってクォークモデルにレプトンを取り込めるだろうと提唱する論文を書いた。同じ頃にハーヴァード大学のシェルドン・グラショウとハワード・ジョージャイも、すべてのクォークとレプトンを数学的に一つのモデルにまとめられるヤン＝ミルズ・ゲージ群を探しはじめた。二人は、標準モデルを中に含んでいてクォークとレプトンを一つの対称性で結びつける新しい大きなリー群を見つけた。[*3] 物理学者はそのようなアプローチを「大統一理論」と呼んでいる〔一般的に大統一理論は重力を除く三つの力を統一する理論を指す〕。

しかし「大」という言葉に惑わされないように。この理論は、クォークとレプトンを統一するという限られた意味で「大きい」にすぎない。このジョージャイ＝グラショウ・モデルは初の大統一理論となった。

大統一理論が予測する事柄として重要なのが、クォークがレプトンに変換しうることだ。とくにそのような理論は、陽子がやがてレプトン（電荷の保存のため正の電荷を持つ反粒子）に崩壊すると示唆している。この相互作用は宇宙の運命にとって重大な意味合いを持っている。十分な時間があれば、宇宙のすべてのハドロン物質は姿を消すのだ！　もしこの理論が正しければ、遠い未来には陽子が崩壊して原子核がバラバラになり、宇宙に原子は存在しなくなるだろう。永遠に膨張しつづける空っぽの空間をひとりぼっちの電子、陽電子、ニュートリノが飛び回っているだけになってしまう。

しかし陽子の崩壊が実験的に検出されたことはなく、科学者たちは現在、地下深くに設置された大型タンクに純水を入れて何年も観測し、その他の原因では説明できない放射を探しつづけている。日本のスーパーカミオカンデ計画はニュートリノ振動に加えて陽子の崩壊も探している。スーパーカミオカンデに携わる科学者は最近、もし陽子崩壊が実際に起こるとしたら少なくとも8.2×10^{33}年かかるはずだと報告した（前回の算出値は少なくとも10^{32}年だった）。今すぐに我々がバラバラになることはなさそうだ。

陽子崩壊のプロセスは理論上でしかなく、また未検証の特別な仮定に基づく数学モデルによるものなので、陽子が崩壊するかどうか現段階では分からない。とても安定して見える陽子が長い時間をかけて崩壊するかもしれないという説は、何年も前から広まっている。ブルックヘヴン研究所の所長を務めていたモーリス・ゴールドハーバーは陽子崩壊の実験的発見を目指しており、四半世紀前に次のような言葉を残した。「プロトンよ永遠なれ！　もし死ぬなら私の手の中で死んでくれ！」[*4]

標準モデルの拡張法として物理学者が探っている第二の取り組みが、ボゾンとフェルミオンの両方を一つの対称群にまとめるというアプローチだ。この考え方を「超対称性」といい、標準モデルの対称性より大きく、標準モデルを部分群として含む。超対称性はＳＵＳＹと略されることが多い。

超対称性の考え方は一九七〇年代にソ連で導かれたが、ロシア人の研究は何年も西側に知られることがなかった。一九七一年にユーリ・ゴルファンドとエフゲニー・リクトマンが超対称性場の理論を構築しはじめ、その二年後にやはりロシア人物理学者のドミトリー・フォルコフとウラディミール・アクロフが破れた超対称性を理論的に初めて見つけた。現在はカリフォルニア大学バークレー校の名誉教授であるイタリア人物理学者ブルーノ・ズミーノとオーストリア人の同僚の故ユリウス・ヴェスも、彼らロシア人物理学者がこの問題に取り組んでいるのと同じ頃に、彼らのことも知らずまた彼らに知られることもなく超対称性の考え方を導いた。

ユリウス・ヴェスはウィーン大学で学んでエルヴィン・シュレーディンガーの影響を受けた。

ブルーノ・ズミーノは、まだ大学院生だったヴェスと出会ったときにはすでに教授になっていた。二人は物理学における対称性の研究を始め、今日多くの物理学者が特別エレガントな自然のモデルと見なしているものを考え出した。それを「美しいＳＵＳＹ」と呼ぶ人もいる。[*5]

ＳＵＳＹは初期の理論的成功の一つとして、自然の四つの力が持つ強度の違いの問題を解決した。すでに述べたように標準モデルではビッグバン直後の遠い過去に三つの力が一致しないが、超対称性のもとでは一致する。そして重力も時間をさかのぼって外挿すると他の三つの力と一致するかもしれない。

超対称性のもとで自然の三つ（またはある仮定のもとでは四つ）の力が初期宇宙において一致するため、超対称性はこれらの力を統一してくれる。これらの力が別々の道を歩みはじめたのは、宇宙が冷えてもともとあった対称性が自発的に破れてからだった。しかしＳＵＳＹモデルを使えばその大きな対称性がかつて存在していたことが見て取れる。初期宇宙における統一とその後の対称性の破れによって、このモデルは、万物創造当時のすべての力を一つにつなぐ理論としてとてもエレガントになる。

超対称性のもう一つの大きな長所は、この理論がとても行儀がよいことだ。繰り込みにあまり苦労がいらず、標準モデルに比べて解から無限大を容易に取り除くことができる。

ユリウス・ヴェスは二〇〇七年に世を去る二週間前に、ドイツのカールスルーエ大学で開かれた超対称性に関する国際学会ＳＵＳＹ０７で講演をおこなった。当時二〇〇八年の予定だったＬ

HCの運転開始にヴェスは大きな期待をかけていた。残念なことにヴェスは、自身とズミーノの理論がLHCによって検証されるかどうかをその目で見る前に亡くなった。学会の講演でヴェスは、対称性の考え方とそこから自分とズミーノが超対称性を導いた経緯について次のように語った。

誰もが何らかの形で対称性を認識していますす。触れておくべきだと思うのですが、およそ三〇年前、サルの学習能力を調べる実験に大きな関心が集まっていました。その一つの目的が、サルが絵の描き方を学べるかどうかを見極めることでした。ある実験において、紙の端に一個の点を描いた紙を渡されたサルは、対称的なバランスを取るために反対端に点を描こうとしました。私たちが物理学でやっているのもまさに同じことです。[*6]

SUSYでは、それぞれのボゾンにフェルミオンのパートナーがいると考える――いわば紙の反対端に対称的に描かれた点だ。同じくフェルミオンにもボゾンのパートナーがいる。それらを「スーパーパートナー」という。しかしフェルミオンとボゾンの数が違うため、二つのグループを完全に調和させるにはもっと多くの粒子を「作り出して」モデルに追加しなければならない。このモデルに必要な未検出の粒子の中にダークマターの絶好の候補がいる。

超対称性の世界では標準モデルのゲージボゾンにフェルミオンのパートナーがいる。それらをゲージーノと呼ぶ。例えばグルーオンのスーパーパートナーは「グルイーノ」、Ｗボゾンのスーパーパートナーは「ウィーノ」という。「チャージーノ」は複数の粒子の量子混合である荷電粒子、「ニュートラリーノ」はやはり量子混合の中性粒子。ニュートリノのところで述べたように「イーノ」というのはイタリア語の指小辞で（イタリア語で携帯電話のことを「テレフォニーノ」という）、それがこの命名規則のもとになっていると思われる——ニュートリノと命名したフェルミのアイデアを拡張したものだろう。そしてお分かりと思うが、ヒッグスのスーパーパートナーは「ヒッグシーノ」という。

他のスーパーパートナーは接頭辞「ｓ」を付けて呼ばれる。スレプトンとスクォークは標準モデルにおけるレプトンとクォークのスーパーパートナー。とくにボトムクォークのスーパーパートナーはスボトム、トップクォークのスーパーパートナーはストップという。スレプトンのグループには例えばスタウなどがいる。ある理論によればスーパーパートナー粒子（スパーティクル）の中で最も重いのはスクォークとグルイーノだという。[*7]

いくつかあるＳＵＳＹモデルの中には標準モデルに近いものもあれば、もっと複雑で標準モデルからかけ離れているものもある。素粒子物理学の標準モデルに最も近い超対称性モデルをミニマル超対称性標準モデル（ＭＳＳＭ）という。現代物理学におけるこの強力な理論的構造物には多くの支持者や専門家がいる。しかしこのモデルには、宇宙で行方不明となっている物質のほとんどを説明できないようだという欠点がある。ダークマターの源を説明するにはもっと極端な仮定が必要だ。さらに大きなモデルをＮＭＳＳＭ、「二番目にミニマルな超対称性標準モデル」という。ミニマリスト的に標準モデルを拡張したこれらのモデルにはいずれも、ＬＨＣの陽子衝突で確認されるかもしれない新粒子候補が含まれている。しかしもっと複雑な超対称性モデルが予測している現象を観測するにはさらに高エネルギーのビームが必要で、それらの理論の正しさが確認される可能性は低そうだ。さらにエネルギーが高くなると第12章で述べるひも理論に到達する。

物理学者はダークマター問題に悩まされているため、ＬＨＣの運転が開始されると、ヒッグス粒子発見の試みに対するのと同程度の関心がダークマターの源を探すことに向けられる。超対称性パートナーが見つかったところで、標準モデルで知られている粒子の全質量にそれを加えても行方不明の質量をすべては説明できないため、科学者の中にはさらに風変わりな理論を考えている人もいる。

ＬＨＣ稼働の直前に開かれたいくつもの高度な専門者会議で、素粒子物理学の最先端を走る物理学者たちは、この巨大コライダーによって超対称性を裏付ける方法をいくつか示した。それらの会議で発表された複数の理論をここからいくつか詳しく説明するので、理論素粒子物理学における第一線の研究の雰囲気と、指折りの研究者たちが進めている研究の豊かさを感じ取ってほしい。

「グラヴィトン」は重力の作用を媒介する仮想上のボゾン。まだ観測されていない。理論によると、もしグラヴィトンが存在すればそのスピンは二のはずだという。WとZボゾンも光子やグルーオンもすべてスピンは一だった。ヒッグスは、もし存在するとしたらスピンはゼロ。

超対称性を拡張して重力も取り込んだ「超重力」と呼ばれる理論がある。この理論は、標準モデルにおけるWとZボゾンのスーパーパートナーのように、グラヴィトンのスーパーパートナーである「グラヴィティーノ」の存在を予測する。最近の予想によればグラヴィティーノはダークマターの候補として適しているかもしれないという。[*8] ハンブルク大学のヴィルフリート・ブッフミュラーは、ボストンで開かれた超対称性の学会ＳＵＳＹ０９の発表で次のように語った。「グラヴィティーノはダークマターの候補として自然かもしれません。しかしその質量がどれほどかは見当もつきません」[*9]

超対称性理論の中でももう一つ、一部の人がダークマターの候補として優れていると考えているのが「グルイーノ」だ。この粒子は超対称性の世界で我々の世界のグルーオンに相当する。グルイーノはジェットとスタウへの崩壊によって検出できるだろうと考えられている。[*10]

ジョンズ・ホプキンス大学のラマン・サンドラムの理論によれば、自然界には「ダーク粒子」を含む「ダーク領域」があって、それは「ＳＵＳＹ領域」にかたまっている超対称性粒子から分け隔てられており、さらにその領域は「標準モデル領域」から切り離されているという。「ダーク領域」では「ダークな力」が働いており、「ダーク領域」の光子は「ダーク光子」という。[*11] この「ダークモデル」の理論的根拠は「ダークマター目撃」にあるそうだ。最近、人工衛星で記録された説明のつかない現象の「目撃」に関する科学報告がいくつかあり、サンドラムはそれらを「ダークマター目撃」と解釈し、「UFO目撃」にたとえている！

サンドラムのモデルにはこれらの要素に加え、いくつもの領域にまたがる「ブレーン」（「膜《メンブレン》」から来ている）と呼ばれるひも理論の要素が含まれている。そのブレーン上には「隠れた領域」があって、それはひも理論の仮定する「コンパクト化された」第五の（あるいはさらに高次の）次元を通じて他の領域とつながっている。ダークマターは重力の効果を通じてしか自らの存在を明かさないため、これらの領域間の相互作用はすべて重力が仲介する。サンドラムのモデルには、「ダーク光子」に質量を与える「ダークヒッグス領域」も含まれている。隠れた領域とダーク領域は互いに隔てられていて、超対称性モデルと標準モデルおよび超重力がそれらを取り持つ。[*12] 言うまでもないが、かなり奇妙なモデルに慣れている物理学者にとってもこのモデルは過激すぎる。そしてもちろんあまりに厄介で複雑なためアインシュタインのエレガンスのテストには合格しないが、現役の物理学者が考えている宇宙のモデルがどのようなものか雰囲気は教えてくれる。

超対称性はダークマターの問題を解決するために導かれたのだという印象を持たれたとしたら、それは正しくない。超対称性は標準モデルの考え方をエレガントに拡張したもので、対称性の考え方に心底から納得してそれを拡張しようとする有能な物理学者が純粋に理論的に考えを進めたものだ。超対称性には現在知られているよりはるかに多くの種類の粒子が必要で、そのためにたまたまダークマターの問題を解決する見込みがあるだけだ。超対称性にはまた、ビッグバン直後の時代に特徴的な超高エネルギーにおける自然の力の統一への期待と、さらにおまけとして理論を比較的簡単に繰り込めるという利点がある。

サンドラムの複雑なモデルには超対称性だけでなくひも理論の考え方も使われている。ひも理論と超対称性というこれらの二つの理論の間には歴史的なつながりがある。超対称性はひもに関する初期のアイデアに促されて生まれた。そして初期のひも理論は超ひも理論と呼ばれていた。重力を含む超対称性モデルである超重力理論とひも理論はいずれも、アインシュタインの一般相対論と場の量子論を統一することを目指している。

ここ二〇年でひも理論は物理学において最も重要な理論の一つとなったが、それは、この理論がエレガントでしかも理論的に物事を統一するパワーを持っているという、若く頼もしい大勢の物理学者の関心を惹く二つの面を持っているためだ。この理論について次に見ていこう。

第12章　ひもと隠れた次元を探す

奇妙で美しい――異論はあるが――ひもの理論の発見者と出会ったのは、思いがけない場所だった。イタリア人はパーティーのやり方を心得ている。そんなイタリアの地中海に面した、栄光の日々はとうに過ぎ去った単調で活気のない港町ジェノヴァに現代最高の物理学者たちが集結するとは思えないだろう。しかし二〇〇五年一〇月最後の一〇日間と一一月最初の数日間には実際にそれが起こった。市民の有力者が世界トップクラスの頭脳を惹きつけようと開催した科学界最大のパーティー、フェスティヴァル・デラ・シエンツァにやって来たのだ。この市を挙げての科学の祝典と市の至るところで二週間以上にわたって同時開催されたイベントは、この砂まみれの都市に新たな輝きをもたらした。

予定通り午後八時半にホテルへやってきたタクシーに乗って私は、商業地区や港から離れて山へ登り、地中海を望む高級地区へ向かった。人目につかない私道へ折れて車を降り、案内係が開けてくれた門をくぐると、レモンの木の香りが漂う美しい庭へ通された。頭上の広いテラスからは話し声や笑い声が聞こえた。屋敷のドアを入ると海運業界の有力者の妻に迎えられ、食事の乗ったテーブルを示された。女主人は「トリュフライスはいかが？」と笑顔で言うと、他のゲストのところへ戻っていった。

席を立ってワインを取りに行こうとしたとき、白髪交じりの長い髪を海風で後ろになびかせた男がバルコニーに一人たたずんでいるのを見た。私はその男のところへ行って「ガブリエーレ・ヴェネツィアーノさんですね」と声をかけた。我に返った男は微笑んで「そうです」と答えた。そして握手をした。「ひも理論を作ったのはあなたですね」と私が言うと、ヴェネツィアーノは否定するようなことを少々つぶやいたが結局はうなずいた。そして笑いながら、「そんなつもりはなかったんですが、興味がおありならそのお話をしましょう」と言った。私はぜひと答えた。「私はもちろんイタリア人です」とガブリエーレ・ヴェネツィアーノは、バルコニーの手すりにもたれて眼下の街の明かりと港の船を見つめながら言った。「今はCERNとパリのコレージュ・ド・フランスに勤めています。パリとジュネーヴを行き来しています」。以前にその間を列車で行ったことのある私は、きっとうんざりだろうなと思った。時速五〇〇キロをやすやすと超えるフランスのTGVがディジョンで突然止まり、そこから先は列車で山々をゆっくり登りスイス国境とジュネーヴへ向かったのだった。

ヴェネツィアーノは続けた。「一九六八年に物理学の世界に足を踏み入れました。そしてイスラエルのヴァイツマン研究所で博士研究員として一年過ごしました。ある日、自分のオフィスで電子、光子、中性子のことを考えながらそれらの運動方程式に取り組んでいました。すると突然ひらめいたんです。これらの粒子はバイオリンの弦そっくりに振る舞う！」。驚いた私に気づいてヴェネツィアーノは微笑み、さらに続けた。「そこでその方程式にいくつか値を入れてみると、うまくいきそうだと分かりました。これらの粒子がひもそっくりに振動したのです」[*1]

ヴェネツィアーノは科学者として高く評価されておりCERNとコレージュ・ド・フランスでもかなり高い地位にあるが、ひも理論の提唱者に値するほどの名声はまだ得ていない。彼の素晴らしいアイデアはすぐに多くの人に採り上げられ、新たな理論が次々に誕生した。プリンストン高等研究所のエドワード・ウィッテンとフアン・マルダセナ、カルテックのジョン・シュウォーツ、ケンブリッジのマイケル・グリーン、スタンフォードのレオナルド・サスキンドらが、ヴェネツィアーノのアイデアを使って包括的な数理物理学理論（互いに関連する複数の理論）を組み立てた。その複雑な方程式の体系が物理世界で最も重要な謎の数々を解く鍵を握っているはずだと科学者たちは考え、この体系は現代物理学の大きな部分を占めるようになった。しかし残念ながらこの理論の帰結として決定的に裏付けられたものは一つもない。その理由としてはおそらく、ひも理論の有効性を証明あるいは否定するのに必要なエネルギーレベルに粒子実験がまだ到達していないことがある。ここでも物理学者たちの期待は、CERNで進められる研究にかけられている。

ひも理論は我々の宇宙にさらに次元が存在すると仮定しており、ヘブライ大学の理論物理学者ヤコブ・ベッケンシュタインによれば質量の起源が必ずしもヒッグス場である必要はないという。次元の縮退、すなわち一〇あるいは一一次元の宇宙が何らかの形で「壊れ」、次元を四つしか持たない低次元空間になることでも質量は現われる。理論的にはそのようなプロセスによって質量が出現しうる。[*2] しかし実際の時空が一〇や一一の次元を持っているかどうかはっきりとは分からない。また、ひも理論に頼らない次元縮退でも質量は生じうる。

一九九五年にハーヴァード大学のアンドリュー・ストロミンガーとカムラン・ヴァファがひも理論を使ってブラックホールのエントロピーを計算し、それがベッケンシュタインとホーキングの導いたブラックホールのエントロピーの公式と一致することを発見した。このブラックホールのエントロピーの導出はひも理論の大きな手柄となった。ひも理論が少なくとも理論的には重要な結果を導くことが示されたのだ。しかしひも理論には今でも異論が多い。有名な数学者であるオックスフォード大学のサー・ロジャー・ペンローズは、二〇〇五年にイタリアでひも理論について話してくれた際に、「ブラックホールのエントロピーがひも理論の唯一の成功だ」と語った。[*3] しかし多くの物理学者はひも理論の力量と明るい未来をもっと強く信じている。

ひも理論は現代素粒子物理学の柱であるヤン＝ミルズのゲージの考え方と深い関係にあり、理論物理学においてヤン＝ミルズの前提となっているものと切り離すことはできない。「ゲージ対称性が存在するのはスピンを持つ質量ゼロの粒子を扱いたいからで、自然もそれを好んでいるらしい」。ヴェネツィアーノは、ゲージ対称性がそれを満たす唯一の方法だとして次のように言う。「なぜ自然がスピンを持つ質量ゼロの粒子を選んだのかは分からないが、自然は量子ひもがお気に入りらしい。ゲージ理論と一般共変性は、自然に付け加えられた自由度を取り除くことで、理論から不必要な要素を排除してくれる——悪い自由度を取り去る方法だ[*4]」。ヴェネツィアーノの作ったひも理論はゲージ対称性と相性がいい。

もともとこうした考え方はいわゆるカルツァ＝クライン理論に端を発している。一九二六年にスウェーデン系ユダヤ人物理学者オスカー・クラインとドイツ人数学者テオドール・カルツァが、アインシュタインの四次元時空にもう一つ次元を追加すると、アインシュタインの一般相対論とスコットランド人数学者ジェームズ・クラーク・マクスウェルの電磁気理論（一八六四年に編み出された）とを統一させられることを示した。

我々の知覚する四つより多くの次元を持つ理論とはどういう意味を持つのか？　隠れた次元は何ものだろうか？　答えるのが難しい問題だ。実は統計学者、経済学者、社会学者は多次元データを扱っており、余分な次元に対する直観を多くの人より持っている。経済学において収入、資産、勤続年数、教育レベル、および一カ月の食費、娯楽費、住居費、交通費といったたくさんの変数がある場合、これらの変数一つ一つを経済学的問題の「次元」と捉えることができる。それらの変数どうしの関係を推定する場合にはふつうコンピュータ分析が使われる。そして世界に対する我々の幾何学的直観を拡張して、それを幾何学の問題（傾きや切片が関係する）と考える。

そのときの次元は対象とする変数にすぎない。ここで研究者は、ある変数に対する別の変数の傾きを応答パラメータと解釈する。例えば収入が上がるとその乗数に従って娯楽費が上がるといったことだ。八次元などといった空間全体を「想像」する必要はない。しかし物理学では粒子や力や空間の実際の物理的性質を探しているため、経済学者や統計学者のように次元を抽象的に見るのは難しい。

私は子供の頃にある数学者から、物理空間の余分な次元がどのようなものか、その見事な実例を教わった。彼は紙に正方形を書いてこう言った。「これは牢屋で、君はその中に閉じ込められている。さてどうやって抜け出す？」。私がしばらく考えこんでいると、彼は言った。「三番目の次元から逃げ出すんだ！」。彼は正方形の内側に指先を触れてからその指を持ち上げ、正方形の外側に落とした。「ほら、壁の外に出た。三番目の次元を通って外に出たんだ」。続いて彼は、三次元の牢屋から抜け出したいときも同じだと説明した。「四番目の次元から逃げ出せばいいんだ」。その考え方に私は取り憑かれた。時空の余分な次元は見ることができないが、それでも存在しているかもしれない。その追加の次元は日常生活で見ている通常の次元と同じように振る舞うかもしれず、それを使えば三次元の壁を壊さずにある場所から別の場所へ行ける。数学的に抽象的な、あるいは隠された枠組みの中に存在する移動手段かもしれない。

物理学者はひも理論の数学に取り組み、一〇次元や一一次元の存在を意味するような方程式を含むモデルを編み出した。そして時空そのものが四次元（空間三つと時間一つ）でなく一〇や一一の次元を持つという結論に達した。ではそれらの次元はどこにあるのか？　一つの説明としてそれらはとても小さく、我々の知覚する四次元時空の内部に「巻き上がっている」のだという。経済学や統計学や社会学のモデルのようにコンピュータ分析の道具でしかないのと違い、もしそうした次元が実際に存在するとしたら、空間に十分なエネルギーを加えることでそれらが姿を現わすかもしれない。したがってLHCにより行方不明のエネルギーが発見されれば、小さく隠れた余分な時空の次元が何らかの形で「拡張」して、そこに過剰なエネルギーが跡形もなく吸い込まれたという可能性もわずかに出てくる。この「隠れた次元」の考え方はまさにカルツァとクラインにまでさかのぼる。

四つより多い時空次元を持つカルツァ＝クライン・モデルをアインシュタインは推し進めようとしたが、成功しなかった。他の誰にもかなわなかった。必要だったのはひも理論だが、それはその四二年後まで誰の頭にも浮かばなかった。

ヴェネツィアーノによれば、ひも理論はおのずから重力理論でもゲージ理論でもあるという。そしてひもは超対称性も好む。ヴェネツィアーノはもともと一九六八年にハドロン——パイオンと陽子——の振る舞いを説明するためにひも理論を提唱した。そのときには隠れたクォークの閉じ込めから自然にひもが出てきた。クォークの内部運動が見えないひもの振動に似ていたのだ。今日ではクォークの存在が知られており、この枠組みでは、クォークどうしをしっかりと結びつけるボゾンであるグルーオンを表現するひもが、クォークの振る舞いにひも理論を適用させた場合の基本要素となる。そして物理学で使われる通常の場はひもの振動となる。

ひも理論やその可能性、そしてその見通しが見えないことに関する論文や一般書が数多く出ている。ある本ではひも理論は「間違ってさえいない」と評されている。そうした評価はすべて――好意的なものも否定的なものも含め――公正でなく誤解を招いていると思う。ひも理論は他の理論より数学に大きく依存していて数学的に複雑なだけだ。ひも理論と超対称性と標準モデルのどれを使うかは、どのような種類の数学をどれだけ使いたいかによるところが大きい。

宇宙に対して我々が持っている最良のモデルは、群の数学理論による物理的現実と宇宙の対称性との結びつきに基づいているため、現代のこれらの理論には最終的にゲージ対称性が使われている。しかしひも理論は連続的なトポロジー的モデルにしっかりと根ざしたとても豊かなバックグラウンドを持っている。対称性を意味する代数学的構造に加えて多様体――日常の空間的経験（ユークリッド空間）における通常の曲面を一般化したもの――も関係しており、さまざまな物理的構造のもととなるブレーン（前に触れたように「膜《メンブレン》」から来ている）と呼ばれる連続的な曲面構造が関わっている。このモデルと標準モデルおよび超対称性とのつながりはとても強固で明白だ。そして前に述べたようにひもの超対称性理論もあって、それを超ひも理論という。

エドワード・ウィッテンは物理学者だが、純粋数学界最高の栄誉、数学者の「ノーベル賞」と呼ばれる（ノーベル賞に数学賞はない）有名なフィールズ賞を受賞している。ウィッテンはよく数学の学会に出席しては講演者にいらだたしい質問をしている。二〇〇九年五月二二日にＭＩＴ

で開かれた『数学と物理学の展望』という学会の場で、サー・マイケル・アティヤは次のように言った。「聴衆の中にエドワード・ウィッテンはいないでしょうね？　私がアイデアを口に出すとウィッテンは三〇秒以内にそれが間違っている理由を片っ端から言ってくるのです。［ヘルマン・］ワイルも、聴衆の中に［ジョン・］フォン・ノイマンがいないかといつも訊いていました。彼も同じことをやられていましたから」[*5]

ひも理論に関するウィッテンの研究成果はとてつもなく抽象的だ（何年か前にハーヴァードでおこなわれた彼の講演に出席したときには、聴衆のほとんどが純粋数学者だった）。もしウィッテンの高度に数学的な理論あるいは別の理論が真理だと分かれば、自然の理解に与える影響は大きいだろう。しかし前に触れたようにこれらの互いに関連のあるひも理論の最大の問題は、実験的に証明するのにとてつもない量のエネルギーが必要なことだ。それでもひも理論から導かれる予測のうちいくつかがＣＥＲＮでの実験により証明される可能性はある。それ以外は時を待つしかないだろう。

ひも理論の目標の一つが、宇宙の最終理論、すなわち粒子の理論と一般相対論を統一して自然の四つの力すべてを同じ枠組みでモデル化した理論を作ることだ。スティーヴン・ワインバーグは、自然の力の統一と、新たな理論を使って宇宙の究極の法則を解き明かす取り組みに関して楽観的な見解を示している。「人類が物理法則を解読できるほど知能が高いかどうかは分からないが、私はそうであろうと期待している」[*6]。私が「でもそれは有限時間内にできるだろうか？」と訊くと、ワインバーグはこうつぶやいた。「何千年もかかるだろう。でも考えてみれば、ギリシャ人が原子を思い浮かべてからその存在が証明されるまでにも何千年もかかっている」[*7]。数学におけるクルト・ゲーデルの悪名高い不完全性定理のように、自然とその力を完全に理解することを妨げる何か深遠な哲学的理由があるかもしれないという考え方を、ワインバーグはあざ笑う。「最終理論」が完成するまでは、ワインバーグらが与えてくれたとても役に立つ標準モデルがある。

しかしいずれは標準モデルを拡張して重力の理論である一般相対論を取り込む必要がある。ブラックホールの内部や極めて初期の宇宙のように物質がとても高密度でとても重くなり同時にサイズが小さくなると、重力と量子力学が組み合わさって影響を及ぼすようになり、自然を説明するのに新たな理論が必要となる。そしていまのところ一般相対論と場の量子論を結びつける理論として検証され成功を収めたものはない。必要なのは万物の統一理論だ。私はスティーヴン・ワインバーグにあえて「最終理論はどんなものになるだろうか？」と訊いてみた。すると彼は「ひも理論のようなものかもしれない」と答え、明かりを消してオフィスのドアをそっと閉めた[*8]。

第13章　CERNでブラックホールは作られるか？

フランス・セシーの牛たちは本能的にブラックホールを恐れているらしい。少なくとも私が初めて目にしたときにはそう思った。フランスの雌牛は自由に草を食むことで有名で、そのため狭い檻の中で一生を過ごすアメリカの牛よりおいしいミルクを出す。しかしCMS検出器のあるLHCポイント5を含むセシーと隣のヴェルソンヌ村の雌牛は、縄張りの端に立つ木にもたれて大型ハドロンコライダーからできるだけ身を離そうとしていた。

だがスイスとフランスの国境にまたがるこの地域の住人は、自宅や庭の真下を走る大型粒子コライダーの安全性に関する意見で真っ二つに分かれている。フランスのディジョン出身で夫がLEPとLHCのトンネル建設に従事していた陽気な女性マリ・ミュズィは、「CERNに危険はありません。絶対です！」と私に言った。しかし多くの人はさまざまな恐れを抱いている。しばらく前にCERNは地元の人を研究所へ招待する一般公開をおこなった。すると予想より何千人も多くの人が訪れた。そして人々は放射線と強い磁場が地域に及ぼす影響について懸念を口にした。ブラックホールの危険性を心配している住人はそれより少なかった。[*1] ＣＥＲＮからもっと離れた地域ではその懸念の方が大きいらしい。ＬＨＣの建設に先立って広がったそのような懸念は実はアメリカに端を発している。

ブラックホールとは何ものか？　一般的には特殊な死んだ恒星だ。巨大な恒星が通常の生涯を終えて核の炎の中で水素、ヘリウム、およびさらに重い元素を燃やし尽くすと、核反応による放射の圧力では自らの「重さ」を支えきれなくなり、超新星と呼ばれる巨大な爆発を起こす。その死んだ恒星は続いて小さく収縮し、そのとてつもない高密度の質量のために重力があまりに強くなって、光でさえ逃げられないようになる。「ブラックホール」という名前を考え出したのはプリンストンの有名な物理学者ジョン・アーチボルト・ホイーラーで、伝えられるところでは冗談で付けた呼び名だという。

二世紀以上前にイギリス人聖職者ジョン・ミッチェルとその数年後にフランス人数学者ピエール＝シモン・ド・ラプラスが初めて提唱したブラックホールだが、その現代的な考え方はアルベルト・アインシュタインの研究を通じて誕生し、その一般相対論の場の方程式を初めて解いたドイツ人物理学者カール・シュヴァルツシルトの手で発展した。

アインシュタインの一般相対論の考え方はきわめて深遠かつ革新的で、物理学を一変させた。例えばその理論からは、重力がとてつもなく強くなると何が起こるかという疑問が出てくる。それは時空の曲率が非常に大きくなることに相当する。極限では大量の物質が高密度に集まって重力がどんどん強くなり、時空の「特異点」を形成する。この特異点がブラックホールで、そこでは通常の物理法則は破綻する。

カール・シュヴァルツシルトはフランクフルトの高名なユダヤ人一家出身の才能溢れるドイツ人天文学者。四一歳で第一次世界大戦に従軍した愛国的なドイツ人で、東部戦線の塹壕の中で一般相対論に関するアインシュタインの論文を手にした。

シュヴァルツシルトは研究を始めた。そしてアインシュタインの方程式を解いたが、その初めての解は驚くべき意味合いを持っていた。ブラックホールが存在しうることを示していたのだ。アインシュタインの重力方程式に対するその解は厳密で、質量の存在する点の近くの時空の幾何を規定していた。その解を使うと、物体の重力が十分に強い場合には光でさえ逃げられないことが証明された。シュヴァルツシルトがその解をベルリンのアインシュタインに送ると、アインシュタインは自分の方程式がとても見事に解かれたことに驚いているという返事を返した。その直後にシュヴァルツシルトは前線で病に倒れ一九一六年五月に亡くなった。ブラックホールの半径、すなわち重力のために光が逃げられない範囲の特異点からの最大距離は、発見者に敬意を表して今ではシュヴァルツシルト半径と呼ばれている。

ブラックホールは理論上「無限大」の密度を持ち、その重力があまりに強いため光さえ逃げられない。そのため完全に黒く見える。光を発することもないし反射することもない。「ホール」

であるのは、ウサギの穴に落ちたアリスのように、近づいたものはすべて落ちていくしかないからだ。一九七一年に実際のブラックホールが、らせんを描いてそこに落ちていく物質の発するＸ線によって初めて見つかった。そのブラックホールは、はくちょう座Ｘ－１と呼ばれている。今では数々の銀河の中心に超重ブラックホールが存在することが知られており、我々の銀河系にもブラックホールの候補がいくつかある。

一九七四年にスティーヴン・ホーキングが、ブラックホールの重要な性質として今ではホーキング放射と呼ばれているものを理論的に発見した（ヤコブ・ベッケンシュタインの貢献を採り上げてベッケンシュタイン＝ホーキング放射と呼ばれることもある）。表面での量子ゆらぎのためにブラックホールは質量を放出できるが、そのプロセスはきわめて遅い。死んだ恒星であるブラックホールは10^{70}（１の後に０が七〇個続く）年で雲散霧消する。

ＬＨＣの中で起こるように物質が高密度に潰れることでもブラックホールは生じると考えられる。ＬＨＣの陽子は一個あたり七ＴｅＶのエネルギーレベルに達し、陽子のペアの衝突では合計でその二倍（一四ＴｅＶ）のエネルギーが生成するが、これは今までに加速器の粒子衝突で達成されたレベルをはるかにしのぐ。ＬＨＣによって我々は未知のエネルギー領域に突入し、はるかに大きいエネルギーを持つと考えられている宇宙線由来を除けば地球上で見られたことのない衝突が起こる。

一九九九年前半、ニューヨーク州ロングアイランドのブルックヘヴン国立研究所で相対論的重イオンコライダー（ＲＨＩＣ）と呼ばれる重イオン粒子コライダーが始動する直前に、一部の住民の間で、ＲＨＩＣが生み出す高速運動とそれに伴うエネルギーによって微小なブラックホールが生成するかもしれないという懸念が広がりはじめた。宇宙誕生から一秒よりはるかに短い頃に存在していたと考えられる環境を研究する目的で設計されたこの加速器は、光の速さの九九・九九五パーセントで運動する金や銅の重いイオンを衝突させる。この装置の最高エネルギーレベルはＬＨＣよりはるかに低い（ＲＨＩＣの最大到達エネルギーは五〇〇ＧｅＶ〔〇・五ＴｅＶ〕と報告されており、ＬＨＣの陽子衝突における最大エネルギーはその二八倍、鉛の原子核の衝突ではさらに高いエネルギーが生成する）。

一九九九年三月に雑誌『サイエンティフィック・アメリカン』が、ＲＨＩＣに関する「小さなビッグバン」というタイトルの記事を掲載した。[*2] その報告によれば、ＲＨＩＣの目的はビッグバン直後のきわめて初期の瞬間に物質がどのように振る舞っていたかを研究することだという。その記事を読んだハワイのウォルター・Ｌ・ワグナーは、ビッグバン直後にその高エネルギーによって小型ブラックホールが生成したというスティーヴン・ホーキングの理論が、どこかで紹介されていたのを思い出した。ワグナーは考えた。ブルックヘヴンの加速器でビッグバン直後の環境が再現されるとしたら、そこで小さなブラックホールも作られるのではないか？　そして微小なブラックホールが生成したら、物質を吸い込んでどんどん大きくなり、最終的に地球全体をのみ込んでしまうのではないか？　ワグナーはそのような恐れを抱き、ＲＨＩＣ稼働の決定に反対する手紙を『サイエンティフィック・アメリカン』に送った。『サイエンティフィック・アメリカン』の編集者は、ノーベル賞受賞者のフランク・ウィルチェックにその手紙の返事を書いてくれるよう頼んだ。ブラックホールが生成するなど危険な事態になる可能性はきわめて小さいと断言するその返事は、ワグナーの手紙とともに一九九九年七月号に掲載された。こうして加速器の利用に反対する人々の間でフランツ・ウィルチェックの名前は注目を集め、大型ハドロンコライダーの稼働が迫った一〇年近くのちにウィルチェックは悩まされることとなる。

これら二通の手紙が『サイエンティフィック・アメリカン』に掲載された後の一九九九年七月一八日にロンドンの新聞『サンデー・タイムズ』が、「ビッグバンマシンが地球を破壊するかもしれない」というタイトルの物騒な記事を掲載した。[*3] その記事は、RHIC内部での粒子衝突によりブラックホールが生成して地球をのみ込むなど、危険な結果をもたらすかもしれないと報じていた。見出しには「最後の実験か？」と書かれていた。[*4]

この記事に対して世界中から反響が巻き起こった。ブルックヘヴン研究所の新型加速器が地球の全生命を滅ぼすかもしれないと人々は心配しはじめた。アメリカのネットワークABCニュースのある技術問題担当記者はこの加速器を「最後の審判の日のマシン」と呼び、研究所を「神のまねをしている」と非難して、ある物理学者がRHICの建設を「人類史上最も危険な出来事だ」と語ったと言い切った。[*5]

科学者や研究所職員のもとに手紙が殺到した。ニューヨークの私立学校に通う一一歳の生徒はブルックヘヴンの所長に「本当に泣きながらこの手紙を書いています」と訴え、大人たちは手紙でこの加速器の完成を一九六二年のキューバミサイル危機と比較し、RHICが起こそうとしていることに対してはソ連との最悪の危機よりもひどい恐怖を感じると主張した。ある人は、キューバミサイル危機やソ連や中国よりもロングアイランドの「大量殺戮を企てる狂気の」加速器の方が恐ろしいと書き立てた。ある(名前は公表されていない)報道機関はブルックヘヴン研究所の広報部に電話を掛け、研究所で作られたブラックホールがジョン・F・ケネディ・ジュニアの操縦するパイパー社製小型機をのみ込んで大西洋に墜落させ、ケネディと妻のキャロリンおよび義理の妹ローレン・ベゼットを死なせたという噂があるが本当かと問い合わせた。[*6]

ブルックヘヴンのRHIC加速器は予定通り運転されたが、一〇年以上経ってもブラックホールなど危険なものは作り出していないようだ。しかしLHCで達成できるもっと高いエネルギーレベルがこのかつての恐怖を呼び覚まし、二〇〇八年三月二一日にワグナーと仲間のルイス・サンチョはハワイでLHCの稼働差し止めを求める裁判を起こしたが、訴えは退けられた。ヨーロッパではオットー・レスラーが裁判を起こしたがやはり敗れた。しかしこうした訴訟活動がマスコミの関心を惹き、世界中の人々が心配を抱くようになった。

今度はブラックホールが生成しうるのだろうか? そして地球がのみ込まれるのだろうか?

私はCERNへ行く数週間前に、ブラックホールの世界最高の専門家の一人であるレオナルド・

サスキンドにスタンフォード大学のオフィスで会った。サスキンドは、ブラックホールの性質に関するスティーヴン・ホーキングとの何十年にもおよぶ論争を書いた著書『ブラックホール戦争』を出版したばかりだった。私は、ブラックホールに近づいたらどうなるか質問した。

サスキンドは笑って、ＬＨＣでブラックホールが生成する可能性はとてつもなく小さいと言って私を安心させた。*7 私もそのようなありえそうもない出来事など恐れてはいなかったが、理論的にとても興味深いためその可能性について話をしたかった。ブラックホールが作られる確率がゼロでないことは知っていた。他の物理学者の話では、ＣＥＲＮでマイクロブラックホールが生成する確率は少なからずあるが、そのようなブラックホールは一秒もしないで蒸発してしまうということだった。しかし二〇〇九年に二人のイタリア人科学者が発表した論文によれば、そのようなマイクロブラックホールはこれまで考えられていたほどすぐには崩壊せず、一ミリ秒以上存在しつづけるかもしれない。そしてＬＨＣ内部での陽子衝突からかなりのスピードで放出され、蒸発するまでにある程度の距離を進んで被害を及ぼすかもしれないという。

サスキンドは独特のやり方で考えをめぐらせようとした。まず黄色いメモ帳を取り出してそこに大きく「Ｘ」と書いた。「これが何だか知っているかい？」と訊かれたので私は「光円錐」と答えた。「その通り。それを一つ考えよう」*8

光円錐は時空の中で光（宇宙で最も高速運動する存在）が到達できる部分を表わす。つまりある条件でたどり着くことのできる宇宙の部分を指す。サスキンドは次に光円錐の頂点から伸びる線を何本か引いた。ブラックホールの中心に存在する時空の特異点を表わす線だ。彼はその線の一本を指差して言った。「もし私がこの場所、ブラックホールの周りを回る宇宙船の中にいたとしたら、君はブラックホールの表面、事象の地平面の上で凍りついているように見えるだろう。しかしブラックホールの深みに落ちていく君は何も特別なことは感じない。もちろん押しつぶされて死んでしまうがね」。そう言っていたずらっぽい笑みを浮かべた。[*9]

サスキンドはそのような可能性について、一九九七年に『サイエンティフィック・アメリカン』に掲載された記事の中で論じた。[*10] その記事「ブラックホールと情報のパラドックス」にはブラックホールへ落ちていく人の身に起こることが一つ一つ描写されているが、その記述は私が見たことのある中で最も真に迫っている。その中でサスキンドは、宿敵どうしである二人の教授ウインドバッグとグーラシュがブラックホールの近くで追いかけっこをしている様子を描いている。

「ブラックホールの」地平面は、ブラックホールの内部と外部という二つの領域に空間を分けると考えることができる。……地平面は（実質的な）危険地点、もう後戻りできない地点だ。どんな粒子も信号もその内側から外側へ横切ることはできない。……一瞬の不注意でブラックホールの地平面に近づきすぎたグーラシュには何が起こるか？　……何も特別なことは感じない。大きな力も急な動きも閃光も。心拍数や呼吸数も正常のまま。グーラシュにとって地平面は他の場所と変わらない。しかし地平面の外に浮かぶ安全な宇宙船から見ているウインドバッグには、グーラシュが奇妙な振る舞いをしているように見える。……グーラシュは落ちながらウインドバッグに向かって拳を振るが、ウインドバッグにはグーラシュの動きが遅くなっていって止まってしまうように見える。グーラシュは地平面を横切って落ちていくが、ウインドバッグはグーラシュが地平面に到達するのを決して見ることはない。減速して見えるだけでなく、グーラシュの身体がまるで押しつぶされて薄い膜になってしまったかのように見える。……しかしグーラシュはずっと後まで何も変わったことは感じない。特異点に到達して凄まじい力で押しつぶされるだけだ。*11

つまりＬＨＣの検出器内部で起こる何兆回もの粒子衝突でブラックホールが生成し、それが私の方へ漂ってきたとしても、私は何も感じない。もう後戻りできない地点を越えてブラックホールの地平面に取り囲まれるまで、差し迫った運命を察知することはできない。もちろん微小なブラックホールの地平面の半径はとてつもなく小さいので、それが起こるにはとても重いブラックホールでなければならないが。

しかしサスキンドは、条件が整えば理論的には微小なブラックホールが生成しうると言う。もしそのブラックホールが電荷を帯びていたら（負あるいは正の電荷を持っていたら）、少しだけ蒸発したかと思うと成長してということを繰り返し、ミクロなサイズを保ったまま拡大縮小しつづけて、決して完全に蒸発することはないだろう。*12

「そうなったらどうなる？　外に漂っていくのかい？」と私は訊いた。サスキンドは答えた。「単なる荷電粒子だから重力に引かれて地球の中心へ向かって漂っていく[13]」。しかし別の方向へ漂っていく可能性もある。マイクロブラックホールが私の方へ向かってきて私の身体を貫くことはないのか？　あるいは私をのみ込んでしまうことはないのか？

二〇〇九年五月六日に私は、一九六八年にひも理論を初めて提唱した聡明な物理学者ガブリエーレ・ヴェネツィアーノに会いに、今度はパリのカルチエ・ラタン中心部にある名門コレージュ・ド・フランスの彼のオフィスを訪れた。そしてLHCについて話をした。

その巨大な装置が凄まじいパワーを発揮したとき物理学に何が起こるか、そのことにヴェネツィアーノがわくわくしている様子が感じられた。LHCのパワーは我々が見たことのない大きさなので、スイッチが入ったとき何が起こっても不思議ではない。

ヴェネツィアーノは言う。「そのとき起こりうる出来事はあまりに多いので、どれに注目してどれを無視するか決めておかないといけない。私たちは大きな角度の散乱を引き起こす現象に注目することにした。CERNでは、ブラックホール生成の証拠を探そうという議論もあった。しかしブラックホールが実際に現われる確率はとても低いと思う」。ヴェネツィアーノの説明によれば、LHCでのブラックホールの生成を認めるモデルは時空の隠れた次元の存在を前提としているという[14]。

もしブラックホールが出現してそれがスティーヴン・ホーキングの式に従って蒸発したら、ホーキングはとてもうれしがるだろう。ヴェネツィアーノは言う。「もしＬＨＣでマイクロブラックホールが作られ、それが世界をのみ込むことなく、ブラックホールに関するホーキングの研究が予測するとおり放射を発して蒸発すれば、ホーキング放射の実験的証明となってホーキングはノーベル賞を受賞するだろう」[*15]

ボストンで開かれた素粒子物理学の専門的な学会『大型ハドロンコライダー――標準モデルを超えて』でＣＥＲＮの物理学者ファビアン・レドロア＝ギヨンは次のように語った。「ＣＥＲＮでは何年か前からブラックホールの生成について研究しています。ブラックホールの質量の閾値はおよそ九・五ＴｅＶです」。ファビアンが示したグラフには、ＬＨＣでの微小ブラックホールの生成が八から九ＴｅＶのエネルギーレベルで始まることが示されていた。[*16] 二〇一〇年段階ではＬＨＣはそのレベルより低い七ＴｅＶのエネルギーを作り出している。しかしすべて予定通りに進めば二〇一三年に最高レベルの一四ＴｅＶに到達する。

ジョン・エリスと物理学科理論部門の人たちが書いたＣＥＲＮの報告書『ＬＨＣ衝突の安全性の検討』では、ＬＨＣは安全であることがホーキング放射の考え方を使って示されている。また、そもそも宇宙線が起こしている事象によってブラックホールの可能性は排除されるとも主張している。報告書には次のように書かれている。

実験施設の中においてコントロールされた条件でＬＨＣが再現する衝突の重心系エネルギー

は、何十億年も昔から地球に降り注いでいる宇宙線の一部が大気中で生み出すエネルギーより低い。宇宙線がLHCよりも高いエネルギーで地球、太陽、中性子星、白色矮星などの天体に衝突する頻度を考えてほしい。諸天体が安定であることは、そのような衝突が危険ではありえないことを示している。……もし一部のマイクロブラックホールが安定だとしたら、宇宙線によって作られたのちに地球などの天体の内部に留まっているだろう。……LHCでマイクロブラックホールが作られたとしても、検出器の壁に到達する前にホーキング放射で崩壊すると考えられる。[*17]

この報告書は太陽系の寿命の長さを引き合いに出している。寿命とは？　宇宙線による確かな証拠とは？　確実に分かっているのだろうか？

二〇〇九年四月二六日、ヘブライ大学にブラックホールの専門家ヤコブ・ベッケンシュタインを訪れて私は、ブラックホール、そしてCERNで起こると言われている真の危険についてもっと深く理解できた。ベッケンシュタインはプリンストンのジョン・アーチボルト・ホイーラーの学生だった一九七一年に、ブラックホールに関してスティーヴン・ホーキングと意見を戦わせた。

ベッケンシュタインはまた、ブラックホールに関するある重要な謎も解いた。宇宙（およびすべての閉じた系）のエントロピーは必ず増大するという熱力学の第二法則を、ブラックホールは無視しているらしいというのだ。ホーキングはその考えを笑い飛ばしてナンセンスだと無視し、ベッケンシュタインを物笑いの種にした。しかしその後それを撤回しなければならなくなる。ベッケンシュタインが正しかったのだ。[*18]

私はベッケンシュタインに訊いてみた。「もしブラックホールが出現するとしたら、それはどんなものなのか？　地球の中心へ漂っていくのか？」。すると、ブラックホールは作られたときに一定の運動量を持っていてその方向へ移動していくだろうという答だった。私は訊いた。「星々に固定された座標系に従うのか［マッハの原理という］？」。「そうだ。しかし地球の重力に影響を受けると地球の中へ入っていって向こうから飛びだし、それから戻ってきて振動しつづけるだろう。もちろんとてつもなく小さいので君の身体を通過しても何の相互作用も起こさない。地球を通過するときもそうだ[*19]」

しかしもしもっと大きくなったら？　ベッケンシュタインは言う。「分子一個の大きさのブラックホールは小さな丘くらいの重さになる。そんな質量が衝突しただけで君は死んでしまう[*20]」。ぞっとするような話だ。しかし宇宙線を根拠とする安全性の議論には納得できる。宇宙線は地球の上層大気の原子核という静止した標的に衝突するため、ＬＨＣの中で起こる陽子どうしの正面衝突とは違う。しかしＣＥＲＮの理論物理学者ジャスパー・カークビーが教えてくれたように、宇宙線の衝突とＬＨＣでの陽子衝突の衝撃を同じスケールで計算する方法がある。その計算によれば、高エネルギーの宇宙線と同等の衝撃を与えるにはＬＨＣの四〇〇倍強力なコライダーが必要だという。[*21]したがって当分の間は危険なブラックホールの心配は全くないと考えられる。それでも現在の最高エネルギーレベルで、小さく即座に蒸発するブラックホールが生まれる可能性はある。

もしＣＥＲＮでブラックホールが姿を現わしてホーキングの公式に従って蒸発したら、ホーキングがノーベル賞を受賞するだけでなく、微小ブラックホールは重力とミクロ構造の両方を持っているため一般相対論と量子力学の相互関係を調べる絶好の実験環境が得られる。そして万物理論に実験的に到達できるかもしれない。ＬＨＣの陽子衝突で小さなブラックホールが作られるのは、そんなに悪いことではないかもしれない――コントロールさえできていれば！

第14章　ＬＨＣと物理学の未来

我々はいま、科学史における大革命を目撃しようとしている。物理学を支配する理論を実証あるいは否定する新発見の数が減って物理理論がほぼ行き詰まったちょうどそのとき、科学者や技術者は史上最大の装置の建設と試験を終えた。かつては想像するしかなかったレベルのエネルギーを作り出す能力を持つ加速器だ。このマシン、ＬＨＣは凄まじいエネルギーで陽子を衝突させ、新たな知識の扉をいくつも開こうとしている。

ガリレオ、ケプラー、ニュートンなど一七世紀と一八世紀の天才たちは、宇宙に関する強力で新しい考え方を人類にもたらした。彼ら一人一人が社会を宇宙の性質の理解へと一歩ずつ近づけた。地球の自転、木星の衛星、重力とその効果の発見は物理世界に対する人々の見方を変えた。さらなる進歩はそれから二世紀近くのち、一八〇〇年代後半にマクスウェルが電磁気理論を編みだし、二〇世紀前半に相対論と量子革命が訪れるまで待たなければならなかった。アインシュタインと量子の開拓者たちは万物創造の理解へ近づく大きな一歩を我々に踏み出させた。

そして二〇世紀後半に素粒子物理学が標準モデルを携えて発展し、加速器による数々の発見がこの学問をさらに先へ進めた。進歩はいっとき滞っていたが、今や我々は物理学、天体物理学、宇宙論の新時代の入口に立っており、その一番の道具が大型ハドロンコライダーだ。

それより小型の加速器は粒子と力に関して多くのことを教えてくれ、またハッブル望遠鏡のような大型望遠鏡は広大な宇宙への新たな窓を開けてくれた。しかしＬＨＣは、今まで可能だったよりもはるかに壮大なスケールで物理学や宇宙論の実験をおこなえる。ＬＨＣによる発見は、ヒッグスと標準モデル、超対称性、超重力、ひも理論、物質＝反物質、隠れた次元、あるいはまったく予想外の事柄と、さまざまな方向の可能性を開くかもしれない。

現在研究されているひも理論の大きな目標の一つが、一般相対論と場の量子論の統一だ。ＬＨＣはひも理論の予測する現象を、可能なエネルギーレベルで見つけられる限り探す。このコライダーは時空の隠れた次元の手掛かりを見つけてひも理論に裏付けを与え、さらに重力が我々の四次元時空で弱くなっているのは追加の次元の中に「隠れる」からだと説明してくれるかもしれない。

もっと可能性の高い事柄として、ＬＨＣはスーパーパートナー粒子を見つけて超対称性の予測を証明し、そのような粒子は銀河に広がるダークマターの謎の一部あるいは全部を解明してくれるかもしれない。また別の発見がダークエネルギーの謎の解明に一役買うかもしれない。そして宇宙における物質と反物質の非対称性は、ＬＨＣでおこなわれるＢメソン崩壊に特化した実験で解かれるかもしれない。

同じく重イオンの衝突実験は、ビッグバン直後に宇宙に充満していたクォーク＝グルーオン・プラズマについてたくさんの情報をもたらしてくれるだろう。最も期待されていることとして、ＬＨＣでの衝突によりヒッグスボゾンが生成し、標準モデルの有効性が実験によって最終的に証明されるかもしれない。別の実験は初期宇宙における対称性の破れのメカニズムとヒッグス場の作用をより良く説明し、標準モデルに裏付けを与えてくれるかもしれない。

それに加え、今まで想像されていただけだった、あるいは誰も想像できなかった奇妙な粒子がＬＨＣで姿を現わす可能性もある。それらはダークマターの候補にもなるかもしれない。しかし最も期待されている粒子の性質でさえ完全には分かっていない。ヒッグスボゾンは一個の粒子ではないかもしれない。軽いヒッグス、重いヒッグス、あるいはまったく予想外の性質を持つヒッグスもあるかもしれない。実験——この場合は史上最大の実験——をおこなうまで実際に何が起こるかは決して分からない。それこそが科学の美だ。

ＬＨＣの探索手法

ＬＨＣの陽子衝突では三種類の放出現象が起こる。一つがジェット、すなわちクォークとグルーオンの流れ。ジェットは衝突による反応のエネルギーと種類に応じてさまざまな角度に放出される。ジェット放出の角度と強度が、衝突で生成した残りの全粒子の種類とエネルギーに関する重要な情報を与えてくれる。

ジェットの他に電子、ミューオン、タウ、そしてそれぞれのニュートリノといった自由（閉じ込められていない）レプトンが一個一個放出される。LHCの衝突では大量のニュートリノが生成するが、それらは検出されない。別の物質との相互作用の頻度がとても小さいため、LHCでの衝突実験では通常は見つからない。

そして最後に、「消失横エネルギー」と呼ばれるものがある。エネルギーは方向性を持たないが、この言葉は衝突する陽子ビームと垂直な方向に運動する粒子のエネルギーという意味。エネルギー保存則からいって存在するはずだが見つけられない――すなわち「行方不明」の――エネルギーだ。この行方不明のエネルギーは空間の隠れた次元やダークマター候補などに関する情報を与えてくれる。

以上まとめると、

全質量・エネルギー＝ジェット＋レプトン＋消失横エネルギー

衝突後に生じるエネルギー――ビームと垂直方向のジェットおよびレプトンによるもの――をすべて足し合わせるとゼロにならなければならない（プラスとマイナスが打ち消し合わなければ

ならない）。その方向における最初のエネルギーはゼロだからだ。測定値とゼロとの差が消失横エネルギーとなる。それを正確に求めれば何か発見できるかもしれない。その行方不明のエネルギーは通常、ジェットの一つの方向に現われる。

そうした事象から得られるデータは、ジェットが何本生成したか、およびどんな種類のレプトンが何個生成したかに応じて高度な統計解析にかけられる。レプトンの中でニュートリノを除き一番軽いのは電子、次がミューオン、最後がきわめて重いタウだった。

こうした情報の断片から科学者は、その反応で他に何が生成したか――ヒッグス粒子、超対称性パートナー、隠れた空間次元の兆候――を推測する。ＬＨＣ以前の他の加速器での経験から、粒子の相互作用のうち五〇パーセントは強い力、すなわち軽いクォークやグルーオンが関係し、衝突生成物の二〇パーセントは重いＷやＺボゾンあるいはとても重いトップクォークの生成物になると分かっている。この三種類の粒子はＬＨＣで大量に生成すると考えられている。ヒッグスはさまざまな方法によって見つかるかもしれない。重いヒッグスはトップ＝反トップ対へ崩壊し、軽いヒッグスはタウ二個に崩壊すると思われる。またＺボゾン二個に崩壊する可能性もある。そして前に述べたように、最終的には四個のミューオン（二組のミューオン＝反ミューオン対）を生成する。

超対称性探しは次のようにおこなわれる。超対称性粒子が中性か電荷を持っているかに応じて検出器の中で異なるパターンの軌道を描き、それによって種類を特定できる。とくに粒子の軌跡に折れ曲がりがあったり光子の軌跡が途中で消えていたりしたらチャージーノの存在が示される。そして決まった方向性のない光子の軌跡があればニュートラリーノの存在が示される。[*1]

物理学の目的は我々の周りの物理宇宙を理解することだ。大型ハドロンコライダーによって我々は究極の難問、万物創造の謎を解こうとしている。そしてその探究に際して物理学者は単純さと統一という方向へ進んでいるように思える。我々は現実の本質を比較的単純な——あるいはできるだけ単純な——数式で理解しようとしている。そして多くの物理学者はその数式、すなわち待ち焦がれる「万物理論」が自然のすべての力を統一してくれると信じている。

私はジェローム・フリードマンに、「ビッグバン後に四つの異なる力へ分かれたとされる一つ《スーパー》の力《フォース》を探す理由は何か？　物事を統一する必要があるからなのか？」と訊いてみた。すると次のような答だった。「いいや。それらの力が我々をそこへ導いているように思えるからだ。超対称性のもとでは、ビッグバンまで時間をさかのぼると四つの力は実際に一点で出会う」[*2]

自然法則は一つあるいは一組の数式で比較的簡潔に表現できるという、いわゆる還元論的見方に異議を唱える物理学者もいる。中には物理法則は一定でないと考える人さえいる。[*3]しかしそれは少数派だ。ほとんどの物理学者は、アインシュタインの一般相対論が示しているように、自然の振る舞いの少なくとも一部は簡潔でエレガントな数式によって記述できると理解している。

そして標準モデルと超対称性の基本的な土台である対称性の美しい数学は、何か神秘的なものを秘めていて、単純だが高度に系統立った数学的記述によって自然を理解できるのだと教えてくれている。これらのモデルはエレガントなだけでなく、驚くほど高い説明能力も持っている。

自然はエレガントな数式で記述される統一力を通じて動いているように思える。我々が現在目指しているのは自然法則の究極の表現を解き明かすことだ。一般相対論の特別なケースとしてスピードが遅く比較的小さな質量における場合がニュートン力学であるように、その究極の法則の特別なケースが一般相対論や場の量子論となる。そしてＬＨＣはこの探求にとって強力な実験的道具となる。

本書で研究を紹介した偉大な物理学者の多くは今でも素粒子物理学の先進的な研究を続けていて、その誰もがＬＨＣによって自分の理論の少なくともいくつかが裏付けられればと期待している。他に、ライフワークから退いて、自分が何十年か前に出した成果が新たな発見によってどのような影響を受けるか心待ちにしている人もいる。ＬＨＣに関わっている何千人もの若い物理学者は、理論あるいは実験を通じて躍進のきっかけをつかもうとしている。誰もがＬＨＣの研究とその成果を楽しみにしている。

ＬＨＣは我々の存在に関する最も重要な疑問の数々に取り組む。ビッグバンでは何が起こったのか？　その後どのようにして粒子や力は進化したのか？　我々の宇宙にはいくつの次元があるのか？　反宇宙が存在するのか、それとも反物質は姿を消したのか？　粒子はどのようにして質量を獲得したのか？　銀河に広がるダークマターとは何ものか？　ダークエネルギーとは何か？

万物創造と宇宙の構造に関するこれらの大きな疑問に答えられると期待されている。

二〇〇九年末にLHCの検出器の中で起こされた新記録のエネルギーでの衝突の結果が、二〇一〇年二月に初めて発表された。発表したCMSグループは、この高エネルギー衝突により検出器の中で観測された粒子のほとんどがメソン――クォーク＝反クォーク対からなる中間サイズの粒子――だったと明らかにした。これは価値のある予備的情報で、将来観測されるであろう興味深い事象を効率的に探す方法を教えてくれる。そして将来の衝突データの中に、ヒッグス、超対称性、余分な次元といった実験目的の動かぬ証拠が現われているかどうかを判断する基準となる。

二〇一〇年三月上旬にLHCは再び出力を上げた。私はCERNのコントロールセンターで科学者たちと立ちながら、壁に掛かった大型スクリーンの一つに表示された青い線が上がっていくのを見つめていた。それは順調に上がっていき、足下にあるLHCの二本のチューブに再び陽子ビームが流れ込んで安定して走っていることを示していた。部屋を見回すと、出力が上がるにつれて緊張が徐々に高まっていくのを感じた。この装置はスピードとエネルギーをどんどん上昇させつづけるのだろうか？

技術者たちは超伝導電磁石の温度を表わすディスプレイを見つめていた。バーはすべて緑色で温度上昇が起こっていないことを示していたが、たった一個の電磁石の温度がわずかに上昇しただけでクエンチが起こり運転全体が停止してしまうかもしれないため、状況を細かく監視しつづけなければならなかった。しかもＣＥＲＮには二〇〇八年九月のような大失敗を繰り返すことは許されなかった。

コントロールセンターの別の区画では、男女二人のとても若い科学者が前段加速器からのデータを見つめていた。システム全体が三カ月休んでいた後だったため、やはり何か問題を起こさないか監視しておく必要があった。もしここで何か起こったら、チューブ、電子部品、高周波装置、強力電磁石からなる複雑で入り組んだシステムに被害を与えないよう、即座にＬＨＣの運転を停止しなければならなかった。

そしてコントロールセンターでも最も重要なエリア、大きな部屋の北東の区画では、ステーファノ・レダエッリがマウスを使ってＬＨＣ本体の出力をコントロールしていた。コンピュータコンソールの上からそっと彼の顔を見て私は、科学によってこのような重責を与えられた彼らプロフェッショナルが歴史を作っている現場を目撃しているのだと悟った。若い科学者や技術者たちの後ろでは、白髪交じりのリン・エヴァンズがゆっくりと歩き回りながら頭上のいくつものディスプレイを不安そうに見渡していた。深刻な事態になる前に問題を察知できるのだろうか？

装置起動で最も重要な段階が何の事故もなく終わり、すべてが計画通り作動した。陽子は人類がそれまで作り出したことのないエネルギーでトンネルの中を進んでいた。リン・エヴァンズは背伸びをして振り返り、ドアの方へ歩いていった。笑みを浮かべていた。史上最大のマシンは新たな物理学の発見へと旅立った。

あとがき

二〇一〇年三月一九日午前五時二〇分、LHCは今後二年間の最大目標エネルギーであるビームあたり三・五TeV、二本のビームの合計で七TeVに到達した。このエネルギーでは陽子は光の速さの九九・九九九九九九六四パーセントに加速される。[*1] CERNの上層部は一、二年の連続運転後のオーバーホール前に電磁石のクエンチが起こる危険を避ける安全策を講じることを決定しており、合計出力が最大の一四TeVに上げられるのは長期間の運転に続いて一年間ものメンテナンスをおこなった後、現在の予定では二〇一三年頃になる。

七TeVという合計エネルギーも世界記録には変わりなく、CERNの科学者たちはいつものシャンパンで祝った。研究所の上層部は、いまのところLHCは順調に稼働していて事故の可能性は低いと判断した。そして世界中のマスコミにこの目標エネルギーでの粒子衝突を起こす予定日を伝えることにした。CERNは記者らに合計エネルギー七TeVでの衝突を二〇一〇年三月三〇日に開始すると通知した。しかし世界中の記者らはEメールで、ビームを衝突させる操作は複雑で何日かかるかもしれないと注意を受けていた。「大西洋の両岸から針を発射して真ん中で衝突させるようなものだ」とCERNの加速器および技術担当責任者のスティーヴ・マイヤーズは言う。*2 この大きなイベントに際して世界中から二〇〇人以上の記者がCERNに集結した。

ビッグデイ、二〇一〇年三月三〇日

三月二九日から三〇日の夜にCERNの技術者たちは、ビームのエネルギーを三回に分けて上昇させ、粒子衝突を起こさずにビームあたりのエネルギーを三・五TeVの目標レベルに上げた。測定により、装置がこのエネルギーで陽子ビームを少なくとも短時間は保持できることが示された。そして朝までビームは落とされ、陽子は周回をやめた。すべて準備が整った。

三月三〇日午前五時頃、CERNのコントロールセンターとLHC実験の四つのコントロールルームに人が集まりはじめた。マヌエラ・チリッリはATLASのコントロールルームにやってきて、科学者たちがこのビッグイベントの準備をしているのを見ていた。CMSではグウィード・トネッリがスタッフを動かし、チームが到着して検出器内で衝突を起こす準備を整えると最終指示を出した。

夜が明けるにつれてCERNのコントロールセンターは、作業をする科学者や良い写真を撮ろうとする記者で溢れかえってきた。ステーファノ・レダエッリはコンピュータコンソールを行き来しながらビーム強度と出力を調整していた。多くの人がさまざまな作業をしていた。緊張と興奮が漂っているのが感じられた。すると突然ビームが失われた。部屋には動揺が広がり、数分以内に犯人が特定された。導入されたばかりのクエンチ保護システムだった。電流のわずかな変動に超高感度の装置がだまされて電磁石がクエンチしたと勘違いし、システムが設計通りただちにビームを止めたのだ。誰もが期待を込めて再始動を待った。電流が再び上昇し、すべて正常に思われた。ところが昼近くに別の問題が発生した。LHCに陽子を直接供給するSPS加速器に不調が起きたのだ。この問題も修正されて運転が再開された。ビームあたり三・五TeVに向かってエネルギーが徐々に上昇する中、人々は一体となって固唾を呑んでいるようだった。

壁のスクリーンディスプレイには青い線とその下に赤い線、二本の線が表示されていた。上の線は一周二七キロのトンネルを時計回りに回るビームの位置、赤い線は反時計回りの陽子ビームの位置を表わす。全員の視線がこのスクリーンに釘付けだった。エネルギーレベルは優に一時間、三・五TeVで安定していた。ついにビームを衝突させるときがやってきた。居合わせたほとんどの若い科学者にとっては人生で最も緊張し興奮する瞬間で、年上の科学者にとっては巨大マシンの設計から建設そして稼働へという二〇年に及んだ準備の集大成だった。誰もがこの瞬間を待っていた。LHCは地球上で誰も見たことのないエネルギーレベルで陽子を衝突させる。

レダエッリと同僚たちはLHCの四つの地点、ATLAS、ALICE、CMS、LHCbという四台の検出器の置かれた空洞で二本のビームを衝突させなければならなかった。彼らは地下の各所に設置された電磁石をリモートコントロールして二本のビームを「押し」、四台の検出器それぞれの場所で出会うようにした。スクリーン上では青い線が下がって赤い線が上がり、徐々に互いに近づいていった。運転操作の中でも最も手際を要する部分だった。まさに大西洋の両岸から針を発射して真ん中で衝突させるようなものだ。人々は我を忘れて見入った。そして午後〇時五八分、セシー近郊のＣＭＳのコントロールルームで大喝采が上がった。ビームが出会って完璧に正面衝突したのだ。それから一分以内にＡＴＬＡＳでも起こり、その直後に他の二台の検出器も衝突を記録した。

ＣＥＲＮのコントロールセンターでは誰もが歓喜に酔いしれた。どこからともなく喝采が起こり、シャンパンの栓が開けられ、人々は祝いの言葉をかけ合った。科学者や技術者はシャンパングラスを手にしながら作業を続けた。ビームを一定の位置で安定させるコリメータが挿入された。陽子はそれから何時間も周回と衝突を繰り返し、大量のデータを生み出した。

マヌエラ・チリッリはその日のＡＴＬＡＳの様子を次のように語っている。「何も起こらなかった二〇〇八年とはまったく違っていました。正午には全員が不安で緊張していました。小さな問題が立て続けに起こりましたが、深刻な異常も危険もありませんでした。記者が周りにいない『通常』の日なら気づきもしなかったでしょう。でもその日はＡＴＬＡＳコントロールルームのガラスの壁に記者たちが揃って顔を押しつけていて、新聞社に送る昼の締切前にすでに記事をタイプしている人もいました。だからその点では素晴らしいタイミングでした。記者たちがＬＨＣ

の失敗を書いた記事を送ろうとするまさにその直前に、ようやく衝突が起こったのです！」[*3]

ＡＴＬＡＳで衝突が起こったことを受けて取材に応じたファビオラ・ジャノッティは、「いま我々が見ている粒子はとてつもない数で、驚くべき量のエネルギーを持っています」と言った。[*4]少し前までＡＴＬＡＳを率いていたペーター・イェンニは、長いあいだ待ちつづけてきた出来事に感動して次のように語っている。「私の研究生活で最高の瞬間だった。ＬＨＣとその物理学への大きな影響を二六年間夢見て、ＡＴＬＡＳを実現するために一七年間必死で取り組んできた末に、初の高エネルギー衝突の様子がコントロールルームのスクリーンに美しいグラフィックとして現われるのを見た瞬間は、私にとって感動的だった。来たるべき物理学に大きな希望を抱く大勢の若い同僚や学生と一緒にこの瞬間に立ち会えたことは、大きな喜びだ！」[*5]

ＣＭＳでも同様の興奮が見て取れた。ＣＭＳを率いるグウィード・トネッリは、新記録のエネルギーでの初の衝突が起こっている最中に次のように語った。「本当に予想外だったのは事象の頻度だ。一分あたり一回くらい異常事象が起こると予想していた。ところがいま五〇ヘルツ、一分あたり五〇回以上も異常な衝突結果が出ている！」[*6]

その後、祝賀会が続く中トネッリは次のように語ってくれた。「何年も準備しながら待ちつづけてきた瞬間だ。我々はいま、現代物理学のいくつかの大問題の答が隠された新たな未踏の領域の縁に立っている。そもそも宇宙にはなぜ物質が存在するのか？　我々の宇宙の九五パーセントは実際何でできているのか？　知られている力をたった一つの統一力で説明できるのか？　こうした疑問に答を出せるかどうかは、いままで物理学者の手を逃れてきた粒子をこの研究所で作り出して検出することにかかっているだろう」[*7]

自分たちのチームがおこなおうとしている将来の刺激的な研究を見据えて、トネッリは次のように語った。「まもなくヒッグスボゾンと、そして超対称性のような新たな理論が予想し、宇宙に大量に存在するダークマターを説明してくれる粒子の系統的な探索をはじめる。もしそれらが存在してLHCによって作られれば、CMSで検出できる自信がある。すでに標準モデルの既知の粒子を詳細に調べ、検出器の応答性を正確に評価し、新たな物理学のノイズとなりうるものをすべて精確に測定しはじめている。我々はいま現代物理学の新たな冒険に旅立った。刺激的な瞬間はきっと訪れる！」[*8]

誰も感激を隠すことはできなかった。リン・エヴァンズは次のように言った。「今日は、とても長かった二〇年以上の準備期間の終わりだ。しかし科学の新時代の始まりでもある」[*9]。LHCとともに突入した新時代を、二〇世紀前半に物理学を変えて相対論と量子力学をもたらした大革命と比べる人もいた。

LHCが供給するとてつもないエネルギー、その建設に注ぎ込まれたかつてなく正確な職人技、その稼働に用いられた豊富な科学知識、そして実験を進める何千人もの科学者の手腕、精力、献身が、どんな想像をも超える新発見をもたらしてくれるのは間違いないだろう。

謝　辞

作家にとって、科学知識が世界規模で変わるチャンスに遭遇し、それを通じて多くの人の人生に触れられるというのは、一生のうちでも一度か二度しかないものだ。ＬＨＣの途方もない物語と、それが我々の宇宙観をどのように変えようとしているのか、それは私にとってそんなチャンスで、私はとりこになり、情熱的な発見の旅路へと手を引かれていった。しかしこの物語を取材して語るという計画は、世界中の何人もの人々の助力、配慮、励まし、熱意がなければ進められなかっただろう。

この科学的冒険の取材は私にとってとてつもなく価値があり、寛大にも時間と努力を割いて自身の重要な貢献、さらに進行中の科学研究や未来の目標を詳しく説明してくれた何人もの一流科学者に心から感謝する。

その中には、一三人のノーベル物理学賞受賞者と他に二〇人ほどの優れた物理学者、宇宙論学者、数学者が含まれる。彼らはみな二一世紀物理科学の頂点にいる。本書執筆の取り組みに対する彼らの手助け、寛大さ、そして関心を寄せてくれたことに感謝する。

幸運にも私はＣＥＲＮに何度も招かれ、その手はずを整えてくれたニューカッスル大学の聡明な数学者で物理学者、そして私の友人であるカルロ・Ｆ・バレンギーに感謝する。ＣＥＲＮであちこち見学させてくれて、何人もの科学者を紹介し、ＬＨＣと検出器の数多い部品の詳細に至るまで教えてくれ、ＣＥＲＮの歴史と魅力を共有させてくれた、ＣＭＳグループのイタリア人物理学者パオロ・ペターニャに深く感謝する。

ノーベル物理学賞受賞者のジャック・シュタインバーガーには、ミューニュートリノの共同発見について語ってくれ、またＣＥＲＮ研究所の初期の歴史を説明してくれて感謝する。ＣＥＲＮではまた、ＡＴＬＡＳ共同研究の目的と自身の物理研究生活について話をしてくれたＡＴＬＡＳの代表者ファビオラ・ジャノッティに感謝する。ＡＴＬＡＳの前の代表者ペーター・イェンニには、ＡＴＬＡＳの研究について情報を提供してくれて感謝する。ＡＴＬＡＳではまた、コントロールルームを見せてくれ、物理学者としての経歴について語ってくれたマヌエラ・チリッツリに心から感謝する。

ＣＥＲＮのＣＭＳグループの代表者グウィード・トネッリには、センターで居心地良く過ごせるよう配慮し、ＣＭＳ検出器の仕組みを説明し、また二〇一〇年三月三〇日にエネルギー七ＴｅＶにおける粒子衝突の劇的な結果が得られてすぐに私にも知らせてくれて大いに感謝している。

ステーファノ・レダエッリには、ＬＨＣがどのようにコントロールされているかを教えてくれ、またＣＥＲＮコントロールセンターでの自身の仕事について話してくれてとても感謝している。ＣＥＲＮコントロールセンターを見学させてくれたパオラ・トロペア、そしてＣＥＲＮの低温技術と加速器内の温度コントロール、およびこの巨大装置のインフラに関するさまざまな点を説明してくれたピーター・ソランダーに感謝する。ＣＥＲＮのＣＬＯＵＤ計画を説明してくれたジャスパー・カークビーと、ＣＥＲＮの次期線形加速器の試作機を見せてくれたロベルト・コルシーニに感謝する。時間を割いて自身の研究やアイデアを話してくれたＣＥＲＮ理論部門の部門長ルイス・アルヴァレズ＝ゴームと、ＣＥＲＮでの自身の研究に関して教えてくれ、有名なペンギンダイヤグラムをいくつも書いてくれた理論物理学者のジョン・エリスに感謝する。作家のレベッカ・サラ・リームとＣＥＲＮコミュニケーショングループの情報部長ジェームズ・ギリーズには、私の執筆に興味を持ちセンターで歓迎してくれて感謝している。何枚もの驚くべき画像の掲載を許可してくれたＣＥＲＮに感謝する。

ミューニュートリノの共同発見者であるフェルミ研究所とシカゴ大学のノーベル物理学賞受賞者レオン・レーダーマンには、自身の偉業について話をしてくれ、また科学的探求について語ってくれて感謝する。

ノーベル物理学賞受賞者のスティーヴン・ワインバーグには、テキサス大学オースティン校に招いてくれ、理論物理学における最大の偉業の一つである、ノーベル賞につながった電磁気相互作用と弱い相互作用の統一に関する研究の魅力的な話を語ってくれて心から感謝する。ユトレヒト大学のノーベル物理学賞受賞者ヘーラルト・トホーフトには、繰り込みゲージ理論に関する自身の研究と量子論の基本要素に関する現在の研究について教えてくれて大いに感謝する。ボストン大学のノーベル物理学賞受賞者シェルドン・L・グラショウには、理論物理学における自身の研究について語ってくれて感謝する。

カリフォルニア州スタンフォードでは、SLACのノーベル物理学賞受賞者マーティン・パールに、研究所に温かく招いてくれ、タウレプトンの発見に関する驚くような話を語ってくれて感謝している。スタンフォードではまた、ブラックホールの発見、ひも、ヘーラルト・トホーフトと共同で編み出したホログラフィック原理など、現代物理学の話題について語ってくれた非凡の理論物理学者レオナルド・サスキンドに感謝する。

カリフォルニア大学バークレー校では、二〇〇六年のノーベル物理学賞を受賞した、宇宙に広がるマイクロ波背景放射のさざ波の発見について説明してくれたジョージ・スムートおよび、チャームクォークとボトムクォークの質量の予測に関する自身の結果について話してくれたメアリー・K・ゲイラードに感謝する。

本書の準備を進める上で、MITの何人もの物理学者がとくに手助けをしてくれた。ノーベル物理学賞受賞者のフランク・ウィルチェックには、クォークの振る舞いを支配してハドロンの中に永遠に閉じ込めている漸近的自由機構をデイヴィッド・グロスおよびヒュー・デイヴィッド・

ポリッツァーとともに発見した話を語ってくれて感謝する。私の友人でノーベル物理学賞受賞者のジェローム・I・フリードマンには、クォークの存在を初めて実験的に証明したSLAC加速器での重要な研究について説明し、数え切れない有益な忠告と説明をしてくれ、また原稿を通して読んでくれて心から感謝する。ダニエル・フリードマンには、素粒子物理学における対称性に関して短時間だが話をしてくれて感謝する。宇宙のインフレーションの発見者であるアラン・グースには、ゲージ理論のさまざまな面を説明してくれて深く感謝する。ノーベル物理学賞受賞者のヴォルフガング・ケターレには、初のボース＝アインシュタイン凝縮体の実現とフェルミオンガスに関する研究について詳しく話してくれ、また数多くのアイデアや識見を与えてくれてとても感謝している。私の友人でひも理論の専門家のバートン・ツヴィーバックには、粒子理論、ひも、大型ハドロンコライダーの物理の基本について説明し、また本書の原稿に目を通して改善できる点や正確を期すべき点を指摘してくれて感謝する。

プリンストン大学では、物性物理学およびそれといわゆるヒッグス機構との関係について話をし、またこの分野における自身の研究について説明してくれたノーベル物理学賞受賞者のフィリップ・W・アンダーソンに大いに感謝する。いまは亡きジョン・アーチボルト・ホイーラーには、メイン州にある彼の夏の別荘に滞在中に量子の魔法の複雑さについて説明してくれて感謝している。

エルサレムのヘブライ大学ではとくに、ブラックホールに関する自身の研究とその最も奇妙な諸性質について詳しく話してくれたヤコブ・ベッケンシュタインに感謝している。

パリでは、量子力学について幅広く説明してくれた量子論学者のアラン・アスペとノーベル賞受賞者のクロード・コーエン＝タヌージに感謝する。ひも理論の考案者であるコレージュ・ド・フランスのガブリエーレ・ヴェネツィアーノには、自身の理論について、および素粒子物理学の標準モデルのさまざまな面と大型ハドロンコライダーの仕組みについて説明してくれて大いに感謝する。イングランドのオックスフォード大学では、ブラックホールとひも理論に関する自身のアイデアについて説明してくれた数学者のロジャー・ペンローズに感謝する。ウィーンでは、粒子の量子的性質について説明してくれた私の友人アントン・ザイリンガーに、ベルリンでは、アインシュタインの人生について多くの事柄を教えてくれた私の友人ユルゲン・レンに感謝する。ワシントンDCでは、レーザー冷却した原子の量子的性質について説明してくれたNISTのノーベル物理学賞受賞者ウィリアム・フィリップスに感謝する。

アメリカ物理学会（AIP）とAIP物理学史センターのニールス・ボーア・ライブラリー・アンド・アーカイヴズ、物理学史センター所長グレゴリー・グッド、およびセンターの司書と文書館員、とくに二〇〇九年六月にニールス・ボーア・ライブラリーを訪れた際に文献調査の手伝いをしてくれたメラニー・ブラウン、スコット・プラウティー、ジェニファー・サリヴァン、ジュリー・ガスに感謝する。また物理学史センター後援会には、助成金を交付してくれ、ニールス・ボーア・ライブラリーを訪れて物理学の歴史に関する豊富な一次資料を詳しく調べる機会を与えてくれて感謝する。

物理学における主要な学会の主催者、参加者、発表者、とくに二〇〇九年のハーヴァード＝MITの学会『数学と物理学の展望』、二〇〇九年のノースイースタン大学のSUSY09およびBSM＝LHC学会の関係者には、LHC、超対称性、ひも理論、および標準モデルを超えた物理学に関する最先端の研究について大いに学ぶ機会を与えてくれて感謝している。

イリノイ州のフェルミ研究所で研究しているボストン大学の物理学者ジャビーン・シャブナムには、素粒子物理学のいくつかの概念を理解する上で手助けをしてくれて感謝する。ミュンヘン工科大学の物理学者ダフィット・ストラウブ、ミハエル・ヴィック、ヴォルフガング・アルトマンショファーには、超対称性とそれに関連したモデルについて活発で有益な話をしてくれて感謝している。南メソジスト大学のハレー・ハダヴァンドには、ATLAS検出器とCMS検出器における粒子研究に関する情報を提供してくれて感謝する。ひも理論について説明してくれたハーヴァード大学のカムラン・ヴァファに感謝する。LHCとその安全性に関する見解を語ってくれたディジョン在住のマリ・ミュズィに感謝する。

オーストリアアルプスのアルプバッハでは、エルヴィン・シュレーディンガーの娘ルート・ブラウニッツァーと義理の息子アルヌルフ・ブラウニッツァーに、自宅であるシュレーディンガー・ハウスに招き入れ、偉大な物理学者が遺した文書の多くを見せてくれてとりわけ感謝している。スイスアルプスでは、CERN滞在中に自宅に招いてくれた私の友人アルフォンソ・ド・オルレアン＝ボルボンに心から感謝する。

私の友人でエージェントであるライターズ・ハウスのアルバート・ズッカーマンの励まし、支え、情熱がなかったら本書は実現しなかっただろう。頭の中のアイデアを一冊の本にするプロセス全体を通じて欠かせない手助けをしてくれ、また本書の構想、進展、著作に積極的に関わってくれて感謝の言葉もない。ライターズ・ハウスのマーヤ・ロックの助力に感謝する。

いつも最高の編集者であるピーター・グッザルディには、すべての段階で驚くほどの見識、慎重さ、注意深さをもって原稿を編集し、また数え切れない提案やアイデアで本書をこのような形にしてくれて心から感謝する。クラウンパブリッシンググループの担当編集者ジョン・グルスマンには、この複雑な出版計画の面倒を完成まで見て、本書の宣伝に力を尽くしてくれて心から感謝する。クラウンでは、なかでも本書の執筆と制作に手を貸してくれたドメニス・アリオト、そして制作チームの他のメンバー、メアリー・アン・スチュアート、ラシェル・マンディク、ソンヒー・キム、ノーマン・ワトキンスに感謝する。妻のデブラと娘のミリアムには、とても役に立つ提案やアイデアをくれて心から感謝と愛情を捧げ、またミリアムには取材を手伝ってくれて感謝する。

本書の登場人物は例外なく史上最も重要な物理学者、宇宙論学者、数学者であり、彼らの多くと個人的に知り合い他の人たちの研究についても知ることができたのは、とても光栄でうらやましがられるほど名誉なことだった。一九七二年に初めて出会った偉大な物理学者ヴェルナー・ハイゼンベルクから一番最近二〇一〇年に取材したヘーラルト・トホーフトまで、宇宙の最も深遠な謎を解き明かそうという探究に携わった彼ら科学の巨人たちと触れあえたのは、畏敬の念を感じるような素晴らしい経験だった。望むべくは、本書の読者にもこの探究の興奮を分かち合ってほしい。

付録Ａ　ＬＨＣの検出器のしくみ

ＬＨＣの検出器の代表例がＡＴＬＡＳ（トロイダルＬＨＣ装置）であり、これを使って検出器のしくみを見ていくことにしよう。七階建てのビルの高さに相当するこの装置は、決まった種類の粒子を特定するためにそれぞれ特別な目的で設計された多数の部品からできている。

陽子が衝突するＬＨＣ加速器のチェンバーを取り囲むのが、ＡＴＬＡＳ検出器の内層である内部検出器。これは衝突により生じた電子と光子の軌跡を描き出す。何千もの画素《ピクセル》を粒子が通過すると放射が発せられ、それによって軌跡を記録できる。ＡＴＬＡＳの最も内側にはピクセル検出器、半導体トラッカー、遷移放射トラッカーがある。これらは何千もの電子モジュールからできている。

ピクセル検出器の各モジュールの外側にはケイ素の薄い層がある。半導体トラッカーとピクセル検出器は似たような形で動作する。ピクセル検出器のケイ素の外層は何千個もの小さな金属球によって下位レベルの電子回路につながっている。そのケイ素の層を荷電粒子が通過すると電子が解放され、それが金属球に電荷を誘導する。どの金属球が電荷を帯びて電流を生じさせたかを見ることで、内部検出器の中での荷電粒子の軌跡を決定できる。

半導体トラッカーとピクセル検出器の外側に置かれた遷移放射トラッカーは、粒子の種類を判別できる。これは気体を充填した何千本もの管からできている。それらはすべて金の導線につながれている。二本の管の間の物質を荷電粒子が通過すると光子が生成する。電子とパイオン（二個のクォークからなる中間サイズの粒子）はこの検出器部分を通過するときに異なる特徴を示す。パイオンは管の中の気体をイオン化してそれとともに光子を生成する。その光子が気体の原子と相互作用して電子を放出し、それが金の導線のところまで移動してその中を流れる。一方で電子はもっと数多くの光子を放出させ、金の導線にもっと強い電流を流す。これによって通過した粒子を特定し、どの導線に電流が流れたかを見ることでその軌跡を決定できる。

これら三つの内部検出器の外側には、粒子の電荷と運動量を特定するために磁場で粒子の軌跡を曲げる大型超伝導電磁石がある。その内部超伝導電磁石の外側には、内部検出器から出てきた粒子のエネルギーおよび質量を測定する電磁熱量計がある。この熱量計はアコーディオンのような形をしていて、何枚もの鉛とステンレスの板を重ねてできている。それらは粒子吸収材として作用し、その間には摂氏マイナス一八五度に冷やされた液体アルゴンが入っている。液体アルゴンに浸された銅のグリッドが電極として作用し、通過した粒子を測定してそのエネルギーを決定

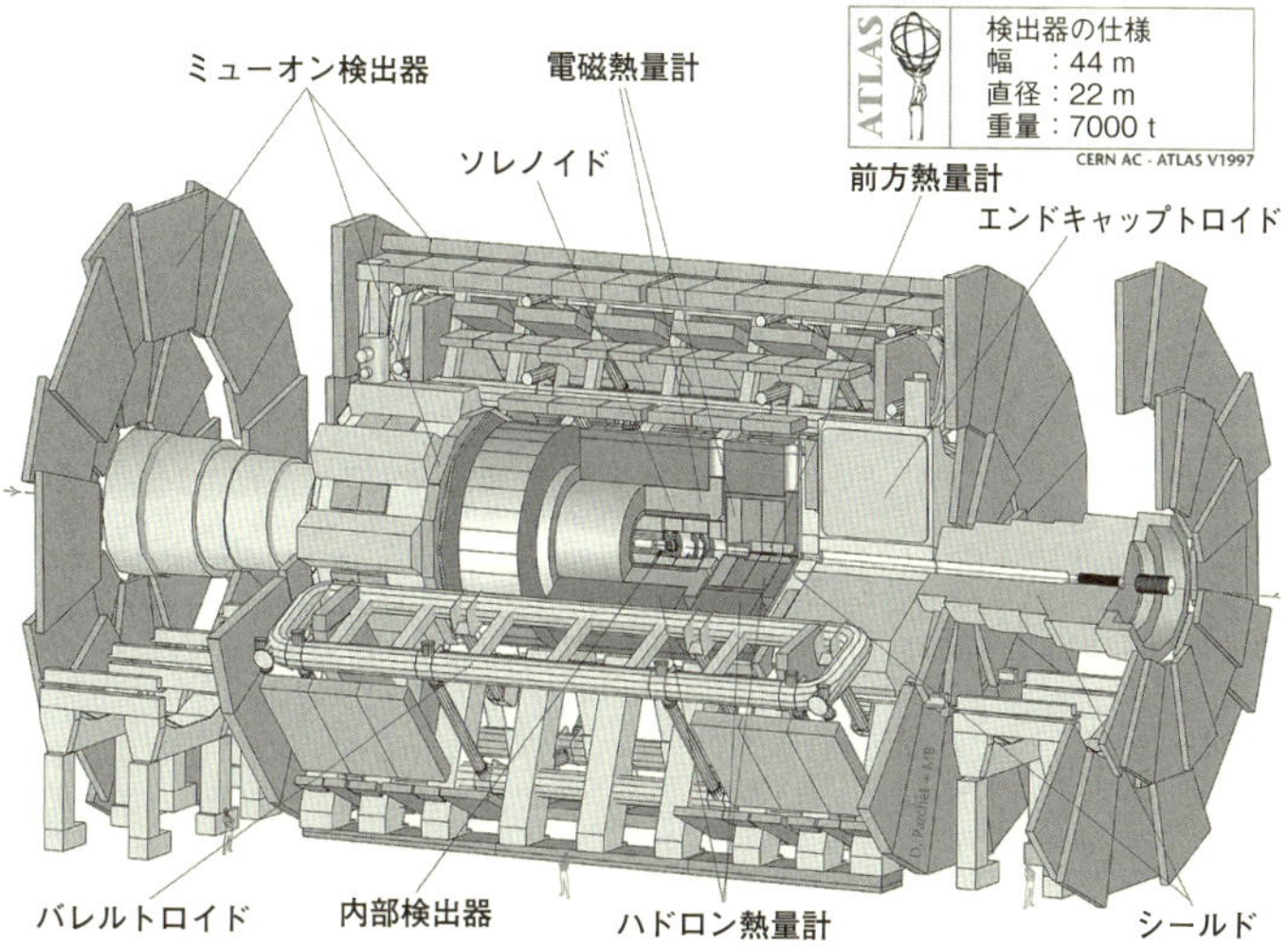

ATLAS検出器

する。

内部検出器から出てきた高エネルギーの電子は、金属の粒子吸収材と相互作用して多数の電子、陽電子、光子を生成する。これらの三種類の粒子はいずれも、液体アルゴンを通過するときにアルゴン原子をイオン化することで測定される。このイオン化反応により生成した電子は内部の銅のグリッドで集められ電流を生じさせる。その電流と位置の測定——もともとの高エネルギー電子が作り出した低エネルギーの二次粒子の測定——により、ＬＨＣの中での陽子衝突で発生したもともとの電子のエネルギーを決定できる。

その外側のレベルが、ハドロン熱量計と呼ばれる大型の外部熱量計。この熱量計はＬＨＣで作られたハドロン——ほとんどがメソン（例えば前に紹介したパイオン）——のエネルギーを測定する。これは鉄鋼とシンチレータの層が交互に重ねられてできている。シンチレータは粒子が通過すると光を発する装置。高エネルギーのハドロンが鉄鋼の層を通過すると、金属中の原子核と相互作用して二次粒子がシャワー状に生成する。それらの粒子がシンチレータ層を通過すると光を発する。その光を光ファイバーチューブに集めて電流に変換する。その電流信号をコンピュータに入力して、入ってきたもともとのハドロンのエネルギーを決定する。

ＡＴＬＡＳ検出器の一番外側の層がミューオン検出器。電子に似ているが二〇〇倍重いミューオンは通常ＡＴＬＡＳの内側の層をすべて通過してこの外層まで到達する。ミューオン分光計は多数のチェンバーからできていて、その全面積はフットボール場何個分にもなる。各チェンバーの中にはガスが充填された管がいくつもある。ミューオンが管の中のガスを通過するとイオンや電子の軌跡を残す。この電子は管の壁や中央に漂っていって金属の導電体に集められる。この誘導電流を測定することで、分光計の中でのミューオンの経路を決定できる。

付録B　粒子、力、標準モデル

この付録では本書で説明したさまざまな粒子、力とその作用、および素粒子物理学の標準モデルをまとめる。

粒　子

クォークは奇抜《クワーキー》すぎて表に出してもらえない粒子。物質の原子核に含まれる陽子や中性子を形作る。陽子や中性子や短寿命のメソンの中に永遠に閉じ込められている。通常の物質が形成される以前のビッグバン直後の極めて初期の宇宙では、クォーク＝グルーオン・プラズマの中を漂っていた。

レプトン（軽粒子）は自由な粒子で、飛ん《リープ》でいける。電子やニュートリノおよびさらに重い短寿命のミューオンやタウが含まれる。

フェルミオン（フェルミ粒子）はイタリア系アメリカ人物理学者エンリコ・フェルミにちなんで名付けられた「物質粒子」。パウリの排他原理に従い、二つの粒子が同じ量子状態を占めることはできない。プランク単位で「分数スピン」（½など）を持つ。
ボゾン（ボース粒子）はインド人物理学者サチエンドラ・ナート・ボースにちなんで名付けられた、排他原理に従わない粒子。ボース＝アインシュタイン凝縮体を形成して一つの波動関数を持つ単一の存在となり、一個一個としての性質を失う。プランク単位で「整数スピン」（0、1、2）を持つ。力媒介粒子はボゾンである。
ハドロンはクォークが強い力で互いに結びついた粒子。メソンとバリオンに分類される。
メソン（中間子）はクォーク＝反クォーク対からなる中間サイズの粒子。
バリオン（重粒子）は三個のクォークからなる重い粒子。陽子は二個のアップクォークと一個のダウンクォークからなるバリオン、中性子は二個のダウンクォークと一個のアップクォークからなるバリオン。陽子と中性子は原子核の中に存在しており核子とも呼ばれる。

作用

ボゾンは力を媒介する粒子。フェルミオンの相互作用を仲介する。自然界の根気強い仲介者で、レプトンやクォーク（フェルミオン）の振る舞いを手助けする。
光子（光やX線や電波などの粒子あるいは波動）は電磁気相互作用を取り持つボゾン。電磁気力の作用を伝える。二個の電子は光子を交換することで相互作用する。原子の中で電子が高いエネルギーレベルから低いエネルギーレベルへ落ちると光が発生する。

グルーオンは陽子や中性子やメソン（およびクォーク゠グルーオン・プラズマ）の中に存在するボゾン。陽子や中性子やメソンの内部で働く強い力の作用を取り持つ。色荷を持ち、クォークと色荷を交換する。

W^+、W^-、Z^0ボゾンはある種の放射性崩壊を引き起こす弱い力の作用を取り持つ。

グラヴィトンは重力の作用を仲介する。観測も検出もされていない。重力理論は標準モデルで説明されていないため、後に挙げた標準モデルの表には載せていない。

反物質

以上の粒子を含めすべての粒子には反物質の「双子」がいる。それらは電荷が異なる（電荷を持っている場合）。

電子の反粒子は**陽電子**と呼ばれ、正の電荷を持つ。電子の電荷は負。電子と陽電子の質量は等しい。

陽子の反粒子は**反陽子**と呼ばれ、その電荷は負（陽子の電荷は正）。陽子と反陽子の質量は等しい。

反陽子は二個の反アップクォークと一個の反ダウンクォークからなる。**反中性子**は二個の反ダウンクォークと一個の反アップクォークからなる。

電子ニュートリノの反粒子は**反電子ニュートリノ**。他の粒子も同様。粒子が反粒子と出会うと互いに消滅する。

自然の四つの力

粒子の振る舞いを支配するのが重力、電磁気力、弱い力、強い力の四つ。

重力は宇宙で最も弱い長距離の力。宇宙のすべてのものに作用し、そこには光も含まれる（アインシュタインが示した）。

電磁気力は重力より強い長距離力。電子を原子の中の軌道につなぎ止める。原子の化学反応を可能にして自然界や生命の分子を作る。

弱い力はとても短距離の力で、原子核の中で作用する。ベータ崩壊と呼ばれる放射能過程などの現象を引き起こす。

強い力もとても短距離の力。陽子や中性子やメソンの中のクォークに作用し、その（残った）作用が原子核の中で陽子と中性子をつなぎ合わせる。距離とともに強くなり（陽子や中性子やメソンの中で）、そのためクォークは閉じ込められている。

素粒子物理学の標準モデル

	フェルミオン			ボゾン
世　代	I	II	III	
クォーク	アップ	チャーム	トップ	光　子
	ダウン	ストレンジ	ボトム	グルーオン
レプトン	電　子	ミューオン	タ　ウ	Z^0
	電子ニュートリノ	ミューニュートリノ	タウニュートリノ	W^+ W^-

スカラーボゾン（上記のうち質量を持つ粒子に質量を与えると考えられている）：ヒッグス

付録C　本書で登場した重要な物理原理

1　アインシュタインの質量とエネルギーの法則

エネルギー＝質量×光速の二乗（$E=mc^2$）

加速器の研究でもっと重要なのが、同じ法則を次のように異なる形で表わしたもの。

質量＝エネルギー÷光速の二乗（$m=E/c^2$）

この二番目の式より、加速器の中で起こるようにエネルギーから質量が作られることが分かる。粒子（質量）を大量のエネルギーで壊すと、そのエネルギーから質量——新たな粒子——が生まれる。

2　ハイゼンベルクの不確定性原理

粒子の運動量を正確に知ると、その位置を正確に知ることはできなくなる。時間を正確に知ると、エネルギー（すなわち質量）の不確定性が大きくなる。

3　パウリの排他原理

フェルミオン（電子やクォークなど分数スピンを持つ粒子）では二個の粒子が同じ量子状態を取ることはない。例えば二個の電子が原子の中の同じ軌道にあれば、それらは互いに反対のスピンを持っていなければならない。

4　粒子と波動の二重性

粒子はある実験条件では波動としての振る舞いを示し、波動は粒子としての振る舞いを示す。

5　シュレーディンガーの猫、重ね合わせの原理

自然の状態は重ね合わせることができる。シュレーディンガーの猫は死んでいる状態と生きている状態という二つの状態の重ね合わせにある。素粒子物理学では粒子が複数の状態の混合状態にあることを意味する。

訳者あとがき

この宇宙は何でできているのか？　すべての物質の最小単位はどんなものか？　世の中のあらゆる現象を支配する力の正体は何か？　真理の探究を目指す自然科学全体のなかでも、これらは現実の本質に迫る究極の問いだろう。これらの疑問を人類はギリシャ時代から探りつづけてきた。そしてデモクリトスの原子論から数千年経った今や、わたしたちは、素粒子物理学の標準モデルと呼ばれるものにたどり着いている。このモデルは、二〇世紀後半における理論面と実験面の進歩によってしだいに確立されてきたが、いまだ完成してはいない。理論からは予想されるものの、実験によってまだ発見されていない素粒子や現象が残されている。また、自然を完全に記述するには標準モデルでは不十分であり、新たな理論が必要なことも分かっている。その実験面を担う最新の装置として、二〇〇八年に完成し、まもなく本格的な稼働を始めるのが、フランスとスイスの国境地帯に建設された巨大加速器、大型ハドロンコライダー（ＬＨＣ）だ。本書は、このＬ

HCのしくみと期待される成果を軸に、素粒子物理学の発展の歴史と将来の展望を、基本的に数式を使わず、ときにさまざまなエピソードを交え、一般の人にも理解できるよう平易に概説した本である。

科学の多くの分野にも当てはまることだが、素粒子物理学は、理論と実験の両輪によって前進してきた。自然の探究を進める上で、実験は絶対に欠かせない。いくらもっともらしい理論を作っても、実験結果と矛盾していれば役に立たない。一方で実験も、ただやみくもにやっていては何の成果も得られない。理論によって、どのような条件でどのような現象を探せばいいかが示されてはじめて、意味のある実験をおこなうことができる。このように、理論と実験は持ちつ持たれつの関係にある。LHCを運営するCERN（ヨーロッパ原子核研究機構）では、それを踏まえ、実験と理論研究を並行して進めている。本書でも、理論、実験両面における素粒子物理学の進歩が詳しく説明されている。

科学者の世界でも、一般社会と同じく、日々競争が続けられている。確かに競争は、進歩のための大きな推進力である。しかし、競争はとかくヒートアップしかねない。そして往々にして、権謀術数をめぐらせて少しでも有利な立場を得ようとする人が現れる。ときには、実験データの捏造事件さえ起こりうる。ところが著者によれば、CERNは、そのようなどろどろした競争とは無縁のコミュニティーらしい。研究の規模と性格による必然なのか、あるいは携わる研究者たちの努力の賜物なのか。いずれにせよ、人間社会全体の中でもきわめて特異なその共同体の中で、人類の自然観を大きく変える可能性を秘めた研究が進められているというのは、とても興味深いとともに、裏を返せば皮肉なことでもあると感じる。

二〇一一年三月、東日本大震災により、福島第一および第二原子力発電所で重大な事故が発生した。本稿執筆時にはまだ事態が収束しておらず、放射性物質の大規模な拡散が危惧されている。原子力は、相対性理論、素粒子物理学、原子物理学の所産として、電力供給など、人類に大きな恩恵をもたらしている。しかしその一方で、今回の事故のように、一歩間違えると深刻な事態をもたらす可能性をはらんでいる。原子炉には放射性物質が閉じ込められていて、それが外に漏れ出すと環境を汚染する。一方、加速器では放射性物質は使われておらず、事故が起きても放射能汚染は起こりえない。茨城県のつくばや東海にある加速器が今回の地震で少なからず被害を受けたようだが、放射能に関してはまったく心配の必要はない。

ともすれば、今回のような事故から短絡的に考えて、原子物理学や素粒子物理学をはじめ、科学や技術は人類を滅ぼしかねない危険なものだ、などと決めつける極端な人が現れかねない。しかし、決してそんなことはない。科学技術の発展は人類に計り知れない恩恵をもたらしてきた。本文でも触れられているように、加速器の技術は、真理の探究に留まらず、医療などわたしたちの生活に直結する分野にも波及していて、人類に大きく貢献している。重要なのは、わたしたちがそれをいかにして使いこなすかにある。どんな技術でも、リスクをできる限り小さく抑えつつ、メリットを最大限に引き出すことが何より重要だろう。そのためには、わたしたち一人一人が、扇動的な報道や個人の感情に振り回されず、政治、経済、社会、個人の各レベルで、正しい知識を身につけ、自分の頭を使って理性的に考え判断することが何より欠かせないと思う。本書を通じて、そうした理性的判断のための基礎知識の一端だけでも提供できれば幸いだ。

著者のアミール・D・アクゼルは、アメリカのサイエンスライター。数学や物理学などに関するポピュラーサイエンス本を何冊も書いており、邦訳のあるものとしては、『天才数学者たちが挑んだ最大の難問』、『相対論がもたらした時空の奇妙な幾何学』、『量子のからみあう宇宙』など多数ある。

最後になったが、編集作業を丁寧に進めていただいた早川書房の東方綾氏に感謝申し上げる。

人名索引

〔あ〕
アーベル、ニールス・ヘンリック　177
アインシュタイン、アルベルト　25, 28, 47-51, 53-54, 58, 109, 115-118, 120, 123, 137-138, 142-143, 164, 187, 191, 199-200, 233, 245-249, 260-261, 266, 268, 273-274, 287, 292, 320, 322
アクロフ、ウラディミール　254
アティヤ、サー・マイケル　62-63, 270
アトゥルーリ、C・R　133
アルヴァレズ、ルイス　132, 164
アルヴァレズ＝ゴーム、ルイス　74-76
アルヴェーン、ハンネス　130
アングレア、F　212, 219, 225, 234
アンダーソン、カール・D　121-122, 162
アンダーソン、フィリップ・W　口絵, 208-211, 213-214, 234
イェンニ、ペーター　96, 301
ヴァファ、カムラン　265
ヴァン・ヴレック、ジョン　208
ウィーマン、カール　188
ウィグナー、ユージーン　116-117
ヴィック、ミハエル　215
ウィッテン、エドワード　264, 269-270
ウィルチェック、フランク　口絵, 34, 179-180, 185, 277
ウー、チェン＝シュン（呉建雄）　126-127
ヴェス、ユリウス　254-256
ヴェネツィアーノ、ガブリエーレ　口絵, 263-264, 266, 268, 282-283
ヴェルトマン、マルティヌス　237-238
ウォールトン、アーネスト　108-109
ヴォルテール　22
ウォルドグレーヴ、ウィリアム　214
エヴァンズ、リンドン　20, 40, 43, 295, 302
エディントン、アーサー　118
エマール、ロベール　88
エラトステネス　44
エリス、ジョン　153-155, 184, 215, 283
オーヴァバイ、デニス　42
オーベール、ピエール　112

〔か〕
ガーウィン、リチャード・L　127

カークビー、ジャスパー 285
カーシュナー、ロバート 247
カウァン、クライド 133, 159–162, 166
カノウィッツ、ミハエル 153, 184
ガリレオ 44–46, 62, 222, 287
カルツァ、テオドール 266, 268
ガロア、エヴァリスト 64–65, 177
キッブル、T・W・B 212, 219, 225, 234
グース、アラン 58–60
クーパー、レオン 204, 208–209
グニオン、ジャック 42
クライン、オスカー 266, 268
グラショウ、シェルドン・L 65, 198, 220–225, 226, 229, 242, 243, 252
グラルニク、G・S 212, 219, 225, 234
グリーン、マイケル 264
グリム、ルディ 189
グレイザー、ドナルド 168
クローズ、フランク 132
クローニン、ジェームズ 128
グロス、デイヴィッド 179–180, 185
ゲイラード、メアリー・K 153, 183–184
ケイン、ゴードン 251
ゲーデル、クルト 271
ケーレン、グンナー 228
ケターレ、ヴォルフガング 188–190, 204
ケネディ、ジョン・F、ジュニア 278
ケプラー、ヨハネス 45, 287
ゲルマン、マレー 179–182, 185, 193, 224
ケンドール、ヘンリー 190, 192–193
コーネル、エリック 188
ゴールドストーン、ジェフリー 207, 209–210, 219, 225, 229, 233–234, 237
ゴールドハーバー、モーリス 254
コールマン、シドニー 238
小林誠 203
コッククロフト、ジョン・D 108–109
ゴルファンド、ユーリ 254

〔さ〕

ザイリンガー、アントン 187
サスキンド、レオナルド 口絵, 264, 278–282
サラーム、アブドゥッ 198, 202, 207, 212, 219, 220, 224, 226, 231–235, 238, 242–243, 252
サンチョ、ルイス 278
サンドラム、ラマン 259–261
ジー、A 214
ジャノッティ、ファビオラ 口絵, 72–73, 89–90, 102, 301
シュヴァルツシルト、カール 273–274
シュウィンガー、ジュリアン 139,

147-148, 151, 155, 178, 220-222
シュウォーツ、ジョン　264
シュウォーツ、メルヴィン　165, 166
シュタインバーガー、ジャック　102-103, 166
シュリーファー、ロバート　204, 208-209
シュレーディンガー、エルヴィン　51, 54-57, 116, 119, 122, 174, 254, 323
ジョイス、ジェイムズ　179
ジョージャイ、ハワード　252
ジョーンズ、ローレンス・W　169
ジョンソン、デーム・ルイーズ　234-235
ジン、デボラ・S　189
ストロミンガー、アンドリュー　265
ズミーノ、ブルーノ　254-256
スムート、ジョージ　46, 59-60, 130-132
スライファー、ヴェスト　248
セグレ、エミリオ　122
ゼルニケ、フリッツ　236
ソランダー、ピーター　19

〔た〕

ダヴィッド、アンドレ　87
チェンバレン、オーウェン　122
チャドウィック、ジェームズ　122, 159
チリッツリ、マヌエラ　口絵, 39, 40, 298, 300
ツヴィーバック、バートン　75-76, 93, 229
ツヴィッキー、フリッツ　59, 248-249
ツワイク、ジョージ　179, 181-182, 193
テイラー、リチャード　190, 192-193
ディラック、ポール・A・M　51, 53, 115-123, 137, 142, 146-149, 162, 216, 218, 227
ティン、サミュエル　182
デスパーニャ、ベルナール　233
デモクリトス　44
テレグディ、ヴァレンティン　127
ド・ブロイ、ルイ　50, 55, 103
トネッリ、グウィード　口絵, 21, 23, 45, 73, 298, 301-302
トホーフト、ヘーラルト　236-238
朝永振一郎　139, 151, 155, 178
トムソン、J・J　105-107, 158

〔な〕

ナノプロス、ディミトリ　153
南部陽一郎　34, 203-207, 210, 212
ニュートン、アイザック　45, 46, 52, 287
ネーター、エミー　66-67
ネッダーマイヤー、セス　162

〔は〕

バー、アラン　37

バーディーン、ジョン　204, 208-209
バーナーズ＝リー、ティム　35
パール、マーティン・L　口絵, 111, 167-170
パールミュッター、ソール　247
ハイゼンベルク、ヴェルナー　50, 51, 53-55, 138, 173-175, 178, 195, 227, 323
パウリ、ヴォルフガング　51, 53-55, 68, 125-127, 138, 143-144, 156, 158-159, 162, 163, 166, 188-190, 232, 233, 318, 323
ハッブル、エドウィン　248
パティ、ジョゲシュ　252
パノフスキー、ウォルフガング　192
ヒッグス、ピーター　201, 205, 209-210, 212-218, 219, 225-226, 234
ヒューメイソン、ミルトン　248
ファインマン、リチャード・P　139-156, 178-80
ファン・デル・メール、シモン　77, 241
フィッチ、ヴァル　128
フェルミ、エンリコ　28, 158-160, 163, 165, 188, 191, 257, 318
フォースター、E・M　117
フォルコフ、ドミトリー　254
フォン・ノイマン、ジョン　270
ブッフミュラー、ヴィルフリート　259
フラー、バックミンスター　187
ブラーエ、ティコ　45
ブラウニッツァー、アルヌルフ　57
ブラウニッツァー、ルート　56
ブラウン、ダン　92, 132
ブラッドマン、シドニー　222
プランク、マックス　47, 49-51, 54
フランクリン、メリッサ　153-154
フリードマン、ジェローム・I　口絵, 31, 127, 190-195, 292
フリッシュ、デイヴィッド　228
ブルー、R　212, 219, 225, 234
ヘイゲン、C・R　212, 219, 225, 234
ベーテ、ハンス　145, 147
ペターニャ、パオロ　口絵, 69-74, 88, 92-93, 95, 102, 239
ベッケンシュタイン、ヤコブ　156, 265, 275, 284-285
ベル、J　70
ペンローズ、サー・ロジャー　265
ホイーラー、ジョン・アーチボルト　142, 144, 146, 273, 284
ホイヤー、ロルフ　88
ボーア、ニールス　50, 51, 54, 127, 146-147, 149, 223, 227
ホーキング、スティーヴン　38, 215-218, 265, 275-276, 279, 282-284, 286
ボース、サチエンドラ・ナート　28, 188, 318
ホフスタッター、ロバート　192
ポリッツァー、ヒュー・デイヴィッド　179-180, 185

〔ま〕
マーシャル、ジョン　192
マクスウェル、ジェームズ・クラーク　137, 266, 287
益川敏英　203
マルダセナ、フアン　264
ミッチェル、ジョン　273
ミッテラン、フランソワ　112
ミュズィ、マリ　272
ミルズ、ロバート・L　175, 177–178, 220, 222, 237

〔や〕
ヤン、C・N（楊振寧）125–127, 165, 175–178, 220, 222, 237
ヤン、K・C　176
湯川秀樹　196
ユング、カール　55

〔ら〕
ラギャリーグ、アンドレ　238, 240
ラビ、イシドール　103, 163, 168
ラピディス、ペトロス　170
ラプラス、ピエール＝シモン・ド　273
ラブレー、フランソワ　239
ランダウ、レフ　210–211
リー、T・D（李政道）125–127, 165, 175
リー、ソフス　65
リー、ベン・W　184
リクトマン、エフゲニー　254
リビー、W・F　133
リヒター、バートン　182
ルーダ、セルジュ　153
ルッビア、カルロ　77, 240–242
レインズ、フレデリック　159–162, 166
レーダーマン、レオン　口絵, 127, 166–167, 184, 305
レスラー、オットー　278
レダエッリ、ステーファノ　口絵, 17–18, 20–19, 39, 43, 295, 298–299
レドロア＝ギヨン、ファビアン　283
ローレンス、アーネスト　109–110

〔わ〕
ワイスコップ、ヴィクター　126, 127
ワイル、ヘルマン　176, 270
ワインバーグ、スティーヴン　口絵, 198, 207, 219–220, 222, 224, 226–231, 233–234, 238, 240, 242–243, 270–271
ワインバーグ、ルイーズ　226
ワインリッヒ、マーセル　127
ワグナー、ウォルター・L　276–278

注

「AIP」と記したものはアメリカ物理学会ニールス・ボーア・ライブラリー・アンド・アーカイヴズ（メリーランド州カレッジパーク、ワンフィジックスエリプス）の資料。

第1章

1. 1 TeV=1000 GeV。
2. CMSコントロールセンターでのグウィード・トネッリへのインタビュー。2010年3月5日。
3. 高速で運動する粒子の場合、vを粒子の速度として、解放される全エネルギーは $E=mc^2/\sqrt{1-v^2/c^2}$ となる。
4. エネルギーが質量と光速の2乗との積であるという$E=mc^2$の式を書き換えると、質量はエネルギー割る光速の2乗であるという$m=E/c^2$の式になる。
5. “The European Strategy for Particle Physics” (CERN Council Strategy Group, 2006), 15.
6. LHCの最高エネルギーは、シカゴ近郊のフェルミ研究所にあるテヴァトロン加速器が出した従来の記録、2 TeV弱の7倍である。
7. 「神の粒子」という言葉はノーベル賞受賞者レオン・レーダーマンの本のタイトル（邦訳では『神がつくった究極の素粒子』）による。
8. マサチューセッツ州ブルックラインでのジェローム・フリードマンへのインタビュー。2009年12月16日。
9. ビッグバンもブラックホールの中心と同様に時空の特異点だった。そこでは物理法則は意味を持たない。したがって「一番最初の時刻」に戻りたいと思ってもビッグバン直後までしか戻れない。
10. Frank Wilczek, MIT, “Anticipating a New Golden Age” (SUSY 2009—The 17th International Conference on Supersymmetry and the Unification of Fundamental Interactions, Northeastern University, Boston, June 5–10, 2009 での講演).
11. Y. Nambu, *Quarks: Frontiers in Elementary Particle Physics* (Singapore:

World Scientific, 1985), 28.
12. Olivier Dessibourg, "Au CERN, la rumeur menace les chercheurs," *Le Temps*, September 10, 2008.
13. Alan Barr, Oxford University, "Sparticle Mass Measurement at the LHC" (The International Workshop "Beyond the Standard Model Physics and LHC Signatures," BSM/LHC'09 Conference, Northeastern University, June 4, 2009での講演).
14. Alan Barr, "Sparticle Mass Measurement at the LHC" (The International Workshop "Beyond the Standard Model Physics and LHC Signatures," BSM/ LHC'09 Conference, Northeastern University, June 4, 2009での講演)で示された*Sun*, September 10, 2008の見出しのスライド。
15. マサチューセッツ州ケンブリッジでのアラン・グースへのインタビュー。2009年5月14日。
16. CERNのカフェテリアでのマヌエラ・チリッリへのインタビュー。2010年3月5日。
17. CERNコントロールセンターでのステーファノ・レダエッリへのインタビュー。2010年3月5日。
18. CERNのカフェテリアでのマヌエラ・チリッリへのインタビュー。2010年3月5日。
19. "The LHC Enters a New Phase" (www.cern.chでのニュース記事。2010年1月25日).
20. Dennis Overbye, "The Collider, the Particle and a Theory About Fate," *New York Times*, October 12, 2009.
21. John Gunion, "SUSY and the Ideal Higgs Boson" (The International Workshop "Beyond the Standard Model Physics and LHC Signatures," BSM/LHC'09 Conference, Northeastern University, June 4, 2009での講演).
22. CERNコントロールセンターでのパオラ・トロペアへのインタビュー。2010年3月5日。
23. CERNコントロールセンターでのステーファノ・レダエッリへのインタビュー。2010年3月5日。
24. http://twitter.com/CERN/statuses/6736202425, CERNのツイート, 2009年12月16日。

第2章

1. LHCポイント5でのグウィード・トネッリへのインタビュー。2010年3月5日。
2. George Smoot and Keay Davidson, *Wrinkles in Time: Witness to the Birth of the Universe* (New York: Morrow, 1993), 22.
3. アインシュタインは奇跡の年1905年に合計26篇の論文を書いている。Jürgen Renn, ed., *Albert Einstein—Chief Engineer of the Universe: Einstein's Life and Work in Context* (Berlin: Wiley-VCH, 2005), 92を見よ。
4. アインシュタインの肉声のインタビューはwww.aip.org/history/einstein/voice1.htmで聞くことができる。
5. これら2つの値は足し合わされるのではない。アインシュタインの$E=mc^2$および、速さとともに質量が増すという特殊相対論の原理を組み合わせたもっと複雑な公式があり、それを使うと運動する粒子の合計エネルギーが得られる。その公式はmc^2にローレンツ因子$1/\sqrt{1-v^2/c^2}$を掛け合わせて得られる。
6. アインシュタインからマックス・ボルンへの1926年12月4日の手紙。Max Born, *The Born-Einstein Letters* (New York: Walker, 1971), 91より。
7. 例えばAmir D. Aczel, *Entanglement: The Greatest Mystery in Physics* (New York: Basic Books, 2002)を見よ。
8. Alan Guth, *The Inflationary Universe: The Quest for a New Theory of Cosmic Origins* (Reading, MA: Addison-Wesley, 1997), 185.
9. 同上, 286.
10. 同上, 88.
11. 韓国・ソウルのジョージ・スムートへの電話インタビュー。2009年5月29日。
12. Otto Frisch, *What Little I Remember* (New York: Cambridge University Press, 1979), 57.
13. Isaac Asimov, *Inside the Atom*, 3rd ed. (New York: Abelard-Schuman, 1966), 27.
14. Michael Atiyah, "Geometry and Physics: Past, Present, and Future" ("Perspectives in Mathematics and Physics," Singer Conference 2009, in celebration of I. M. Singer's 85th Birthday, Massachusetts Institute of Technology, May 22–24, 2009での講演).

15. ガロアの生涯に関する優れた資料は、Mario Livio, *The Equation That Couldn't Be Solved* (New York: Simon & Schuster, 2006).
16. ティモシー・フェリスがハーヴァード大学でテレビ番組*Creation of the Universe*のためにおこなったシェルドン・グラショウへのインタビュー。AIP, March 27, 1982, 2.

第3章

1. これに関して詳しくはAmir D. Aczel, *Entanglement: The Greatest Mystery in Physics* (New York: Basic Books, 2002)を見よ。
2. スイス・CERNでのパオロ・ペターニャへのインタビュー。2009年4月2日。
3. 同上。
4. LHCポイント5でのグウィード・トネッリへのインタビュー。2010年3月5日。
5. スイス・CERNでのパオロ・ペターニャへのインタビュー。2009年4月2日。
6. スイス・CERNでのルイス・アルヴァレズ=ゴームへのインタビュー。2009年4月2日。
7. 同上。
8. 同上。
9. MITでのバートン・ツヴィーバックへのインタビュー。2009年3月11日。
10. これは衝突する2本のビームそれぞれの最大出力が7 TeVの場合。LHCで用いられるもっと低いエネルギーでも光の速さの99.998 %以上のスピードになる。この情報はパンフレット*LHC: The Guide*, CERN Communication Group, January 2008より。
11. 周回している陽子を加速する超伝導電磁石の磁場はもっと強く、8テスラをわずかに超える。
12. André David (LIP, Lisbon), "CMS: From Commissioning to First Beams" (SUSY 2009—The 17th International Conference on Supersymmetry and the Unification of Fundamental Interactions, Northeastern University, Boston, June 5–10, 2009での講演).
13. 同上。
14. CERNのカフェテリアでのパオロ・ペターニャへのインタビュー。2010

年3月4日。

15. パオロ・ペターニャからの私信。2009年12月18日。
16. スイス・CERNでのファビオラ・ジャノッティへのインタビュー。2009年4月2日。
17. 同上。
18. 同上。
19. 同上。
20. 同上。
21. Zeeya Merali, "The Large Human Collider," *Nature* 464 (March 25, 2010): 482-84.この論文に注目させてくれたマヌエラ・チリッリに感謝する。
22. 同上, 483.

第4章

1. MITでのバートン・ツヴィーバックへのインタビュー。2009年3月11日。
2. スイス・CERNでのパオロ・ペターニャへのインタビュー。2009年4月2日。
3. Peter Jenni, CERN, "LHC Entering Operation: An Overview of the LHC Program" (SUSY 2009—The 17th International Conference on Supersymmetry and the Unification of Fundamental Interactions, Northeastern University, Boston, June 5-10, 2009での講演).
4. CERN・ATLAS共同研究による情報。
5. Maria Spiropulu and Steinar Stapnes, "LHC's ATLAS and CMS Detectors," in *Perspectives on LHC Physics*, ed. Gordon Kane and Aaron Pierce (Singapore: World Scientific, 2008), 39.
6. 同上, 39. その式は、検出器を通過する経路の長さをL、磁場強度をBとして$dp/p=1/BL^2$となる。
7. 同上, 29.
8. スイス・CERNでのジャック・シュタインバーガーへのインタビュー。2009年4月2日。
9. CERN Brochure, CERN Public Relations Office, Switzerland.
10. *LHC: The Guide*, CERN Communication Group, January 2008.

第5章

1. トーマス・S・クーンとユージーン・ポール・ウィグナーが1962年4月1日にニュージャージー州プリンストンのユージーン・ウィグナーの自宅でおこなったポール・エイドリアン・モーリス・ディラックへのインタビュー。AIP, tape 7, side 1, p. 4.
2. これら2つの逸話はFrank Close, *Antimatter* (Oxford: Oxford University Press, 2009), 35より。2番目の逸話の最後の言葉は「言い伝え」に基づいていて事実と異なるかもしれないが、2人の性格とは一致しているとクローズは述べている。
3. ポール・エイドリアン・モーリス・ディラックへのインタビュー。AIP, tape 7, side 1, p. 4.
4. ディラックによるこの方程式の導出に関する詳細はSteven Weinberg, *The Quantum Theory of Fields*, vol. 1 (New York: Cambridge University Press, 1995), chapter 1より。
5. フェルミオンである複合粒子のスピンは1/2、3/2、5/2など整数の半分。
6. Arthur I. Miller, *Deciphering the Cosmic Number: The Strange Friendship of Wolfgang Pauli and Carl Jung* (New York: Norton, 2009), 237.
7. Bing-An Li and Yuefan Deng, “Chen Ning Yang,” in *Biographies of Contemporary Chinese Scientists*, ed. Lu Jiaxi, AIP Volume 3, 1992, pp. 183-87.
8. Miller, *Deciphering the Cosmic Number*, 238.
9. 同上。
10. Brookhaven National Laboratory News, bnl.gov, February 15, 2010.
11. George Smoot and Keay Davidson, *Wrinkles in Time: Witness to the Birth of the Universe* (New York: Morrow, 1993), 102.
12. 同上, 103–105.
13. Close, *Antimatter*, 4–8.
14. 同上, 4.
15. Duncan Steel, “Tunguska at 100,” *Nature* 453 (June 25, 2008): 1157–59.
16. Clyde Cowan, C. R. Atluri, and W. F. Libby, “Possible Anti-Matter Content of the Tunguska Meteor of 1908,” *Nature* 206 (May 29, 1965): 861–65.
17. Duncan Steel, “Tunguska at 100,” *Nature* 453 (June 25, 2008): 1157–59.

第6章

1. 専門的に言うと相対論的場の量子論。一般的な場の量子論は相対論的とは限らない。
2. A. Zee, *Quantum Field Theory in a Nutshell* (Princeton, NJ: Princeton University Press, 2003), 3.
3. チャールズ・ワイナーがカリフォルニア州アルタデナのファインマンの自宅でおこなったリチャード・フィリップス・ファインマンへのインタビューの口述資料。AIP, March 4, 1966, session 1:8.
4. 同上, session 2:71.
5. メイン州ハイアイランドでのジョン・アーチボルト・ホイーラーへのインタビュー。2001年6月24日。
6. チャールズ・ワイナーがカリフォルニア州アルタデナのファインマンの自宅でおこなったリチャード・フィリップス・ファインマンへのインタビューの口述資料。AIP, March 5, 1966, session 2:133–34.
7. 同上, June 27, 1966, session 3:5.
8. 同上, 12.
9. 同上。
10. 同上。
11. 同上, 13.
12. 同上, 15–16.
13. 同上, 35–36.
14. 同上, June 28, 1966, session 4:224–25.
15. 同上, 225.
16. Mikhail Shifman, *ITEP Lectures on Particle Physics and Field Theory* (Singapore: World Scientific, 1999), 6.
17. Karen Lingel, Tomasz Skwarnicki, and James G. Smith, "Penguin Decays of B Mesons," *Annual Review of Nuclear and Particle Science* 48 (1998): 255.
18. Jacob Bekenstein, "The Fine-Structure Constant: From Eddington's Time to Our Own," in *The Prism of Science: The Israel Colloquium—Studies in History, Philosophy, and Sociology of Science*, vol. 2, ed. Edna Ullmann-Margalit, Boston Studies in the Philosophy of Science 95 (Boston: D. Reidel, 1986), 209.
19. Richard P. Feynman, *QED: The Strange Theory of Light and Matter* (Prince-

ton, NJ: Princeton University Press, 1985), 131.

第7章

1. およそ-1.6×10^{-19}クーロン。
2. Arthur I. Miller, *Deciphering the Cosmic Number: The Strange Friendship of Wolfgang Pauli and Carl Jung* (New York: Norton, 2009), 118.
3. Robert Oerter, *The Theory of Almost Everything: The Standard Model, the Unsung Triumph of Modern Physics* (New York: Penguin, 2006), 145.
4. Luis W. Alvarez et al., "Search for Hidden Chambers in the Pyramids: The Structure of the Second Pyramid of Giza Is Determined by Cosmic-Ray Absorption," *Science* 167 (February 6, 1970): 832–39.
5. Betsy Mason, "Muons Meet the Maya: Physicists Explore Subatomic Particle Strategy for Revealing Archaeological Secrets," *Science News* 172, no. 23 (December 8, 2007): 360–61.
6. Brian Fishbine, "Muon Radiography: Detecting Nuclear Contraband," *Los Alamos Research Quarterly*, Spring 2003, 12–16.
7. Jack Steinberger, "History of the BNL 2nd Neutrino Experiment," CERNのジャック・シュタインバーガーが提供してくれた未発表原稿, April 2, 2009.
8. フェルミ研究所のレオン・レーダーマンへの電話インタビュー。2009年3月11日。
9. カリフォルニア州スタンフォードSLACでのマーティン・パールへのインタビュー。2009年3月24日。
10. 同上。
11. Frank Close, *Antimatter* (Oxford: Oxford University Press, 2009), 74.
12. カリフォルニア州スタンフォードSLACでのマーティン・パールへのインタビュー。2009年3月24日。
13. 同上。
14. 同上。

第8章

1. これはリー群SU(2)。この次数2の「特殊ユニタリー群」は行列式が1である2×2複素数行列の群で、それらの行列は、複素共役エルミート行列と

掛け合わせると単位行列になるという性質を持つ。

2. Frank Wilczek, *The Lightness of Being: Mass, Ether, and the Unification of Forces* (New York: Basic Books, 2008), 43–44.
3. 同上, 44.
4. これらの値は最近の数多くの研究に基づくおおざっぱな推測値。
5. カリフォルニア州バークレーのメアリー・K・ゲイラードへの電話インタビュー。2009年6月22日。
6. 同上。
7. この対称性はリー群SU(3)でモデル化される。この特殊ユニタリー群は行列式が1である3×3複素行列の群で、それらの行列は、複素共役エルミート行列と掛け合わせると単位行列になるという性質を持つ。
8. Amir D. Aczel, *Entanglement: The Greatest Mystery in Physics* (New York: Basic Books, 2002), 24.を見よ。
9. Wolfgang Ketterleノーベル賞受賞講演、2001年12月8日, in *Les Prix Nobel 2001*, ed. Tore Frängsmyr (Stockholm: Nobel Foundation, 2002), p. 2 (www.Nobelprize.org).
10. MITでのヴォルフガング・ケターレへのインタビュー。2009年5月27日。
11. Wolfgang Ketterle, "When Atoms Behave as Waves," ノーベル賞受賞講演。
12. MITでのヴォルフガング・ケターレへのインタビュー。2009年5月27日。
13. MITでのジェローム・I・フリードマンへのインタビュー。2009年5月14日。
14. 同上。
15. 同上。
16. マサチューセッツ州ブルックラインでのジェローム・フリードマンへのインタビュー。2009年12月16日。
17. MITでのジェローム・I・フリードマンへのインタビュー。2009年5月14日。
18. 「スカラー」という言葉は、その粒子の場が数学的にベクトルでなく単純な数値として変換されるという意味。ヒッグスはスカラーボソンと呼ばれるが、WとZボソンはその場が数学的にベクトルとして変換されるためベクトルボソンと呼ばれる。
19. その群はSU(3)×SU(2)×U(1)。

第9章

1. いくつかの理論によればニュートリノはこの法則の例外で、その質量は方程式の「マヨラナ」項と呼ばれるものからシーソーメカニズムと呼ばれるプロセスによって生じる。
2. これらの空間は場や波動関数が複素数の値を取る——「実部」に加えて「虚部」を持つ——ため抽象的である。
3. 南部陽一郎ノーベル賞受賞講演, "Spontaneous Symmetry Breaking in Particle Physics: A Case of Cross Fertilization," ローマ大学のジョヴァンニ・ヨナ=ラジーニオの代読, December 8, 2008, in Aula Magna, Stockholm University (www.Nobelprize.org).
4. フィリップ・W・アンダーソンへのインタビュー。2009年5月25日。
5. 同上。
6. 同上。
7. 同上。
8. 同上。
9. 同上。
10. これらの日付などの情報および論文の全文はC. H. Lai, ed., *Gauge Theory of Weak and Electromagnetic Interactions* (Singapore: World Scientific, 1981)で入手可能。
11. Steven Weinberg, "From BCS to the LHC," in *Perspectives on LHC Physics*, ed. Gordon Kane and Aaron Pierce (Singapore: World Scientific, 2008), 139–40.
12. Peter Rodgers, "Peter Higgs: The Man Behind the Boson," *Physics World* 17 (July 10, 2004): 10.
13. 同上。
14. 同上, 11.
15. A. Zee, *Quantum Field Theory in a Nutshell* (Princeton, NJ: Princeton University Press, 2003), 236.
16. Rodgers, "Peter Higgs: The Man Behind the Boson," 11.
17. ボストンでのミハエル・ヴィックへのインタビュー。2009年6月10日。
18. CERNのカフェテリアでのジョン・エリスへのインタビュー。2010年3月4日。
19. Steve Connor, science editor, "Higgs v. Hawking: A Battle of the

Heavyweights That Has Shaken the World of Theoretical Physics," *Independent*, September 3, 2002.
20. 同上。
21. Peter Rodgers, "Peter Higgs: The Man Behind the Boson," 11.
22. Connor, "Higgs v. Hawking."

第10章

1. ボストン大学でのシェルドン・L・グラショウへのインタビュー。2009年5月15日。
2. それは非アーベル群SU(2)。
3. Sheldon Glashow自伝, in *Les Prix Nobel 1979*, ed. Wilhelm Odelberg (Stockholm: Nobel Foundation, 1980), p. 2 (www.Nobelprize.org).
4. ボストン大学でのシェルドン・グラショウへのインタビュー。2009年5月15日。
5. 同上。
6. Sheldon L. Glashow, "Partial Symmetries of Weak Interactions," *Nuclear Physics* 22 (1961): 579.
7. Sheldon L. Glashow, *Interactions: A Journey Through the Mind of a Particle Physicist and the Matter of This World* (New York: Warner, 1988).
8. Steven Weinberg自伝, in *Les Prix Nobel*, ed. Stig Lundqvist (Singapore: World Scientific, 1992), 1 (www.Nobelprize.org).
9. テキサス州オースティンでのスティーヴン・ワインバーグへのインタビュー。2009年3月5日。
10. 同上。
11. 同上。
12. それらの群はSU(2)×U(1)×U(1)およびSU(2)×SU(2)。
13. 統一された群はSU(2)×U(1)。破れた群は、電磁気力と弱い力両方の領域の残りの中に対角線状に埋め込まれており、もともとの電磁気力だけの群とは異なる。
14. 専門的に言うと、複素的でありそれぞれ2つの成分を持つ2重項ヒッグス場。
15. MITでのバートン・ツヴィーバックへのインタビュー。2010年4月2日。
16. テキサス州オースティンでのスティーヴン・ワインバーグへのインタビ

ュー。2009年3月5日。

17. Steven Weinberg, "A Model of Leptons," *Physical Review Letters* 19 (1967): 1264–66.

18. Abdus Salam伝記, in *Les Prix Nobel 1979*, ed. Wilhelm Odelberg (Stockholm: Nobel Foundation, 1980), 1 (www.Nobelprize.org).

19. フランス人物理学者ベルナール・デスパーニャは2009年、87歳のときに、個人に与えられたものとしては史上最高額の賞、テンプルトン賞を受賞した。賞金は142万ドルだった。

20. Abdus Salam, "Gauge Unification of Fundamental Forces," ノーベル賞受賞講演、ストックホルム、1979年12月8日, in *Les Prix Nobel 1979*, ed. Wilhelm Odelberg (Stockholm: Nobel Foundation, 1980), 517–18 (www.Nobelprize.org).

21. 同上, 518–19.

22. 同上, 521.

23. Ihsan Aslam, "The History Man," *Daily Times* (Pakistan), August 6, 2004.

24. Malcolm W. Browne, "Abdus Salam Is Dead at 70; Physicist Shared Nobel Prize," *New York Times*, November 23, 1996, Section 1.

25. Aslam, "The History Man."

26. 同上。

27. 同上。

28. Gerard 't Hooft, ノーベル賞受賞講演における自伝, in *Les Prix Nobel 1999*, ed. Tore Frängsmyr (Stockholm: Nobel Foundation, 2000), 12 (www.Nobelprize.org).

29. 同上。

30. 同上。

31. 同上。

32. 同上。

33. オランダ・ユトレヒトのヘーラルト・トホーフトへの電話インタビュー。2009年5月12日。

34. 同上。

35. Abdus Salam, "Gauge Unification of Fundamental Forces," ノーベル賞受賞講演、ストックホルム、1979年12月8日, in *Les Prix Nobel 1979*, ed. Wilhelm Odelberg (Stockholm: Nobel Foundation, 1980), 521 (www.

Nobelprize.org).
36. Alan Guth, *The Inflationary Universe: The Quest for a New Theory of Cosmic Origins* (Reading, MA: Addison-Wesley, 1997), 136.

第11章

1. これに関してはいくつもの参考文献がある。その1つがGraham Kribs, "Quirky Dark Matter" (The International Workshop "Beyond the Standard Model Physics and LHC Signatures," *BSM/LHC'09 Conference*, Northeastern University, June 4, 2009での講演).
2. Gordon Kane, University of Michigan, "Non-thermal Wino LSP Dark Matter Describes PAMELA Data Well" (SUSY 2009—The 17th International Conference on Supersymmetry and the Unification of Fundamental Interactions, Northeastern University, Boston, June 5–10, 2009での講演).
3. その群はSU(5)、次数5の特殊ユニタリー群。
4. Goran Senjanovic, ICTP, "Proton Decay and Grand Unification" (SUSY 2009での講演).
5. CERN・ATLAS共同研究のペーター・イェンニは、2009年6月にノースイースタン大学で開かれたSUSY09学会におけるLHCの展望に関する発表の最後に、「美しいSUSYが見つかるだろうか？」という表題を付けた若い女性の絵のスライドを示した。
6. Julius Wess, "From Symmetry to Supersymmetry" (The international conference on supersymmetry, SUSY 2007, Karlsruhe, Germany, July 2007での講演).
7. Osamu Jinnouchi, Tokyo Institute of Technology, on behalf of the ATLAS Collaboration, "Searches for SUSY with the ATLAS Detector" (SUSY 2009での講演).
8. Wilfried Buchmüller, DESY Hamburg, "Gravitino Dark Matter" (SUSY 2009での講演).
9. 同上。
10. Fabienne Ledroit-Guillon, CERN, "ATLAS Prospects for Early BSM Searches" (The International Workshop "Beyond the Standard Model Physics and LHC Signatures," BSM/LHC'09 Conference, Northeastern University, June 2, 2009での講演).

11. Raman Sundrum, Johns Hopkins University, “Dark Masses and SUSY Breaking” (SUSY 2009での講演).
12. 同上。

第12章

1. イタリア・ジェノヴァでのガブリエーレ・ヴェネツィアーノへのインタビュー。2005年10月27日。
2. エルサレム・ヘブライ大学でのヤコブ・ベッケンシュタインへのインタビュー。2009年4月26日。
3. イタリア・ジェノヴァでのロジャー・ペンローズへのインタビュー。2005年11月5日。
4. パリのコレージュ・ド・フランスでのガブリエーレ・ヴェネツィアーノへのインタビュー。2009年5月6日。
5. Michael Atiyah, “Geometry and Physics: Past, Present, and Future” (“Perspectives in Mathematics and Physics,” Singer Conference 2009, in celebration of I. M. Singer's 85th Birthday, Massachusetts Institute of Technology, May 22–24, 2009での講演).
6. テキサス州オースティンでのスティーヴン・ワインバーグへのインタビュー。2009年3月5日。
7. 同上。
8. 同上。

第13章

1. CERNコントロールセンターでのピーター・ソランダーへのインタビュー。2010年3月5日。
2. Madhusree Mukerjee, “A Little Big Bang,” *Scientific American*, March 1999, 65–70.
3. 詳細はRobert P. Crease, “Case of the Deadly Strangelets,” *Physics World*, July 2000, 19–20を見よ。
4. 同上, 19.
5. 同上。
6. 同上。
7. スタンフォード大学でのレオナルド・サスキンドへのインタビュー。

2009年3月24日。
8. 同上。
9. 同上。
10. Leonard Susskind, "Black Holes and the Information Paradox," *Scientific American*, April 1997, 18–21.
11. 同上。
12. スタンフォード大学でのレオナルド・サスキンドへのインタビュー。2009年3月24日。
13. 同上。
14. パリのコレージュ・ド・フランスでのガブリエーレ・ヴェネツィアーノへのインタビュー。2009年5月6日。
15. 同上。
16. Fabienne Ledroit-Guillon, CERN, "ATLAS Prospects for Early BSM Searches" (The International Workshop "Beyond the Standard Model Physics and LHC Signatures," BSM/LHC'09 Conference, Northeastern University, June 2, 2009での講演).
17. ウェブページwww.lhc.frより。教えてくれたマリ・ミュズィに感謝する。
18. エルサレム・ヘブライ大学でのヤコブ・ベッケンシュタインへのインタビュー。2009年4月26日。
19. 同上。
20. 同上。
21. CERNのカフェテリアでのジャスパー・カークビーへのインタビュー。2010年3月4日。

第14章

1. Osamu Jinnouchi, Tokyo Institute of Technology, on behalf of the ATLAS Collaboration, "Searches for SUSY with the ATLAS Detector" (SUSY 2009—The 17th International Conference on Supersymmetry and the Unification of Fundamental Interactions, Northeastern University, Boston, June 5–10, 2009での講演).
2. ジェローム・フリードマンへのインタビュー。2010年3月12日。
3. 最近の研究論文としては、Adam Frank, "Who Wrote the Book of Physics?" *Discover*, April 2010, 33–37.

あとがき

1. 7 TeVでの陽子のスピードを計算してくれたバートン・ツヴィーバックに感謝する。
2. CERN Press Office, 登録記者へのEメール, March 23, 2010.
3. マヌエラ・チリッリからの私信。2010年4月28日。
4. CERN Press Conference, CERN Headquarters, April 30, 2010.
5. ペーター・イェンニからの私信。2010年4月7日。
6. CERN Press Conference, CERN Headquarters, March 30, 2010.
7. グウィード・トネッリからの私信。2010年4月2日。
8. 同上。
9. CERN Press Conference, CERN Headquarters, March 30, 2010.

参考文献

注意：ここには書籍のみを挙げてある。本書のおもな情報源は、専門論文、学会講演および予稿、記録文書、個人的なインタビューである。それらの参照文献は注に記してある。

Aczel, Amir D. *Entanglement: The Greatest Mystery in Physics*. New York: Basic Books, 2002.［アミール・D・アクゼル『量子のからみあう宇宙——天才物理学者を悩ませた素粒子の奔放な振る舞い』、水谷淳訳、早川書房］

——. *God's Equation: Einstein, Relativity, and the Expanding Universe*. New York: Basic Books, 1999.［アミール・D・アクゼル『相対論がもたらした時空の奇妙な幾何学——アインシュタインと膨張する宇宙』、林一訳、早川書房］

Asimov, Isaac. *Inside the Atom*. 3rd ed. New York: Abelard-Schuman, 1966.［アイザック・アシモフ『原子の内幕——百万人の核物理学入門』、佐々木宗雄訳、学習研究社］

Bartusiak, Marcia. *Einstein's Unfinished Symphony*. Washington, DC: Joseph Henry Press, 2000.

Close, Frank. *Antimatter*. Oxford: Oxford University Press, 2009.

——. *The New Cosmic Onion: Quarks and the Nature of the Universe*. New York: Taylor and Francis, 2007.

Davies, Paul. *About Time: Einstein's Unfinished Revolution*. New York: Simon & Schuster, 1995.［ポール・デイヴィス『時間について——アインシュタインが残した謎とパラドックス』、林一訳、早川書房］

Du Sautoy, Marcus. *Symmetry: A Journey into the Patterns of Nature*. New York: HarperCollins, 2008.［マーカス・デュ・ソートイ『シンメトリーの地図帳』、冨永星訳、新潮社］

Einstein, Albert. *Relativity: The Special and the General Theory*. New York: Crown, 1961.［アルバート・アインシュタイン『特殊および一般相対性理論について』、金子務訳、白揚社］

Evans, Lyndon, ed. *The Large Hadron Collider: A Marvel of Technology*. Lausanne, Switzerland: EPFL Press, 2009.

Fermi, Laura. *Atoms in the Family: My Life with Enrico Fermi*. Chicago: University of Chicago Press, 1954.［ラウラ・フェルミ『フェルミの生涯――家族の中の原子』崎川範行訳、法政大学出版局］

Feynman, Richard P. *The Character of Physical Law*. Cambridge, MA: MIT Press, 1967.［R・P・ファインマン『物理法則はいかにして発見されたか』、江沢洋訳、岩波書店］

――. QED: *The Strange Theory of Light and Matter*. Princeton, NJ: Princeton University Press, 1985.［R・P・ファインマン『光と物質のふしぎな理論――私の量子電磁力学』、釜江常好・大貫昌子訳、岩波書店］

Frank, Philipp. *Einstein: His Life and Times*. New York: Knopf, 1953.［フィリップ・フランク『評伝アインシュタイン』、矢野健太郎訳、岩波書店］

French, A. P., and Edwin F. Taylor. *An Introduction to Quantum Physics*. New York: Norton, 1978.［A・P・フレンチ、E・F・テイラー『量子力学入門――MIT物理（1・2）』、平松惇監訳、培風館］

Frisch, Otto. *What Little I Remember*. New York: Cambridge University Press, 1979.［オットー・フリッシュ『何と少ししか覚えていないことだろう――原子と戦争の時代を生きて』、松田文夫訳、吉岡書店］

Gamow, George. *Thirty Years That Shook Physics*. New York: Double-day, 1966.［ジョージ・ガモフ『現代の物理学――量子論物語』、中村誠太郎訳、河出書房新社］

Gell-Mann, Murray, and Yuval Ne'eman, eds. *The Eightfold Way*. New York: W. A. Benjamin, 1964.

Gilmore, Robert. *Lie Groups, Lie Algebras, and Some of Their Applications*. New York: Dover, 2002.

Glashow, Sheldon L., with Ben Bova. *Interactions: A Journey Through the Mind of a Particle Physicist and the Matter of This World*. New York: Warner, 1988.［シェルダン・L・グラショウ『クォークはチャーミング――ノーベル賞学者グラショウ自伝』、藤井昭彦訳、紀伊國屋書店］

Greene, Brian. *The Elegant Universe: Superstrings, Hidden Dimensions, and the Quest for the Ultimate Theory*. New York: Norton, 1999.［ブライアン・グリーン『エレガントな宇宙――超ひも理論がすべてを解明する』、林一

・林大訳、草思社]

Guth, Alan. *The Inflationary Universe: The Quest for a New Theory of Cosmic Origins*. Reading, MA: Addison-Wesley, 1997. [アラン・H・グース『なぜビッグバンは起こったか——インフレーション理論が解明した宇宙の起源』、はやしはじめ・はやしまさる訳、早川書房]

Hawking, Stephen. *A Brief History of Time*. New York: Bantam, 1988. [S・W・ホーキング『ホーキング、宇宙を語る——ビッグバンからブラックホールまで』、林一訳、早川書房]

Heilbron, J. L. *The Dilemmas of an Upright Man: Max Planck and the Fortunes of German Science*. Cambridge, MA: Harvard University Press, 2000. [ジョン・L・ハイルブロン『マックス・プランクの生涯——ドイツ物理学のディレンマ』、村岡晋一訳、法政大学出版局]

Hermann, Armin. *Werner Heisenberg, 1901–1976*. Bonn: Inter Nationes, 1976. [アーミン・ヘルマン『ハイゼンベルクの思想と生涯』、山崎和夫・内藤道雄訳、講談社]

Hooper, Dan. *Nature's Blueprint: Supersymmetry and the Search for a Unified Theory of Matter and Force*. New York: Smithsonian Books, 2008.

Isaacson, Walter. *Einstein: His Life and Universe*. New York: Simon & Schuster, 2007.

Kaku, Michio. *Hyperspace: A Scientific Odyssey Through Parallel Universes, Time Warps, and the 10th Dimension*. New York: Oxford University Press, 1994. [ミチオ・カク『超空間——平行宇宙、タイムワープ、10次元の探究』、稲垣省五訳、翔泳社]

Kane, Gordon, and Aaron Pierce, eds. *Perspectives on LHC Physics*. Singapore: World Scientifi c, 2008.

Lai, C. H., ed. *Gauge Theory of Weak and Electromagnetic Interactions*. Singapore: World Scientifi c, 1981.

Livio, Mario. *The Equation That Couldn't Be Solved*. New York: Simon & Schuster, 2006. [マリオ・リヴィオ『なぜこの方程式は解けないか？——天才数学者が見出した「シンメトリー」の秘密』、斉藤隆央訳、早川書房]

Majid, Shahn, ed. *On Space and Time*. New York: Cambridge University Press, 2008.

Messiah, Albert. *Quantum Mechanics*, vols. 1 and 2. New York: Dover, 1999. ［メシア『量子力学（1・2・3）』、小出昭一郎・田村二郎訳、東京図書］

Miller, Arthur I. *Deciphering the Cosmic Number: The Strange Friendship of Wolfgang Pauli and Carl Jung*. New York: Norton, 2009.［アーサー・I・ミラー『137――物理学者パウリの錬金術・数秘術・ユング心理学をめぐる生涯』、阪本芳久訳、草思社］、

Nambu, Yoichiro. *Quarks*, translated by R. Yoshida. Philadelphia: World Scientific, 1985.［南部陽一郎『クォーク――素粒子物理の最前線』、講談社］

Oerter, Robert. *The Theory of Almost Everything: The Standard Model, the Unsung Triumph of Modern Physics*. New York: Penguin, 2006.

Pais, Abraham. *Niels Bohr's Times: In Physics, Philosophy, and Polity*. New York: Oxford University Press, 1991.［アブラハム・パイス『ニールス・ボーアの時代1――物理学・哲学・国家』、西尾成子・今野宏之・山口雄仁訳、みすず書房］

Penrose, Roger. *The Large, the Small, and the Human Mind*. New York: Cambridge University Press, 1997.［ロジャー・ペンローズ『心は量子で語れるか』、中村和幸訳、講談社］

――. *The Road to Reality: A Complete Guide to the Laws of the Universe*. New York: Knopf, 2005.

Randall, Lisa. *Warped Passages: Unraveling the Mysteries of the Universe's Hidden Dimensions*. New York: HarperCollins, 2005.［リサ・ランドール『ワープする宇宙――5次元時空の謎を解く』、向山信治監訳、塩原通緒訳、日本放送出版協会］

Renn, Jürgen, ed. *Albert Einstein: Chief Engineer of the Universe――Einstein's Life and Work in Context*. Berlin: Wiley-VCH, 2005.

Salam, Abdus, and Eugene P. Wigner, eds. *Aspects of Quantum Theory*. New York: Cambridge University Press, 1972.

Schilpp, Paul Arthur, ed. *Albert Einstein: Philosopher-Scientist*. New York: MJF Books, 1949.

Segrè, Emilio. *Enrico Fermi, Physicist*. Chicago: University of Chicago Press, 1970.［エミリオ・セグレ『エンリコ・フェルミ伝――原子の火を点じた人』、久保亮五・久保千鶴子訳、みすず書房］

Smith, Kenway, Manuela Cirilli, and Heinz Pernegger, eds. *Exploring the Mystery of Matter: The ATLAS Experiment*. Kimber, UK: Papadakis Press, 2008.

Smoot, George, and Keay Davidson. *Wrinkles in Time: Witness to the Birth of the Universe*. New York: Morrow, 1993.［ジョージ・スムート、ケイ・デイヴィッドソン『宇宙のしわ――宇宙形成の「種」を求めて』、林一訳、草思社］

Susskind, Leonard. *The Black Hole War: My Battle with Stephen Hawking to Make the World Safe for Quantum Mechanics*. New York: Little, Brown, 2008.［レオナルド・サスキンド『ブラックホール戦争――スティーヴン・ホーキングとの20年越しの闘い』、林田陽子訳、日経BP社］

Trefil, James S. *From Atoms to Quarks: An Introduction to the Strange World of Particle Physics*. New York: Scribner, 1979.［J・S・トレフィル『原子からクォークへ――素粒子の不思議な世界』、藤井昭彦訳、培風館］

Weinberg, Steven. *Facing Up: Science and Its Cultural Adversaries*. Cambridge, MA: Harvard University Press, 2003.

――. *Gravitation and Cosmology: Principles and Applications of the General Theory of Relativity*. New York: Wiley, 1972.

――. *The Quantum Theory of Fields*, 3 vols. New York: Cambridge University Press, 1995-2000.［ワインバーグ『場の量子論（1－6)』、青山秀明・有末宏明・杉山勝之訳、吉岡書店］

Weyl, Hermann. *The Theory of Groups and Quantum Mechanics*. New York: Dover, 1950.［ワイル『群論と量子力学』、山内恭彦訳、裳華房］

Wheeler, John Archibald, and Wojciech Hubert Zurek, eds. *Quantum Theory and Measurement*. Princeton, NJ: Princeton University Press, 1983.

Wilczek, Frank. *The Lightness of Being: Mass, Ether, and the Unification of Forces*. New York: Basic Books, 2008.［フランク・ウィルチェック『物質のすべては光――現代物理学が明かす、力と質量の起源』、吉田三知世訳、早川書房］

Zee, A. *Quantum Field Theory in a Nutshell*. Princeton, NJ: Princeton University Press, 2003.

Zwiebach, Barton. *A First Course in String Theory*, 2nd ed. New York: Cambridge University Press, 2009.

写真クレジット

カラー口絵

ATLAS検出器：ATLAS collaboration, CERN
CMSでの初の高エネルギー衝突：CMS collaboration, CERN
ATLASにおけるミューオン候補：Claudia Marcelloni, CERN
CMSにおける7 TeVでの粒子衝突：CMS collaboration, CERN
ATLASにおける2ジェット衝突事象：Claudia Marcelloni, CERN
CMS検出器：Amir D. Aczel
レオナルド・サスキンド：Anne E. Warren
ステーファノ・レダエッリ：Amir D. Aczel
スティーヴン・ワインバーグ：Louise Weinberg
ガブリエーレ・ヴェネツィアーノ：Amir D. Aczel
レオン・レーダーマン：Leon Lederman
パオロ・ペターニャ：Amir D. Aczel
マヌエラ・チリッリ：Amir D. Aczel
グウィード・トネッリ：CMS collaboration, CERN
フランク・ウィルチェック：MIT
ファビオラ・ジャノッティ：Mike Struik, CERN
ジェローム・フリードマン：Jerome Friedman
マーティン・パール：Jens Zorn
フィリップ・アンダーソン：Eva Zeisky
CMSにおける初期の陽子衝突：CMS collaboration
ATLASとCMSの空撮写真：Bulletin team, CMS collaboration, CERN

本文中

p. 20, LHC実験施設の全体像：AC team, CERN
p. 83, LHCの軌道を示した空撮写真：AC team, CERN
p. 85, CMS検出器：Vittorio Frigo, CERN
p. 86, 315, ATLAS検出器：AC team, CERN
p. 98, 最初の粒子の「しぶき」：CMS collaboration, CERN
p. 135, LHCb検出器の模式図：Rolf Linder
p. 155, ジョン・エリスの書いたペンギン：Claudia Marcelloni, CERN
p. 169, 粒子の軌跡：CERN
p. 202, 結晶：USDA
p. 239, ガルガメル泡箱：Amir D. Aczel

宇宙創造《うちゅうそうぞう》の一瞬《いっしゅん》をつくる
ＣＥＲＮと究極の加速器の挑戦
2011年４月20日　初版印刷
2011年４月25日　初版発行
＊
著　者　アミール・Ｄ・アクゼル
訳　者　水《みず》谷《たに》　淳《じゅん》
発行者　早　川　浩
＊
印刷所　株式会社精興社
製本所　大口製本印刷株式会社
＊
発行所　株式会社　早川書房
東京都千代田区神田多町２－２
電話　03-3252-3111（大代表）
振替　00160-3-47799
http://www.hayakawa-online.co.jp
定価はカバーに表示してあります
ISBN978-4-15-209204-5　C0042
Printed and bound in Japan
乱丁・落丁本は小社制作部宛お送り下さい。
送料小社負担にてお取りかえいたします。

ハヤカワ・ポピュラー・サイエンス

重力の再発見

——アインシュタインの相対論を超えて

REINVENTING GRAVITY

ジョン・W・モファット

水谷淳訳

46判上製

アインシュタインの一般相対論は間違っていたのかもしれない。

一般相対論を銀河の力学へと適用を広げるうちに、矛盾を示す観測結果が得られ、つじつまあわせのため、ダークマターなどの存在が仮定されている。新たな理論が必要なのではないか。重力理論研究の権威が、パラダイムシフトの瀬戸際に立つ最新宇宙論を語る。